SHIKONGXUE
GAILUN

时空学概论

王世雄 著

四川科学技术出版社
·成都·

图书在版编目（CIP）数据

时空学概论 / 王世雄著. —成都：四川科学技术出版社，2017.11
ISBN 978-7-5364-8834-2

Ⅰ.①时… Ⅱ.①王… Ⅲ.①时空-概论
Ⅳ.①O412.1

中国版本图书馆CIP数据核字（2017）第274631号

时空学概论
SHIKONG XUE GAILUN

出品人 钱丹凝
著　者 王世雄
责任编辑 李　珉
封面设计 墨创文化
责任出版 欧晓春
出版发行 四川科学技术出版社
成都市槐树街2号　邮政编码610031
官方微博：http://e.weibo.com/sckjcbs
官方微信公众号：sckjcbs
传真：028-87734035
成品尺寸 170mm×240mm
印　张 17.5　**字数** 350千
印　刷 四川华龙印务有限公司
版　次 2018年3月第1版
印　次 2018年3月第1次印刷
定　价 68.00元

ISBN 978-7-5364-8834-2

序

量子论和相对论代表了20世纪物理学的主流，它们引发了物理学在观念和思想上的革命，使物理学全面改观，并且影响深远。量子论和相对论建立后，二者却分道扬镳，表现上不能同日而语。量子论如雨后春笋，生机勃勃，不但自身得到完善发展，还成为若干现代物理学分支学科，如高能物理、固体物理、统计物理、核物理、天体物理、量子声学、量子电子学等的部分理论基础。现在，量子论的影响已经超越传统的物理学，形成量子化学、量子生物学等边缘科学。相对论却驻步不前，始终没有突破爱因斯坦建立起的理论框架。一些学者试图建立“相对论量子学”却始终无果。究其原因，是相对论对时空的理解有误。

迈克耳孙—莫雷实验测量不到地球相对于以太参照系的运动速度，可以得到的唯一结论是：在光源的本征参照系中光速不变。或光速是绝对的。爱因斯坦认为牛顿力学不满足“光速不变”，以满足“光速不变”的洛伦兹变换为基础提出了狭义相对论。然而，狭义相对论虽然满足“光速不变”，却与量子理论不相容，并且与矢量运算法则矛盾。

《时空学概论》顺利解开了这个谜，揭示了光的传播包含了光的波速和光子速度两个不同的概念。光波是光子的德布罗意波，光的波速是众多光子的集体行为，光速的内涵是波长与频率之积。因此光波不能看作粒子，它与参照系无关，它不是矢量；光子是粒子，光子速度是单一的光子行为，与参照系有关，因此它满足矢量加法。由此，我发现了时空学。

时间和空间是人类文明中的一个亘古话题，也是一个永恒话题。然而，我惊讶地发现，我们对这个与人类关系非常密切的话题的研究少得可怜。因此《时空学概论》开垦的完全是一片处女地，这片处女地有丰富的宝藏：在拓荒中，我提出了若干新观点，有的甚至是革命性的观点。这些新观点归纳起来在理论上有以下几点：

一、提出了六条时空学公理也是物理学的基本公理。该公理体系可以解释宇宙中所有已经观察到的物理现象，与宇宙的时空性质相容，并且与所有自然科学相容。

二、建立了新型的光子一级模型和二级模型，光子的一级模型揭示了光的本质，光子的二级模型揭示了光谱线的本质。时空学三定理揭示了光在空间中传播的本质，揭示了光速的本质是光波于绝对时间在绝对空间内运行的距离。

三、证明了宇宙时空的本质是绝对时空，相对时空是绝对时空的表现形式；运动是绝对的，相对运动是绝对运动的表现形式。界定了空间的平直性，归纳、梳理了时间和空间的性质。

四、证明了牛顿力学是完全正确的，并且是精确的、完善的。牛顿运动定律仅在绝对时空中成立，但是牛顿力学可以描述相对时空。王氏运动三定理发展完善了牛顿力学，使牛顿力学从理论上真正成为科学，成为物理学的基础学科。

五、为伽利略相对性原理正了名，并根据“王氏第一运动定理”将其发展为“王氏相对性原理”。从认识论的角度阐明了物理学和其他自然科学是观察者本征参照系的不变量，与参照系无关。因此，“王氏相对性原理”在理论上证明了所有自然科学都不是经验，而是科学。

六、首次提出了介质空间的概念，提出了宇宙空间有欧氏空间、引力场空间和介质空间三种存在形式及其区别和性质。这三类空间分别与欧氏几何、黎曼几何、罗巴切夫斯基几何对应。

七、建立了“宇宙学”的基本理论。澄清了现行宇宙学中一些模糊概念和错误理论，为不同于相对论的新宇宙学奠定了基础。

八、《时空学概论》厘清了物理学与时空学中一些基本概念和基本问题，例如“相对运动”“绝对运动”“参照系”“惯性参照系”“相对性原理”“光速”“引力质量和惯性质量”“牛顿力学在物理学中的地位”“质量与能量的关系”“直线”“空间的平直性”等。这些基本概念和基本问题有的也是数学或哲学中的基本概念和基本问题 。

将上述观点归纳综合起来就是“时空学”的雏形，故书名为《时空学概论》。

本书探讨了时人涉足不多的处女地，内容丰富。书中不仅讨论了欧氏空间，还讨论了引力场空间和介质空间；不仅讨论了人类永不可及的宇宙深处或宇宙边缘的时空问题，也讨论了宇宙混沌之初与沉沦之末的时空问题，以及有限的物理学宇宙在无限的哲学宇宙中的演化问题。

时空问题涉及自然科学和哲学的基础。因此《时空学概论》讨论了一级学科物理学、天文学、数学、哲学以及若干二级学科中一些基本概念和基本理论 。一句话，《时空学概论》揭示了科学与时空的关系和性质。全书主要理论武器是经典理论，主要方法是经典方法，它们都非常有效、犀利。理论上由于摒弃了相对论，讨论的问题空前深入，并且不必引入被称为宇宙学中“两大谜团”之一的“幽灵概念”——暗能量，甚至可以更好地解释相关的宇宙现象。

重视基本概念及其中的哲学问题。本书涉及的多是物理学中的基本概念和根本问题，与哲学的关系密切，内容浅显易懂。书中没有高精尖理论，涉及的都是人类生产生活中的基本问题。一般而言，具有高中物理知识和简单的天文学知识，数学具有微积分基础，就可以读懂全书。

本理论的欠缺是，非欧空间的部分结论依据不足，尚需继续讨论、求证、完善。该部分必须站在引力场空间和介质空间的立场用非欧几何作为工具论证；宇宙学部分也是个人管见，尚需进一步利用现代天文学的观察成果甄别。本人在水平和精力上都不济，希望业界同仁能够从理论和实践方面完善。

或问：没有现代化的实验手段的支持，能保证书中的观点都是正确的吗？

答曰：不能。“时空学”不是高精尖的科学，它像“欧氏几何”“牛顿力学”一样是基础科学，它涉及的是一般常识、基础问题。本书的结论像“欧氏几何”一样不需要运用现代化的实验手段，只需用公理化的方法，根据六条时空学公理演绎、思辨即可获得。这些结果与人类几千年实践相符，并且自洽。即使这样，也不能保证书中的所有结论都是正确的。

本书的内容可以分为两大部分：第一部分是前十二章和附论。这一部分的结论都是经过严格推导获得的，并且与实践相符，因此可以认为这一部分的结论是基本正确的。第二部分是第十三章至第十七章。由于这一部分占有的资料不全，其结论是经过推导加逻辑思辨获得的。有的结论与实践相符，并且自洽；有的结论需要接受实践检验或继续接受实践检验。

在《时空学概论》中，如果有的结论不正确，也是对时空理论未知领域的积极探索，相信这部分结论还是可以进一步争论、对业内有启迪的。

在写作《时空学概论》中，得到了国务院特殊津贴获得者、核物理专家陈平国老师悉心指导，陈老师还亲自校阅了涉及量子物理部分，特此致谢。

目 录

绪　论

篇首语

哲学宇宙包含物理学宇宙。哲学宇宙在时间上是无限的，在空间上也是无限的。

我国晋代葛洪所著的《神仙传·麻姑》中说两个仙人聊天。麻姑对王远说："自从得了道接受天命以来，我已经亲眼见到东海三次变成桑田。刚才到蓬莱，又看到海水比前一时期浅了一半，难道它又要变成陆地了吗?"王远叹息道："是啊，圣人们都说，大海的水在下降。不久，那里又将扬起尘土了。"以上就是成语"沧海桑田"的来历。现代地质学证明，我国的"沧海桑田"说是符合地球的地质演化的。它说明，内因是宇宙演化的根据，时空变化是宇宙演化的结果。

宇和宙，时间与空间，是本书研究的主要对象。

古人日出而作，日落而息，根据寒暑交替调整自己的生产生活，并且每个社会集团（氏族、部落等）都有自己相应的活动范围。这说明人类的时空观念是同人类文明一起诞生和发展的。

古埃及人把天狼星和太阳一同升起的那一天记为一年的开始，这是人类第一次对回归年的概念有了科学的认识。历法的诞生，则标志着人类对时间的计量进入了科学的轨道。

埃及人在公元前 4200 年就建立了历法。他们规定一年为十二个月，每月 30 天，年终再加 5 天，一年为 365 天。这是一种完全的太阳历。这样的历法当然不大准确，因此后来他们采取了一些置闰的方法。我国古代历法之多为世界之首，前后共有一百多种。在公元前 2000 年的夏朝就建立了享誉世界的四大历法之一的夏历——农历。在商代就有了置闰的方法，并且有了春分、夏至、秋分、冬至概念，在战国时期更发展为二十四节气。南宋时期的“统天历”（公元1199年）确定一年为365.242 5日，与现今世界通用的阳历（公元1582年建立）完全相同。

年、月、日是长分时间，它的标准是天生的，其计量相对容易一些；而时、分、秒等短分（或细分）时间，由于没有天然的标准，因此它们的计量就困难得多。古代两河流域人（即古巴比伦，在现在的伊拉克）把7天作为一个星期，又把一天分为12个时候，每个时候60分，每分60秒。我们现在实际上仍然沿用他们的计时方法，不过现在一天是24时候，因此称为“小时”，现在的时、分、秒也都缩短了一半罢了。这也是现在的时、分、秒计时标准的来历。世界上计量短分时间最早的“钟”——日晷诞生于六千年前的巴比伦之大王国。以后人们逐步发明了水钟、沙漏、摆钟、石英钟、原子钟、光学钟，计时精度逐步地、大幅地提高。2009年，美国国家标准计量所的科学家研制的原子钟创下了每十七亿年只差一秒的精度纪录。因为它的工作波段在光学波段，因而也被称为光学钟，传统的铯原子钟的工作波段则在微波波段。

相对而言，人类对长度（空间）的计量要迟得多。我国古代将男人的拇指和食指张开的距离定义为一尺，因此“尺”字是一个象形字。在三千多年前我国的商代，已有象牙制成的尺。当时一尺只有16.95厘米，一个男人约高十尺，即一丈，故在中国男人有“丈夫”之称。我国三国时期（公元3世纪初）王肃编的《孔子家语》一书中记载有：“布指知寸，布手知尺，舒肘知寻。”即根据手指可知寸长，伸手可知尺长，展开两臂可知寻（八尺）长。

公元前221年秦始皇统一度量衡制度，便建立了包括长度在内的计量标准。唐代天文学家僧一行于唐开元十二年（公元724年）与南宫说等实测了今河南滑县，经开封、扶沟到上蔡县四个地点的北极高度、日影长短以及它们之间的地面距离，得出北极高度相差1度则南北距离相差351.27唐里。由此折算子午线一度长约合131.11公里，虽然这个数值与当今测得值110.6公里相比，误差较大，但它却是世界上最早对地球子午线的实际测量。将长度单位与地理经线弧长相联系，是世界长度计量史上的一大创举。它标志着人类对空间的计量进入科学轨道。

1889年国际计量委员会定义了1米的长度：以经过伦敦格林威治天文台的零度经线的四千万分之一的长度为一米，并且宣布：1米的长度等于X形的铂铱合金米原器两端刻线记号间在冰融点温度时的距离。以后，国际计量大会和国际度量衡大会又根据当时“秒”的时长和“米”的长度结合光的运行特征，重新定义了“秒”和“米”。这标志着时间和空间的标准臻于科学和成熟。

时空理论发展到今天，日臻完善，已成为一门独立的自成体系的学科——时空学 。

时空学的产生同其他学科的产生一样，都是人类文明发展到一定阶段的结果。迈克耳孙—莫雷实验和利用光的性质定义物理量基本单位“秒”“米”是时空学诞生的两个必要条件。前者揭示了宇宙时空在本质上是绝对的（与物质运动无关）；后者则使人类对时空的认识完成了从具体到抽象、特殊到一般、有限到无穷、有期到永恒、感性到理性、经验到科学的跨越。

时空学是专门研究时空性质和计量以及物质（运动）与时空关系的科学，因此时空学是独立于物理学、天文学的自然科学。

物理学是研究一般物质的构成和运动的科学；天文学是研究宇宙中物质的构成形式和运动形式的科学。二者同宗同源。一般而言，物理学的所有公理和结论对天文学同样适用，因此天文学可以称为“宇观物理学”。物质运动是时空的表现形式，时空概念是物质运动的基础概念：如果人类对时空性质认识不正确或不准确，对运动的认识和计量必然不正确或不准确。时空学、天文学和物理学可以统称为“大物理学”。

《时空学概论》有以下的特点：

一、《时空学概论》是以参照系为“窗口”、以观察者为立场、以宇宙为对象研究宇宙的时间和空间，不是研究宇宙中所有的物理现象。

二、“光”是《时空学概论》研究宇宙时空的唯一工具和依据。

三、在《时空学概论》中，物理量的“本征值”是研究宇宙时空的唯一物理量标准。

四、《时空学概论》始终以“唯物主义认识论”为指导。

五、欧氏空间是《时空学概论》研究宇宙时空的基础空间。

六、《公理化方法》和逻辑思辨是研究《时空学》的主要方法。

时空学本质上是根据光速在不同空间的不同表现形式，研究时空性质和时空计量。

关于时空的性质，牛顿是提出“绝对时间”和“绝对空间”概念的第一人，而爱因斯坦则是提出“相对时空”概念的第一人。《时空学概论》则证明了宇宙的时空是“绝对时空”。

关于运动的性质，牛顿是提出“运动都是相对的”概念第一人（《运动学》

都是研究相对运动)，而本书则从时空学角度第一次提出了运动是绝对的，并且与哲学“运动是绝对的”内涵不完全相同。

就内容而言，《相对论》是第一部研究时空的著作，但是《相对论》有许多让人迷惘的地方。如“光速不变”的本质、光行差和多普勒效应的物理原因是什么？光速为什么不满足矢量法则，矢量法则正确吗？两个做相对运动的物体，哪一个在运动（按照相对论，该物体上的时间速率及长度标准不同)，哪一个静止？什么是惯性运动和惯性参照系，在“非惯性参照系”中“物理学定律”是什么“样子”，惯性质量和引力质量真的相等吗？加速运动怎样计量，惯性参照系与欧氏空间是什么关系？引力场时空真的是弯曲的吗？这些问题我们都可以在《时空学概论》中得到解答。

第一篇　总纲

篇首语

与物质存在无关的空间称为绝对空间，与物质存在有关的空间称为相对空间；相对于绝对空间的运动称为绝对运动，相对于质点的运动称为相对运动。

第一章　时空学中的基本概念和公理体系

第一节　时空学的基本概念

物质：独立于人的意识之外的客观实在。

物质既是哲学范畴，又是物理学和时空学范畴。物质可以被人的意识感觉、反映。运动是物质的根本属性。对物理学而言，时间和空间是物质的存在形式。物质不能产生和消失，只能转化。在物理学中，物质在概念上是“纯净”的抽象物。它没有大小、没有形状。如木材、钢铁、石头、沙、水、空气，氢、氧、铜、铁、铀，基本粒子等。

物体：物质的具体形态，可以由一种或多种物质组成。

对确定的物体，具有确定的组成、确定的大小及形状，并占据一定的空间和时间（指存在的持续性）。如桌子、椅子、树、恒星等。本文所谓的物体一般指天体。

宇宙：有物质存在且人类能感知的整个统一空间称作“宇”；宇内所有物质的运动（发生、发展、湮灭、移动等）的顺序性和持续性叫作“宙”。宇和宙合称宇宙。

上述宇宙的定义是物理学意义的概念，一般称作“物理学宇宙”，也称作“我们的宇宙”，简称宇宙。

中国战国末期的尸佼提出：“上下四方曰宇，古往今来曰宙”，是与现在宇宙概念基本一致的最早的宇宙定义。

宇宙有三要素：物质、时间和空间。其中物质是第一性的，时间和空间是第二性的。例如在我们的物理学宇宙之外，还存在浩瀚的空间，但由于它不存在物质或虽存在物质而我们不能感知，所以它不属于物理学宇宙的范畴。

物理学宇宙在空间上是有限的。我们现在能感知的最遥远的天体一般认为距离我们不超过200亿光年，它就是物理学宇宙的边缘。

物理学宇宙在时间上也是有限的。一般地讲，物理学宇宙有起点也有终点。根据演化理论的不同，宇宙的年龄也有不同。按宇宙大爆炸这一宇宙演化理论，现在的宇宙的年龄不超过200亿年。

物理学宇宙有别于哲学宇宙。哲学宇宙在时间和空间上都是无限的。在空间上，它还包括物理学宇宙之外人类不能感知的更加辽阔的空间，即只要是空间或任何空间都属于哲学宇宙。哲学宇宙在时间上没有起点和终点，它包括大爆炸以前的时间和物理学宇宙演化结束以后的时间，因此哲学宇宙包含物理学宇宙。本书的研究对象是物理学宇宙，故后文所称“宇宙”概指“物理学宇宙”。

空间：指物质占据的位置及其运动产生的广延性。

空间是三维的。量度一维空间的物理量叫“长度”；量度两维空间的物理量叫“面积”；量度三维空间的物理量叫“体积”或“容积”。空间的总和即“宇”。

时间：物质运动的持续性、周期性和顺序性。时间是一维的，量度时间的物理量也称作时间。时间的总和即“宙”。

欧几里得空间（简称欧氏空间）：该空间中的介质密度和引力场强度对光速影响是可以忽略不计的。

所谓“介质密度对光速产生的影响可以忽略”，是因为介质的性质和密度对光速会产生影响。包括两个方面，一是对光速的大小产生影响。这从介质的折射率 $n=u/c$，可以得出此结论，其中 u 为光在介质中的速度。如果介质对光速产生的影响不能忽略，就会影响到空间计量标准（米）的精度，从而产生误差，因此欧几里得空间要求空间中的介质对光速产生的影响可以忽略。二是对光的传播方向产生影响。相对于无介质的空间而言，在介质中光的轨迹是弯曲的，例如海市蜃楼现象。忽略“对光的传播方向产生影响”可以认为光在介质中的传播是直线传播。以上两个方面必须同时得到满足才可以称作“介质密度对光速产生的影响可以忽略”。

所谓“引力场强度对光速产生的影响可以忽略”，也有两个方面的要求，一是引力场强度越大光速就越大（见第十一章）。根据长度标准（米）的定义，光速的变化将直接导致长度标准（米）的变化。如果引力场对光速产生的影响可以忽略，则引力场对长度标准产生的影响也可以忽略。二是指相对于无引力场的空间而言，引力场对光线弯曲产生的影响可以忽略。

以上两个方面必须同时得到满足才可以称作“引力场对光速产生的影响可以忽略”。

上述关于欧几里得空间定义的基本思想是基于在非欧空间光的轨迹相对于欧氏空间是弯曲的，光速的大小也与欧氏空间的 c 不等；而我们的宇宙中处处都有介质和引力，故作此定义。这样就把物理和数学中的空间概念联系统一起来了。后文我们将看到，物理学中欧氏空间与数学上的欧氏几何的概念是一致的。

必须强调的是，欧氏空间定义的是介质密度和引力场强度对光速的影响都可以忽略的空间，不是介质密度和引力场强度都可以忽略的空间。这两个概念相去甚远。例如，地球表面的空气浓密，引力巨大，对人类生产生活的影响不能忽略；但是，二者对光速的影响都非常小，完全可以忽略，因此地球表面在一般情况下可以看作是优良的欧氏空间。

在本书第十三章将看到，一般情况下我们可以将欧氏空间理解为其中介质密度和引力场强度都可以忽略的空间。

引力场空间（也称作黎曼空间）：引力场对光速影响不能忽略的空间。相对于欧氏空间而言，引力场空间中的光速不是常数，它始终大于 c ，并且光线是弯曲的。所谓"引力场对光速的影响不能忽略"，就是在讨论的问题中，如果将引力场的光速看作常数 c，并且轨迹是欧氏几何意义的直线，结果将产生很大的误差。即在引力场空间，不能将线性光的轨迹看作欧氏几何意义的直线。

介质空间（也称作罗巴切夫斯基空间）：其中的介质密度对光速产生影响不能忽略的空间。

引力场空间与介质空间都称作"非欧空间"。

观察者（也称作观测者）：具有一定的自然科学知识和技能，并且凭借自己所在时空位置对自然现象和自然科学量进行观测、考量的个人。

参照系：观察者为了观测考量自然现象，借助由确定的位置确定的观察窗口和测量平台。

所谓确定位置，就是一个确定的"点"。因为只有确定的点，相对于被考量对象的位置、速度、加速度等才是确定的；观察者观测到的自然现象的结果和自然科学量的值才是确定的。如果这个"点"不是确定的，观察者观测到的自然现象的结果和自然科学量（包括物理量）的值就是不确定的。

在实践中，参照系一般由一个物体确定，如某一物体 A 可以称作"参照系 A"。在时空学中，参照系的功能不仅可以考量运动，也可以考量其他自然现象，因此参照系与时空坐标系是两个不同的概念。参照系是整体，时空坐标系是部分，是参照系的职能之一，它的功能也只是参照系功能的一部分。由于所有物体（包括天体）都是置身于我们的宇宙中，因此所有参照系都可以根据与周围物体的时空关系设置合适的坐标系。

由于观察者观测物理现象必须凭借参照系，参照系中也必须有观察者，对物理现象的观察才能得以实现，因此在没有表明观察者在参照系中的具体位置的情况下，我们可以将“观察者”或“参照系”视为同一概念：例如物体 A，我们可以径称为参照系 A 或观察者 A。事实上，一个观察者一般都有确定的时空位置，因此观察者也可以看作质点，在这个意义上，观察者与参照系有相同的内涵。

本征参照系：被考量物体静止于其中的参照系，称作该物体的本征参照系。

特别的，光的本征参照系就是其光源的本征参照系。

非本征参照系：被考量的物体在其中运动速度不为零的参照系。

绝对空间：与物质在其中的运动无关的空间。

相对空间：与物质运动有关的空间。

绝对空间与相对空间的区别在于描述空间参照系的原点性质不同。描述绝对空间的坐标原点是空间中的点，它不是质点，没有质量，不受任何力的作用，因此它不会在空间中运动。例如宇宙中的双星围绕其公共质量中心旋转，将该公共质量中心作为参照系的坐标原点，假设双星受到其他物体的作用可以忽略，该参照系描述的空间就是绝对空间；反之，描述相对空间的坐标原点是质点，它有质量，可以受到力的作用，可以在空间中运动，因此以质点为参照系描述的空间是相对空间。通常，绝对空间与时间一起称为绝对时空；相对空间与时间一起称为相对时空。

事件：某一自然现象。

事物：事件和物体的合称。

运动：物质时空位置变化产生的连续性和持续性称作物质的运动，也称作物理运动。

本书中的运动概指物理运动而不讨论其他运动，如地质运动、化学运动、电磁运动等。

物质运动是标志物质存在形式的哲学范畴，指宇宙中发生的一切变化和过程。辩证唯物主义认为，运动是物质的固有性质和存在方式，是物质所固有的根本属性。没有不运动的物质，也没有脱离物质的运动。运动具守恒性，即运动既不能被创造又不能被消灭，其具体形式则是多样的并且互相转化，在转化中运动总量不变。

物质的具体运动由物质的时空位置，即时间坐标和空间坐标、速度、加速度、位移、持续时间等物理量表征，这些物理量称作物质的“物理运动参量”。当将物体看作质点时，确定的物体在不同的参照系中具有不同的时空位置、速度、加速度、位移。这是质点运动的属性，也是物质运动的属性。

质点：将物体大小忽略的理论抽象。

空间位置：质点运动时某一时刻在某一参照系中的空间坐标。空间位置简称位置，它是几何学中“点”的对应体。

轨迹：物体运动时经过的空间位置的集合。质点的运动轨迹就是几何学中“曲线”（含直线）的对应体。

距离（长度）：在某一参照系中，光在某两点即空间位置之间运行的时间与光速之积称作两点之间的距离，亦称作长度。用公式表示就是 $L=ct$。其中 L 表示长度，c 表示光速，t 表示时间。距离（或长度）是计量空间的物理量，其国际标准单位是“米”。

速度：在某一参照系中，物体在单位时间内运行的距离称作该物体在该参照系中的速度。根据速度的定义，速度可以由公式 $v=L/t$ 表示，v 表示速度，L 表示距离，t 表示时间。这也是速度的定义式。当物体的运动为变速运动时，根据速度的定义，其速度由公式：$v=\mathrm{d}s/\mathrm{d}t$ 确定。其中，$\mathrm{d}s$ 表示距离的微分；$\mathrm{d}t$ 表示时间的微分。

从速度的定义可以看出，速度有两个要素：速度的主体是物质，一般情况下它的内涵是质点，因为只有质点的空间位置才是确定的，位移和速度才是确定的；速度和参照系有关，同一物体在不同的参照系中的速度也不同。就其本质而言，物质的速度都是指平均速度或即时速度。

静止：如果某物体在某参照系中的速度为零，则称该物体在该参照系中是静止的。这样定义的静止事实上是相对静止，因为事实上参照系也可能在运动。

绝对静止：静止于绝对空间称作绝对静止。

相对运动：相对于质点（物体）的运动称为相对运动。

绝对运动：相对于绝对空间的运动称为绝对运动。

这样区别相对运动和绝对运动是因为所有物质都在相对于其他物质运动，没有任何物质是绝对静止的。因此相对于确定物体的运动都是相对的；将相对于绝对空间中点的运动称作绝对运动，是因为永远都不能认为绝对空间中的点在运动。

惯性运动：相互做匀速直线运动的两物体之间的运动。惯性运动是牛顿第一定律规定的物体没有受到外力时的一种运动。这种运动在参照系中表现为匀速直线运动或静止。在第七章我们将看到，惯性运动本质上是相对于绝对空间的绝对运动。由于宇宙中没有绝对不受到外力作用的物体，因此宇宙中不存在绝对的惯性运动。为讨论问题方便作上述定义。

惯性参照系：若某物体在某参照系中的运动是惯性运动，该参照系相对于该物体称作惯性参照系。

上述定义的惯性参照系实际上是相对的惯性参照系；宇宙中事实上不存在绝对的惯性参照系。

绝对加（变）速运动：相对于绝对空间的加速运动。

相对加速运动：如果某物体在某参照系中的速度（包括方向）不是常数，则该物体在该参照系中的运动称作相对加速运动。

物理量：表征物体或物质的物理特征或物理变化特征的量。

本征值：在本征参照系中测得的事物物理量的值。

光速：光在某参照系中波长和频率的积称作光波在该参照系中的速度，简称光速。用公式表示是 $c=\lambda\omega$。其中 c 是光速，λ 是波长，ω 是频率。

作此定义，原因有二：一是现行光速的测量就是测量光波的相速度，即测量的是波长与频率的乘积。二是在概念上光速不是光子的速度，即不可以将光速理解为是光的波前或光脉冲的速度，或者说光速不是光子在单位时间运行的距离，即光速不是矢量速度。

本征频率：单色光在光源的本征参照系中的频率。

本征波长：单色光在光源的本征参照系中的波长。

第二节　时空学公理与物理学的关系和建立物理学理论体系管见

实践：人类的生活生产活动和科学实验的总称。

科学：探寻、揭示自然现象或社会现象内在规律的系统观点。

例如，物理学就是探寻、揭示物理现象内在规律的系统观点；政治经济学就是探寻、揭示人类政治经济活动内在规律的系统观点。科学不是客观实在，它的正确性没有实体标准可以验证，因此哲学认为：实践是检验真理（包括科学）的唯一标准。

数学悖论的出现揭示了任何系统理论都是不完备的。1931年歌德尔（Kurt Godel，1906—1978，捷克人）提出了一个“不完全定理”：任何公设系统都不是完备的，其中必然存在着既不能被肯定也不能被否定的命题。例如，欧氏几何中的“平行线公理”，对它的否定产生了两种非欧几何。

逻辑而言，任何科学（包括社会科学）都必须有原初理论，即必须有公理，有公设系统。在逻辑上理论只要与实践相符且自洽，就可以认为是正确的。

公理：从实践中归纳、总结出来，并被实践检验总是正确的、在理论上不能证明的重大科学命题。

公理有四要素：一是不可证明性。公理是科学理论之母，因此没有现成的理论可以演绎、证明其正确性。这说明公理本身是理论假设。二是必要性。必要性是指公理提出了新的概念，并且界定了该概念与其他若干概念的关系，从而可以开拓和辐射一片理论空间，如果没有该公理就会造成该理论空间的缺失。三是公理具有独立性。独立性表示公理不是从属的、重复的，不能由其他理论演绎出来。四是实践性。公理是从人类的实践中归纳总结出来的、正确的科学命题，并且被实践证明总是正确的。需要强调的是，数学公理也必须具有实践性。欧几里得认为，数学公理的简单性是其正确性的保证。非欧几何发现以后，人们发现非欧几何的许多结论与实践不符，例如非欧几何的第五公设，因此认为数学公理不具有实践性，只要公理之间的结论自洽，数学公理就是正确的。该观点不正确。本书第十三章告诉我们，数学公理也必须满足实践性。当时认为非欧几何与实践不符，是因为当时没有发现非欧空间。现在我们发现了非欧空间，并且发现非欧几何的结论与非欧空间相符。

一、物理学公理与时空学公理的关系

物理学公理可以分为“基本公理”和“非基本公理”两类。

物理学基本公理又称作“时空学公理”，即在时空学中建立的，涉及、规范有关时空概念的公理。因为时空概念是物理学中最基本、最重要的基础概念，涉及物理学的所有分支学科，因此时空学公理即物理学基本公理，它对物理学的其他分支学科也有约束力，即时空学公理在其他物理学科同样适用，并且物理学的所有结论不能与之矛盾。

同样，时空学公理也是天文学基本公理。事实上，时空学公理也是其他自然科学的基本公理。只是，其他自然科学中的时空问题没有物理学和天文学这么重要和明显。

以上论述说明自然科学是统一的，其结论不能互相矛盾。

二、建立物理学理论体系的建议

物理学是一门实验科学。它产生于实践，又必须经受实践的检验，并服务实践、指导实践，在实践中完善和发展。基于以上观点，提出以下建立物理学理论体系之建议。

物理学公理是物理学理论体系的核心。物理学的其他理论或是物理学公理演绎的结论，或虽然不是物理学公理演绎的结论，但必须与物理学公理相容。

物理学理论体系由物理学公理、定理（含公式）和物理学概念组成。

目前，物理学理论体系的现状是只有物理学定律和物理学原理。两者都是从实践中总结出来的理论假设，并无严格区别。在本质上，物理学定律和物理学原理都是物理学公理。如“热力学第二定律”又称“熵增加原理”。在物理学发展初期和近代一般称为“定律”，现代多称“原理”。在物理学理论体系的现状中无公理，并且基本无定理。因此，物理学理论体系的现状完全滞后，不适应现代物理学的发展。建立现代物理学理论体系已经刻不容缓。

物理学非基本公理，即物理学分支学科的公理。某一学科的公理应该随着该学科的建立而建立。例如，量子力学只能在量子力学公理建立之后或同时建立；如果以后又产生了物理学新学科，该学科的公理当然只能同该学科一起建立。由于这些分支学科的研究范围各不相同，它们的公理一般对物理学其他分支学科没有约束力。即某分支学科的公理一般在其他学科无交叉、无应用。物理学非基本公理也必须具有必要性、唯一性、独立性和实践性四个特性。

物理学定理：根据物理学公理演绎出来的，具有普遍意义的重要物理学命题。与数学定理不同的是，物理学定理不能归纳出来，因为物理学中不存在完全归纳法。

推论：即定理。特指由某一公理或定理直接推导出的，具有普遍意义的物理学命题。

物理学公式：具有方程形式的物理学命题。物理学公式的性质可以是定理或一般性公式。

物理学概念：反映某类物理现象的特征或本质的思维形式。人类在认识自然现象的过程中，从感性上升到理性，把所感知的事物的共同本质特点抽象出来，加以概括，就成为概念。概念都有内涵和外延。概念是发展变化的，它随着人类认识的拓展而越来越接近其本质。概念是理论的重要组成部分。

物理学定律本质上是公理。建议今后不再用定律命名新的公理。

第一，今后出现的物理假设应该视情况将其设置为公理。

第二，对已有的物理学定律进行清理。将可以证明的作为定理，不能证明的可以视情况升格为公理或继续保留为定律。

例如，“阿基米德定律”中的“浮力”，实际上是液体对物体表面压力的合力。笔者以前曾经做过一次计算，发现液体对球体、长方体、锥体表面压力的合力，都与物体同体积液体的重量相等。如果数学上对任意曲面形成的闭合体，能够计算其表面压力的合力及体积，这个问题就解决了。还有，“开普勒行星运动三定律”，现在利用“万有引力定律”已经证明成立，因此“开普勒行星运动三定律”是定理。

如果物理学定律提出了新的物理概念，界定了新概念与其他物理概念的关系，拓展了物理学的领域和空间，则在理论上必然不能证明其正确性，因此从逻辑上讲它们都可以上升为公理。例如，牛顿第二定律提出并定义了惯性质量的概念，提出并定义了力的概念，界定了惯性质量与力和加速度的关系；万有引力定律，提出并定义了引力和引力质量，界定了引力质量与距离、引力常数和引力之间的关系；胡克定律提出和定义了弹力概念，界定了弹力与弹力产生的位移之间的关系。在没有这些定律之前的物理学中，没有这些概念和逻辑关系，因此这些定律在理论上不可能被证明。并且，它们分别开拓了物理学中有关惯性概念的空间、引力概念的空间、弹力概念的空间，实践检验它们都是正确的，因此它们都应该升格为“动力学公理”。

同样，热力学第一定律定义了热力的概念，第二定律定义了熵的概念，也应该升格为热力学公理。如果从能量守恒的角度思考，热力学第一定律连定理也不够格；而能量守恒定律，由于不能用完全归纳的方法证明其正确性，理论上是不可证明的，但实践证明是正确的，因此也应该升格为（动力学）公理。在牛顿第三定律之前的物理学并没有“反作用力”的概念，因此牛顿第三定律也是不能证明的，也应该升格为动力学公理。

第三，如果有的定律因为被证明而成为定理，有的不能证明而成为公理，也应该保留其“定律”的称谓，以彰显其历史功绩。不过在概念上应该明晰是定理或公理。

这一节既是为了说明下一节时空学公理的设立原则，也是为建立系统的物理学理论抛砖引玉。希望业界能够将此项工作提到议事日程上来。

第三节　时空学公理

为了使本书的论述循序渐进，下面提出的五条时空学公理假设仅在欧氏空间中成立。

阿尔伯特·迈克耳孙（Albert Michelson，1852－1931）和爱德华·莫雷（Edward Morley，1838－1923）在1887年进行了一次著名实验。虽然相关的著述都会提及这一实验，但是关于这个实验得到的结论却莫衷一是。当时业界普遍的观点，认为这个实验的意义是证明了以太不存在。但如果承认光速不是矢量，那么显然这个实验不能否定以太的存在。另一方面，如果假设以太始终游离于物质周围，始终与物质一起运动，是力的传播媒介，则可以认为以太与我们越来越近了。事实上，就该实验的内容而言，它揭示的问题是属于时空学而不是物理学的，因此在物理学方面我们无法根据迈克耳孙－莫雷实验总结出有意义的结论。

现在看来，这个实验可以得到的唯一结论就是发现了“光速不变”，即光速是绝对的，光速与光源的运动无关。“光速不变”揭示了时空的性质，它是时空学的理论基础。迈克耳孙－莫雷实验是一次敲开时空学大门的实验，是可以永久载入史册的实验。

我们仔细查阅这个实验，可以发现实验中使用的光源既不是太阳光，也不是星光，而是静止于地球表面、静止于观察者的普通光源。实验虽然几次改变了光的运行方向，却始终没有改变光源与观测者相对静止的事实。因此，逻辑而言，这个实验可以得到的结论是：“在光源的本征参照系中光速不变”。

我们查阅资料可以发现，庞加莱（J. H. Poincare）1898年在其论文《时间的测量》中，首次提出了光速在真空中不变的公设。之后，爱因斯坦在《狭义相对论》中将“光速不变”作为公设提出。二者的“光速不变”都没有指明“光速不变”是否包含光速“在光源的非本征参照系中不变”。在观念上，庞加莱和爱因斯坦都没有“本征参照系”和“非本征参照系”的概念，二人的“光速不变”在内涵上都包含了光速“在非本征参照系中的值不变”。

无论是在实验还是理论上，“光速在非本征参照系中的值不变”在迈克耳孙—莫雷实验以后都没有被证明过。后来所有测量光速的实验，事实上都是在光源的本征参照系中进行的，并且都是根据光的频率和波长测定。根据上述分析，目前，我们关于光速的所有实验在逻辑上可以得到的结论只能是“光速在光源的本征参照系中不变”。

一、公理一

光速不变公理：在欧氏空间光源的本征参照系中，若光的频率为 ω、波长为 λ，则光速恒为 $c=\omega\lambda$ 。

光速不变公理的内涵有两要点：一是光速是光波的相速度（$c=\omega\lambda$），而不是线速度（$c=L/t$），不是一个光子在单位时间运动的距离，不是光子的速度。在第十三章我们将看到，正是由于光速的这一内涵以及光速和“米”的循环定义，使光速公理在引力场空间、介质空间同样成立。二是强调观察者与光源相对静止，没有相对运动。

“光速不变公理”也可以简称“光速公理”。“光速不变”是人类在地球表面环境条件下得到的结论，这样的环境条件本质上是欧氏空间。

“光速不变公理”与狭义相对论中的“光速不变原理”在内涵上是不同的。“光速不变公理”仅在光源的本征参照系中成立，而狭义相对论中的“光速不变原理”在光源的非本征参照系中也成立，并且光速是矢量。这里说明三点。

（1）“光速不变公理”表述中的“光源的本征参照系”没有界定该参照系的运动状态，即没有界定参照系在做惯性运动或是加速运动。这是由于：一是宇宙中所有物体都在引力作用下做加速运动，例如迈克耳孙－莫雷实验就是在地面做的，而地面无时无刻都在做加速运动；二是两个相对做加速运动的参照系，不能证明是自己做加速运动还是对方做加速运动。双方都可以认为自己是静止的，是对方在做加速运动。因此“光速不变公理”揭示了“光速与光源的运动无关”。

（2）“光速不变公理”在一定意义上揭示了时空是绝对的，因此“迈克耳孙－莫雷实验”是产生时空学的前提条件。

（3）公理只强调了公理成立于欧氏空间。没有对空间的具体环境限制，如没有说明空间的引力场状况或介质状况，表示空间环境是真实的欧氏空间环境，不是人工环境。

二、公理二

时空的均匀性公理：在欧氏空间光源的本征参照系中，单色光任意周期的时长与其时空位置无关。

该公理说明，在光源的本征参照系中时间流逝是均匀的。即是说明在欧氏空间的任意参照系中时间流逝的速率严格相等。根据“光速不变公理”，公理二也可以等价地表述如下：

在欧氏空间光源的本征参照系中，单色光任意周期的波长与其时空位置无关。

该表述说明，在欧氏空间中，空间是均匀的。“时空的均匀性公理”说明光具有卓越的守时性和稳定的空间关联性。人类自从发现了光的这一特性，光从此坐上了“时空计量标准”的宝座。因此，1967 年第 13 届国际度量衡大会作出现行“秒”的定义。

秒：铯 133 原子基态的两个超精细能级间跃迁对应的幅射的 9 192 631 770 个周期的持续时间。

该定义事实上隐含了“公理二”成立，或者说该定义成立的前提是“公理二”成立。在后面我们将看到，“秒”的这一定义在不同空间都成立，并且不同空间中“秒”的时长相同。这说明时间是绝对的，与空间类型无关，与参照系无关。

上述利用铯 133 原子幅射确定的时间标准称作“原子时”。国际上还有一种利用地球公转确定的守时标准称作“世界时”。由于地球自转正在变慢，已经多次发生“润秒”。国际上对润秒的确定，一般都是根据原子时参考世界时作出的。这里必须指出，在理论上“世界时”是“相对标准”，其准确性与地球的公转密切相关。如果将地球以外的七大行星看作一个整体，这个整体的质量中心在地球公转轨道的前面时，地球公转将被加速，反之将减速，并且这一过程是不对称的；另外地球上的潮汐、季风、人流和物流，也必将致使地球自转速度减慢。

在理论上，“原子时”是“绝对标准”，它是宇宙赠与人类最好的时钟。在实践上，“原子时”的误差仅表现在产生辐射的铯原子的无规则热运动，造成“原子钟”接收到的频率（与本征频率相比）存在多普勒频移。该频移（宽度）

虽然非常小，但是足以对钟的精度造成深远的影响。上述两种误差相比较，原子时的误差小很多，因此原子时的精度比世界时好很多。

1983 年第 17 届国际计量大会作出现行“米”的定义。

米：1/299 794 258 秒的时间间隔内光在真空中行程的长度。

同样，该定义成立的前提是“公理二”成立。在后面我们将看到，在不同类型空间中“米”的实际长度虽然不同，但是“米”的这一定义在不同的空间都成立。因为“米”和光速 c 是循环定义，“米”始终是光在 1 秒内行程的 1/299 794 258，其中一个变长或变短，另一个也相应变长或变短。可以这样说，“时空计量标准”并不天生就是光，但光天生就是“时空计量标准”。由于光作为“时空计量标准”具有方便、科学、稳定的优点，可以断言，无论今后科技怎样发展，光的这一地位不可动摇、不可超越。不能设想，在茫茫宇宙之中，人类可以凭借一把米尺和一只钟去计量时空，因此光是人类最好、最稳定、最科学的“量天尺”和“计时钟”。

上面关于“秒”和“米”的定义，是欧氏空间的标准，也是引力场空间和介质空间的标准。因为，后面我们将看到，在非欧空间中这两个标准都无法修改。

由于“定义”中没有界定观察者的时空位置和运动状态，说明“秒”和“米”的值与时空无关，与观察者运动无关。利用光的性质定义“秒”和“米”，取代利用地球公转定义“秒”、利用实物的长度定义“米”，这是计量科学的巨大进步和成熟。它标志人类对时空的计量完成了从特殊到一般、从具体到抽象、从经验到科学的转变。利用光的性质定义“秒”和“米”是“时空学”产生的必要条件。

时间速率：若欧氏空间 1“秒”的实际时长为 t_0，某空间 1“秒”的实际时长为 t_0'，则 t_0'/t_0 称作该空间的时间速率。若 $t_0'/t_0>1$，则称该空间的时间速率比欧氏空间的时间速率快，反之则称比欧氏空间慢。

时间速率是表征空间中时间流逝快慢的物理量。若某空间的时间速率大，则该空间时间流逝快，反之则慢。根据“光速公理”，欧氏空间的时间速率恒等于 1。后面将看到引力场空间和介质空间的时间速率也恒等于 1。

空间密度：若欧氏空间 1“米”的实际长度为 L_0，某空间某一点在某方向 1“米”的实际长度为 L_0'，则 L_0'/L_0 称作该点在该空间该方向的空间密度。若 $L_0'/L_0>1$，称该空间该方向的空间密度小，反之则称空间密度大。

空间密度是表征空间中相同性质点密集程度的物理量。若某空间的空间密度比较大，表示该空间中相同性质的点比较密集，即在该空间中，相同性质的点之间的距离小。反之，若某空间的空间密度小，则表示该空间中相同性质的点之间的距离大。比如狭义相对论认为，运动物体在其运动方向上的长度变短，意味着该方向（x 轴）相同性质的点之间，距离比其他方向（y 轴、z 轴）相同性质的点的距离较小。借用狭义相对论的观点，按照空间密度的定义，就是运动物体在其运动方向的空间密度比其他方向的空间密度大。

根据“光速公理”，欧氏空间各个方向的空间密度恒等于1。

根据公理二和“秒”“米”的定义说明，在欧氏空间中时间速率和空间密度都是时空的不变量。即在欧氏空间中，时间速率和空间密度与时空位置和运动无关，即“秒”“米”的标准是相同的、不变的。因此“公理二”说明欧氏空间的时间速率和空间密度都是相同的。因此“公理二”称作“时空的均匀性公理”。

根据公理一和公理二，立刻可以得到如下推论：

推论：欧氏空间的计量公式为 $L=ct$。

必须指出，如果没有公理一和公理二，公式 $L=ct$ 不成立，因为该公式是不能用实践验证的。在实践中我们不能借助任何标准认定某一长度是另一长度的 2 倍、某一时长是另一时长的 2 倍，即使我们的时钟和尺子相当精准。我们只要承认时间和空间是均匀的，公式 $L=ct$ 才成立；我们只有承认时间和空间是均匀的，公式 $L=ct$ 在逻辑上就必然成立。反之，如果我们将公式 $L=ct$ 设置为公理，则根据该公理立刻可以推论公理二成立。公理二是时空均匀性的理论表述；公式 $L=ct$ 是时空均匀性的实践形式。由于公理二表述的逻辑性更强，因此本文的时空均匀性公理采用公理二的表述形式，将 $L=ct$ 作为推论。

在运动学中，公式 $L=vt$ 是基本公式。其中的 L、t 有着与时空学公式 $L=ct$ 中的 L、t 相同的内涵，v 是物体之间的相对速度。同样，只有在理论上承认 L、t 是均匀的，公式 $L=vt$ 才可以在实践中验证。反之，如果某一理论认为时空是相对的，则公式 $L=vt$ 在该理论中必然不成立。

空间的均匀性：如果空间中某方向上的任意两点的空间密度相同，则称该空间在该方向上是均匀的。反之，则称该空间在该方向上是不均匀的。

以上是一维空间均匀性的定义。

如果某空间在三个互相垂直的方向都是均匀的且空间密度都相等，则称该空间是均匀的。这是三维空间均匀性的定义。需要说明的是，如果某空间在三个互相垂直的方向分别都是均匀的但空间密度互不相等，则不能称该空间是均匀的，只能说该空间在这三个方向上分别是均匀的。如狭义相对论中洛伦兹变换描述的 x' 方向的空间密度和 y'、z' 方向的空间密度分别是均匀的，但彼此不等，因此狭义相对论中洛伦兹变换描述的运动物体所在空间密度不是均匀的。某些各向异性晶体的空间也不是均匀的，仅同一方向是均匀的。

可以证明，如果某空间在三个互相垂直的方向都是均匀的，但空间密度互不相等，则该空间在任意方向都是均匀的，且任意两个不同方向的空间密度都不相等（证明略）。如果某空间是均匀的，则该空间在任意方向都是均匀的，且空间密度也是相等的（证明略）。

各向同性：如果光速在某空间的各个方向都相等，则称该空间是各向同性的。

如果某空间是各向同性的，说明光速在该空间各个方向都相等，则在该空间各个方向的基本时间单位“秒”和基本长度单位“米”都相等，即时间速率和空间密度都相等，该空间是均匀的；反之，如果某空间是均匀的，说明该空间的时间速率和空间密度都相等，在该空间各个方向的基本时间单位“秒”和基本长度单位“米”都相等，因此一定是各向同性的。以上说明空间的均匀性和空间的各向同性互为充要条件，也可以理解为二者具有相同的内涵。

空间的均匀性体现了空间的一个重要性质：空间中的点是等价的，即空间中的点与其位置无关。

三、公理三

直线：线性光在欧氏空间中传播的轨迹。或者，光子在欧氏空间中传播的轨迹。

将光的轨迹定义为直线具有物理学、数学和哲学方面的重要意义。该定义明晰了“空间的平直性”的内涵。直线的定义是数学和物理学的一个难点。原因在于，在现实世界中没有任何实体与直线对应，因此直线只能是一个概念。提出“光的轨迹是直线”概念，是理论对实践的唯一选择。在第十三章将看到，该定义也与几何学中的直线概念有相同的内涵。

曲线：若经过欧氏空间某两点之间的一条线不与光线重合，此线称作曲线。曲线是根据直线概念定义的，其本质就是“非直线”。

直线公理：两点之间的直线距离最短。这条公理也称作“空间的平直性公理”。

“直线”和“直线公理”是人类的实践总结。对于一条实体线，例如一根拉直的绳子、墙体的棱、屋脊等，不分民族、不分国度，任何人只要瞧上一眼，立刻就可以判断它是直的还是曲的。若问他判断的依据是什么，多数人可能答不上来。少数人可能回答，与光线重合的是直的，不重合的是曲的。因此，“直线公理”的公认性是显然的。并且，在实际的测量、测绘中，人们都认为两点之间光的传播轨迹最短。

在一些学科中，将“直线”定义为“两点之间的最短距离”，这是不妥的。因为两点之间有若干连线，如果没有直线公理，我们在理论和实践上都无法确定哪一条最短。欧氏几何中定义“直线是两点之间的最短距离”事实上是循环定义。因为“最短距离”必须由“直线”确定，而“直线”也必须由“最短距离”确定。现在根据公理三明晰了物理学中光的轨迹与几何学中的直线是同一概念，具有相同的内涵。

“直线公理”使“最短线问题”有了理论依据和实践检验标准。“直线公理”说明物理的欧氏空间与数学的欧氏空间具有相同的内涵。因此，它将物理的欧氏空间与数学的欧氏空间联系起来了。

空间的平直性：若某空间任意两点之间的距离可以由一直线表征，称作该空间是平直的。

空间的弯曲性：若某空间任意两点之间的距离不能由一条直线表征，称作该空间是弯曲的。

上述两定义说明确定空间是平直的还是弯曲的，空间中任意两点的距离能不能由一条直线表征是分水岭。例如，球面上两点之间的距离（最短线）不能用直线表征，只能用短程线表征，因此球面在概念上是曲面，或者说球面不是平直的；同样，马鞍面、圆锥面任意两点间的距离不能由直线表征，因此马鞍面、圆锥面也是曲面。

球面和马鞍面、圆锥面的例子说明，在弯曲空间中的距离概念不同，它由短程线确定。平直空间中的距离由直线（光线）确定。

“直线公理”具有重要的物理学、数学和哲学意义，它规定或明晰了直线的重要性质——平直性。这个性质是“形”概念的基本性质之一。可以说直线定义和直线公理使数学和物理学中的“形”在“线”这一概念上有相同的内涵。

四、公理四

时空绝对性公理：时间和空间没有重置性。

时间没有重置性的意思是一份时间不能同时容纳两份时间的事件。例如，假设某一元素的半衰期为 T，时间没有重置性说明在时间 T 内，该元素衰变的原子数量只能是一半，不能超过一半或不到一半。又如，某一单摆的周期为 T，则在时间 T 内，该单摆的摆动不能超过一个周期或不到一个周期。

空间没有重置性表示一份空间不能同时容纳一份空间以上的物体。例如，若某空间的大小为 S，则该空间内所有物体占据的空间之和加上空隙不能大于 S。这里的空间可以是一维的，也可以是二维的或三维的；可以是欧氏空间，也可以是非欧空间。例如，一米长的一维空间，不能容纳比一米更长的线段。又如，神话小说《西游记》中观音菩萨手中的净瓶能同时容下五湖四海之水，说明她的净瓶的空间有重置性。

时空和空间没有重置性，在本质上说明时间和空间没有压缩性和膨胀性，具有绝对性。根据"公理四"可以得到以下两点结论：

（1）时空没有重置性的物理意义，就是某一确定事物的时间测量值和空间测量值（含位置及形状尺寸等）都是确定的，且是不变的，即绝对的。因此在实践中，物理量一经测定，他人都予采信。如果"公理四"不成立，这一结论也不成立，甚至所有自然科学的测量值都是无意义的。因此上述例子是"公理四"公理性的具体表现。

（2）空间隧道在本质上是空间压缩的结果或空间弯曲造成的。由于欧氏空间是平直的且不能压缩，因此欧氏空间没有空间隧道。

五、公理五

时空维数公理：时间是半维的，空间是三维的。时间是半维的，说明时间不能逆转，即时间的方向是单向的，只能向前，不能向后。空间是三维的说明空间具有三个自由度，并且最高是三维。

这个公理的公认性也是显然的，并且在实践中概无例外。由于不能用归纳法证明，因此必须作为公理提出。该公理是确定运动的时空坐标系的依据。

以上提出的时空学公理共有五条。其中三条与光有关，说明光与时空的关系非常密切。

逻辑而言，上述五条公理在内涵上是唯一的，不像几何学上的第五公设存在三种概念。例如，光速公理不存在有光速大于 c 或小于 c 的公理；公理二在概念上不存在光波周期不均匀的公理；笔者将另文说明宇宙空间不可能是三维以上的等等。如果上述五条公理存在类似几何学第五公设的其他形式和内容，将与人类实践严重不符，并且将使物理学在形式与内容上面目全非，混乱不堪，不成其为科学。

在第八章还将提出一条时空学公理“王氏相对性原理”。在第十三章将看到，这六条时空学公理不但在欧氏空间成立，在引力场空间和介质空间也成立，在物理学中也成立。甚至在涉及时空概念的其他自然科学、人类社会中也成立。因此这六条时空学公理是科学的基本公理。

第四节　时空的本质、关系及欧氏空间的性质

一、时间和空间的本质

时间和空间的本质是客观存在。“时空是客观存在”是哲学概念。“时间和空间是物质的存在形式”是物理学概念。时间、空间和物质是宇宙中（自然界）的三种基本存在。宇宙中所有自然现象都是这三种基本存在演绎的结果。

人的意识能够感觉到的概念称作“存在”；如果某“存在”有形，可以为人的意识复写，称作“实在”。时间和空间没有形，没有运动，不能为人的意识复写，只能称作“客观存在”。物质既是“客观存在”，又有形、有运动，因此是“客观实在”。

存在就是“有”。时间在本质上表示“有”。“有”表示有故事（事件），即表示有时间节点、有时长；一无所有即空间。存在空间表示存在“一无所有”，因此空间在本质上表示“无”。某一问题中一无所有的范围，就是该问题中涉及的空间的大小。时间和空间的有与无，演绎了无限运动和宇宙演化，将物理学和天文学以及所有自然科学表现到了极致。

二、时间和空间的关系

（1）时空同为物质运动的表现形式。即物质运动必须以时空作表征。在物

理学中，时空概念是物质运动衍生出来的。假如宇宙中没有运动，假如宇宙是静止的，因为物理学讲的是运动，当然就没有宇宙的演化（即没有运动），也没有人类，当然不存在时间和空间概念；但是，假如宇宙中没有运动，假如宇宙是凝固的，对哲学而言仍然存在时空概念，因为哲学讲的是存在。虽然这时宇宙内没有物质运动，但是存在物质，物质之间是存在距离（空间）的，这些物质不运动状态的持续性（时间）是存在的，因此哲学上的时空概念不是物质运动衍生的。

（2）时间和空间相辅相成、如影随形。没有不存在时间的空间，也没有不存在空间的时间。在物理学宇宙中它们都以物质为载体，以对方的存在而存在。

（3）时空相互独立。运动不能改变空间的性质，也不能改变时间速率。这是时空相互独立的具体表现。

三、欧氏空间的性质

（1）欧氏空间是均匀的，各向同性的。

（2）欧氏空间是平直的。

（3）欧氏空间的任意平面满足欧氏几何的第五公设，或者说欧氏空间的平直性由欧氏几何第五公设定义。

（4）欧氏空间是绝对的，即没有膨胀性和压缩性，也不存在空间遂道。

（5）欧氏空间是三维的。

（6）欧式空间中的时间是均匀的。

第五节　欧氏空间最显著的时空特征

一、欧氏空间参照系中的时间特征

在欧氏空间的任意一个参照系中的任何一个位置，我们在任何时候都可以利用定义“秒”中的标准光来测定该位置一秒钟的时长。根据“光速不变公理”以及公理二和公理三，可以确定在欧氏空间任何参照系中，各个位置一秒钟的时长都是相同的，因此在欧氏空间的任意参照系中，任意坐标位置的时间速率和单位的大小都相同，并且与方向无关。

由于欧氏空间中任意参照系中的时间速率和时间单位相同，并且与在参照系中的位置和方向无关，因此只要将某参照系中某一事件的发生时刻，作为时间的坐标原点，该参照系中的时间坐标轴就确定了。

欧氏空间参照系中时间坐标的特点，说明欧氏空间参照系中时间坐标概念与地理学时区中的时间概念完全相同。在地理学某一时区中的时间坐标值，就是与该时区中的位置和方向无关。那么我们应该怎样保证在欧氏空间参照系中的每一个位置，在同一时刻的时间值都相同呢？方法与地理学完全一样，即与我们生活中校时的方法一样，在空间坐标系中某一约定位置、约定时刻发出电磁波信号，其他坐标位置在接收到该信号以后，加上电磁波从约定位置到接收位置需要的时间，就是实际位置接收到信号时的时间坐标值。根据光速不变公理可以保证欧氏空间参照系中每一时刻每一位置的时间坐标值都相同。

二、欧氏空间参照系的空间特征

在欧氏空间的任意一个参照系中的任何一个位置，我们在任何时候都可以利用已经确定了的“秒”时长和一束单色光，根据“米”的定义确定该参照系中 1“米”的长度。根据“光速不变公理”以及公理二和公理三，可以确定在欧氏空间的任何参照系中，各个位置 1“米”的长度都是相同的，因此在欧氏空间的任意参照系中，任意坐标位置的空间密度和长度单位的大小都相同，并且与方向无关。

根据各向同性的定义，我们可以直接得出欧氏空间是各向同性的结论。欧氏空间的任意参照系中，任意坐标位置的空间密度相同的性质可以佐证这一结论。

上述欧氏空间的两条性质说明，在欧氏空间的所有参照系中，时间速率和空间密度都是相同的，即欧氏空间的时空是绝对的。这是欧氏空间最显著的时空特征，而地球表面就是最显著的欧氏空间。

第二章　光在欧氏空间中的传播
——时空学三定理

光速公理规定了在欧氏空间，光源所在本征参照系中的光速相同，都是 c。在光源的非本征参照系中，光速是多少呢？这一章将研究光在欧氏空间的非本征参照系中的传播。

第一节　多普勒定理

多普勒定理：在欧氏空间中，光源发射单色光频率为 ω'、波长为 λ'。若观察者与光源以相对速度 v 互相靠近，v 的方向为观察者与光源的连线方向，则观察者接收到的频率为 $\omega=\frac{c+v}{c}\omega'$，波长为 $\lambda=\frac{c\lambda'}{c+v}$；若观察者与光源以速度 v 互相背离，则观察者接收到的频率为 $\omega=\frac{c\omega'}{c+v}$，波长为 $\lambda=\frac{c+v}{c}\lambda'$。

一、说明

（1）光源发射的光在欧氏空间的传播模型。首先，点光源发射的光是以光源为中心作球面波传播，光源向任意方向的光都是直线传播；其次，“单色光的频率为 ω'，波长为 λ'”的意思是光源每一秒钟向任意方向都是发射 ω' 个波包，每个波包之间的距离是 λ'，并且 ω'、λ' 都是光源本征参照系的本征值；再次，根据“光速公理”，在本征参照系中的光速恒为 c。结合第二点，说明每个波包都以速度 c 离开光源，且有 $c=\lambda'\omega'$。

（2）在欧氏空间中，所有参照系中的时间基本单位“秒”都相同，长度基本单位“米”都相同。

（3）由于光源和观察者之间的相对速度为 v，因此二者之间的运动是相对的匀速直线运动。

二、证明

1. 观察者和光源互相靠近的情况

我们用两种方法证明。第一种方法。假设观察者不动，光源以速度 v 向观察者靠近。

图 2－1 是这种方法的示意图。假定在欧氏空间中观察者 S 在 C 点不动，光源 S' 以速度 v 靠近观察者 S，假定 S' 一直不停地向 S 方向发出一束频率为 ω'、波长为 λ' 的单色光。不失一般性，假定在 $t=t'=t_0$ 时 S' 位于 A 点，$AC=c$，S' 在 $t=t'=t_0+1$ 时，以速度 v 从 A 运动到了 B 点。

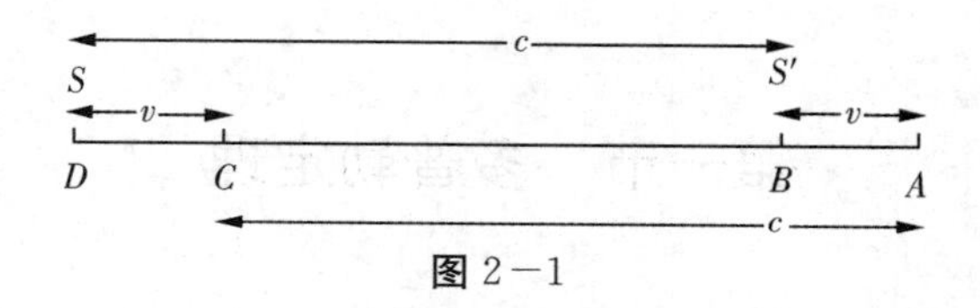

图 2－1

观察者 S 不动，可以 S 为参照系考量光源的运动。根据假设，在 $t=t'=t_0$ 时 $AC=c$，这是此时 S 和 S' 的距离。并且，在 $t=t'=t_0$ 时，S' 在 A 点发出 ω' 个波包中的第一个波包。单色光相对于 S' 是本征光，单色光的每一个波包相对于 S' 的速度是 c，因此第一个波包在 1 秒钟后，即在 $t=t'=t_0+1$ 时到达 C 点，同时 S' 以速度 v 到达 B 点，并在 B 点发出 ω' 个波包中的最后一个波包。因此波包在 1 秒钟后假设到达 D 点，由于波包相对于 S' 的速度为 c，因此 $BD=c$，且有 $AB=CD=v$，$BC=c-v$，BC 是 S 和 S' 在 $t=t'=t_0+1$ 时的距离。

根据假设，光源 S' 在单位时间内以速度 v 从 A 点运动到 B 点，在 $AB=v$ 这段距离内发射出 ω' 个波包，这 ω' 个波包将先后经过 C 点。S' 在 A 点发出的第一个波包到达 C 点的时刻为 t_1，S' 在 B 点发出的最后一个波包到达 C 点的时刻为 t_2，二者的时间间隔为 $T=t_2-t_1$。根据 S' 在 A 点发出的第一个波包将在一个单位时间到达 C 点，S' 也将在一个单位时间到达 B 点的假设，说明第一个波包和 S' 分别同时到达 B 点和 C 点，并且 S' 在 B 点发出 ω' 中的最后一个波包。因此最后一个波包从 B 点到 C 点所需时间为 T。T 是多少呢？由于 $AC=c$，$AB=v$，因此 $BC=c-v$。又由于波包相对于 S' 的速度为 c，因此 $T=\frac{c-v}{c}$。这

意味着 S 在 T 的时间间隔内，就接收了 S' 在一个单位时间发出的 ω' 个波包。S 在一个单位时间扣除 T 后，余下的时间为 $1-T=1-\frac{c-v}{c}=\frac{v}{c}$，在 $1-T$ 内能接收多少个波包呢？这个问题实际上是，S' 在单位时间内发出 ω' 个波包，在 $1-T$ 的时间能发出多少个波包？假设能发出 x 个，这是一个正比例关系。

$$\frac{\omega'}{1}=\frac{x}{v/c}\quad ,\quad x=\frac{v\omega'}{c}$$

因此，S 在单位时间接收到的波包数即接收频率为：

$$\omega=\omega'+x=\omega'+\frac{v\omega'}{c}=\frac{(c+v)\ \omega'}{c} \tag{2-1}$$

公式（2－1）与经典的多普勒公式完全相同。S' 以速度 v 靠近 S，说明每一个波包除了以光速 c 靠近 S 外，还以速度 v 靠近 S，即以 $c+v$ 的速度靠近 S，即所有波包在 $\omega\times\frac{1}{\omega}$ 的时间互相靠近了 v 的距离，即在 $1/\omega$ 的时间内互相靠近了 $\frac{v}{\omega}$ 的距离，即 S 接收到的每两个波包之间的距离都相对“缩短”了 $\frac{v}{\omega}$。单色光相对于 S' 的波长为 λ'，因此，S 接收到的波长是：

$$\lambda=\lambda'-\frac{v}{\omega}=\lambda'-\frac{v}{(c+v)\ \omega'/c}=\lambda'-\frac{cv}{c+v}\times\frac{\lambda'}{c}=\lambda'\ (1-\frac{v}{c+v})\ =\frac{c\lambda'}{c+v} \tag{2-2}$$

第二种方法。假设光源 S' 不动，是观察者 S 以速度 v 向光源 S' 靠近。

图 2－2 是假设 S' 不动的示意图。S' 认为自己并未运动，一直在 B 点，是 S 以速度 v 向自己靠近。根据假设，在 $t=t'=t_0$ 时，S 在 C 点，S' 在 B 点，$BC=c$。在 $t=t'=t_0+1$ 时，S 和 S' 分别在 D 点和 B 点，因此 $CD=v$、$BD=c-v$。

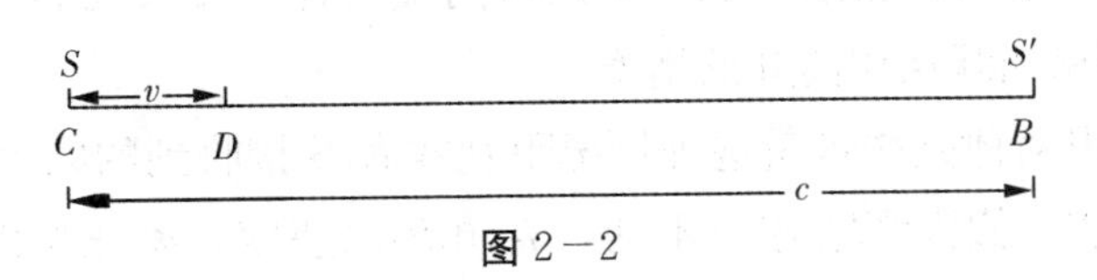

图 2－2

S' 认为，光相对于自己的波长和频率当然是 λ' 和 ω'，这是光速公理确定的；自己在 $t=t'=t_0$ 到 $t=t'=t_0+1$ 这一单位时间内发出的 ω' 个波包，是以 λ' 为间隔均匀地分布在 BC 这段距离上的。在 S' 看来，由于 S 以速度 v 向自己运动，使 S 与波包的相对速度增加，S 接收相邻两个波包的间隔时间变短，起到了“压缩”波包之间距离的作用，使 S 认为自己接收到的光波波长变短，频率变快。S'认为，即使 S 不动，也能接收到自己在单位时间内发出的全部 ω'个波包。现在 S 以速度 v 向自己运动，在单位时间内将多接收到 $CD=v$ 这段距离上分布的波包，CD 这段距离上的波包数是：$\omega'\times v/c$ 。因此 S'认为 S 接收到光的频率为：

$$\omega=\omega'\left(1+\frac{v}{c}\right)=\frac{c+v}{c}\omega' \tag{2-1}'$$

$(2-1)'$和公式（2－1）完全相同。S'认为 S（在单位时间）接收到光的频率为 ω，根据 $(2-1)'$式，S'认为 S 接收到两个波包的时间间隔为

$$\Delta t=\frac{1}{\omega}=\frac{c}{(c+v)\ \omega'}$$

无论是在 Δt 时间内走的距离或是在 $\Delta t'=\frac{1}{\omega'}$的时间走了 λ'的距离，S'认为都是光走的距离，其速度相同。即

$$\frac{\lambda}{\Delta t}=\frac{\lambda'}{\Delta t'}$$

$$\lambda=\frac{\Delta t}{\Delta t'}\lambda'$$

$$=\frac{c\omega'}{(c+v)\ \omega'}\lambda'$$

$$\lambda=\frac{c\lambda'}{c+v} \tag{2-2}'$$

即 S'认为 S 接收到的波长 $(2-2)'$式和（2－2）式完全一样。

以上两种方法证明观察者 S 在同一情况下接收到的频率与波长都是相同的，即观察者 S'根据自己的参照系结论认同观察者 S 接收到的频率与波长。

2．观察者和光源互相离开的情况

我们同样用两种方法考量这种情况下观察者 S 接收到的频率和波长。

第一种方法：假设观察者 S 不动，光源 S'以速度 v 离开观察者 S 。

图 2－3 是这种方法的示意图：在欧氏空间中观察者 S 不动，一直在 C 点。光源 S'以速度 v 离开 S，假定 S'在一直不停地向 S 发出一束频率为 ω'、波长为 λ'的单色光。不失一般性，假定在 $t=t'=t_0$ 时观察者 S 在 C 点，光源 S'在 A 点。这时两者之间的距离 $AC=c$。

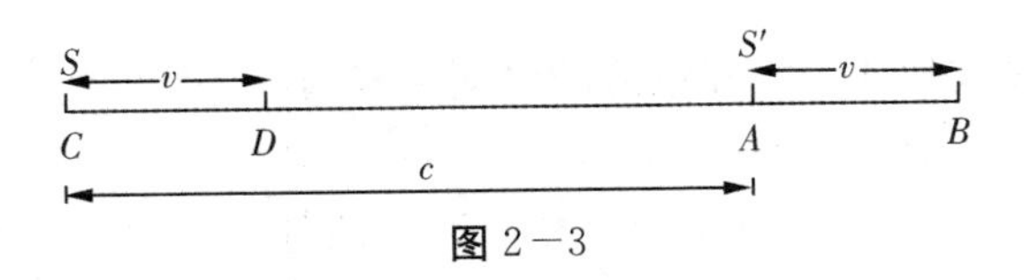

图 2－3

观察者 S 不动，光源 S' 以速度 v 背离 S。可以观察者 S 为参照系，测量由于光源的运动而产生的接收频率和波长的变化。$t=t'=t_0$ 时 $AC=c$，这是 S 和 S' 在此时的距离。根据假设，在 $t=t'=t_0$ 时，S' 在 A 点发出 ω' 个波包中的第一个波包。同样，单色光对 S' 而言是本征光，因此每一个波包与 S' 的相对速度都为 c，因此一秒钟后第一个波包将到达 C 点。在 $t=t'=t_0+1$ 时，S' 以速度 v 从 A 点到达 B 点，并在 B 点发出 ω' 个波包中的最后一个波包，该波包在 1 秒钟后将到达 D 点，因此 $BD=c$。有 $AB=CD=v$　$BC=c+v$，BC 是 S 和 S' 在 $t=t'=t_0+1$ 时的距离。

根据假设，S' 发射的光波频率为 ω'、波长为 λ'。另一方面，S' 以速度 v 背离 S，方向与光的速度方向相反。这一运动对 S 而言，实际效果就是波包相对于 S 的速度变慢，S 连续接收两个波包的时间变长，波包间的距离被"拉长"。从图 2－3 可以看出 S' 在 $t=t'=t_0$ 到 $t=t'=t_0+1$ 单位时间内，AB 段距离上均匀发出的 ω' 个波包，将均匀地分布在 $BC=c+v$ 段距离上，因为这是波包与 S'，以及 S 与 S' 两个匀速运动叠加的结果。因此 S 接收到光波的波长为：

$$\lambda=\frac{c+v}{\omega'}$$

$$\omega'\lambda'=c$$

$$\lambda=\frac{c+v}{c}\lambda' \tag{2-3}$$

由于波包相对于 S 的速度变慢，因此 S 接收到两个相邻波包的时间间隔也变长。长多少呢？假设 S' 发射两个波包的间隔为 $\Delta t'$，S 接收到的间隔时间为 Δt，由于 S' 以速度 v 离开 S，因此 S 接收到两个波包的时间间隔将比 S' 发射的时间间隔增加 $\frac{v}{c}\Delta t'$。因此有：

$$\Delta t=\Delta t'+\frac{v}{c}\Delta t'$$

$$=\Delta t'\left(1+\frac{v}{c}\right)$$

而 $\Delta t'=\frac{1}{\omega}$，$S$ 接收到两个相邻波包的时间间隔为：

$$\Delta t=\frac{1}{\omega'}\left(1+\frac{v}{c}\right)=\frac{c+v}{c\omega'}$$

则 S 接收到的光的频率为：

$$\omega=\frac{1}{\Delta t}=\frac{c\omega'}{c+v} \tag{2-4}$$

第二种方法：假设光源 S'不动，观察者 S 以速度 v 离开光源 S'。

图 2－4 是这种方法的示意图。在欧氏空间中光源 S'不动，一直在 B 点。观察者 S 以速度 v 离开光源 S'，S'一直不停地向 S 发出一束频率为 ω'、波长为 λ'的单色光。不失一般性，假定在 $t=t'=t_0$ 时光源 S'在 B 点，观察者 S 在 D 点。这时两者之间的距离 $BD=c$。

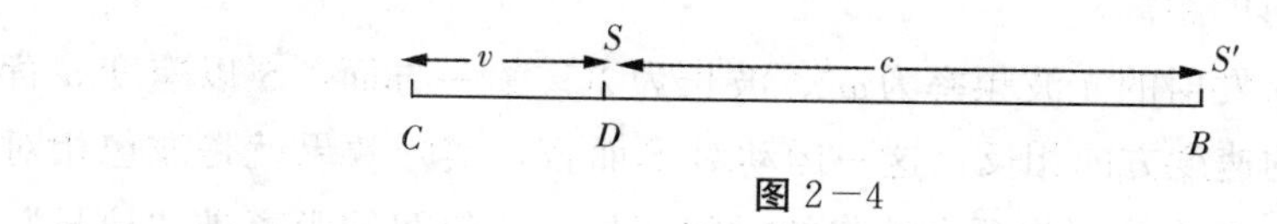

图 2－4

光源 S'不动，观察者 S 以速度 v 背离光源 S。就是以光源 S'为参照系，计算观察者 S 运动产生的接收频率和波长的变化。在 $t=t'=t_0$ 时 $BD=c$，这是 S 和 S'在此时的距离。在 $t=t'=t_0$ 时，S'在 B 点发出 ω'个波包中的第一个波包。同样，单色光对 S'而言是本征光，因此波包与 S'的相对速度都为 c，因此一秒钟后该波包将到达 D 点。在 $t=t'=t_0+1$ 时，S 以速度 v 从 D 到达 C 点。因此 $CD=v$、$BC=c+v$，BC 是 S 和 S'在 $t=t'=t_0+1$ 时的距离。

根据假设，S'认为，该束光相对于自己的波长和频率当然是 λ'和 ω'。另一方面，由于 S 以速度 v 背离自己，这一运动使 S 接收到的光波频率变慢，波长变长。光波本身的波长为 $\lambda'=\frac{c}{\omega}$，现在 S 接收到的波长被 S 自己的运动“拉长”了 v/ω'。因此 S'认为，S 接收到的波长应该为：

$$\lambda=\frac{c}{\omega'}+\frac{v}{\omega'}=\frac{c+v}{\omega'}=\frac{(c+v)}{c}\lambda' \tag{2-3$'$}$$

(2－3)′与公式（2－3）完全一样。

(2－3)′式表明，本来 S'发射的波包是以 λ'为间隔均匀分布在 BC 方向的，但是由于 S 的运动拉长了波包间的间隔，因此 S 接收到的波包间隔虽然仍然是均匀的，但却变成了 λ。S 接收到两个波包的间隔时间是多少呢？假设 S'认为 S 接收到两个波包的间隔时间为 Δt，波长为 λ。则根据牛顿运动学，S'认为下式成立：

$$\Delta t/\Delta t'=\lambda/\lambda'$$

$$\Delta t=\frac{1}{\omega'}\cdot\frac{\lambda}{\lambda'}=\frac{c+v}{c\omega'}$$

因此，S'认为 S 在单位时间接收到的波包数，即接收到的光的频率为：

$$\omega=\frac{1}{\Delta t}=\frac{c\omega'}{c+v} \qquad (2-4)'$$

$(2-4)'$与公式（2－4）完全一样。

第二种方法说明观察者 S'认同观察者 S 接收到的波长与频率。

讨论：

（1）当 v 远小于 c 时，公式（2－4）变为

$$\omega=\frac{\omega'c}{c+v}=\omega'\left(1-\frac{v}{c+v}\right)\approx\omega'\left(1-\frac{v}{c}\right) \qquad (2-5)$$

是在这种情况下经典的多普勒效应公式。

（2）图 2－1、2－2、2－3、2－4，以及公式（2－1）、（2－2）、（2－3）、(2－4)都表明当 $v\geqslant c$ 时，公式（2－1）、（2－2）、（2－3）、（2－4）仍然成立，即当 $v\geqslant c$ 时多普勒定理仍然成立。同时说明光速对物质速度无制约，即物质速度可以超过光速。

证毕。

三、说明

公式（2－1）、（2－2）、（2－3）、（2－4）是假设观察者与光源的距离为 c 时，根据“光速不变公理”和公理二、公理三，经过严格证明得到的。可以证明（从略），当观察者与光源的距离为任意值时得到的结果不变。公式（2－2）、（2－2）、（2－3）、（2－4）具有普遍意义，因此多普勒定理称作“定理”而不称作“定律”。相同的原因，后面的“光速定理”和“光子速度定理”也称作“定理”，而不称作“定律”。

上面通过两种方法证明了“多普勒定理”，结果完全相同。这雄辩地说明欧氏空间中所有参照系的时间速率和空间密度都是相同的，这些参照系中的时间标准“秒”和长度标准“米”都是相同的，即“欧氏空间的时空是绝对时空”的结论是正确的。

第二节　光速定理

光速定理：光源发射单色光的频率和波长为ω'和λ'，观察者与光源的相对速度为v，v的方向与光的传播方向相同或相反。若观察者接收到的频率和波长为ω、λ，则有$\lambda\omega=\lambda'\omega'=c$。

证明：若观察者与光源以速度v互相靠近，根据多普勒定理的公式（2－1）$\omega=\frac{c+v}{c}\omega'$和（2－2）$\lambda=\frac{c}{c+v}\lambda'$，有

$$\lambda\omega=\frac{c+v}{c}\times\frac{c}{c+v}\lambda'\omega'=\lambda'\omega'=c \tag{2-6}$$

若观察者与光源以速度v互相背离，根据多普勒定理的公式（2－3）$\omega=\frac{c}{c+v}\omega'$和（2－4）$\lambda=\frac{c+v}{c}\lambda'$，有

$$\lambda\omega=\frac{c}{c+v}\times\frac{c+v}{c}\lambda'\omega'=c \tag{2-6$'$}$$

证毕。

光速定理也可以称作光速不变定理，是光速公理的推论与补充，光速公理规定了在光源的本征参照系中光速的值都是c。光速定理则根据光速公理和经典力学，证明了在光源非本征参照系中光速的值仍然是c。

光速定理说明光有一个神奇的功能（特点），光能够根据参照系与光源不同的相对速度“自动”调节自己的频率和波长。如果参照系以相对速度v离开光源，光会“自动”拉长波长、降低频率，使自己在接收参照系中每秒钟走的距离仍然是c；如果参照系以相对速度v靠近光源，光会“自动”压缩波长、提高频率，使自己在接收参照系中每秒钟走的距离仍然是c。

光速定理说明光速与观察者和光源之间的相对运动无关，即光速与参照系无关。

根据图2－1、图2－2、图2－3、图2－4可以看出，在同一个参照系中，$\lambda\omega$和$\lambda'\omega'$表达的长度是不等的，二者在不同的相对空间的实际长度不同，相差v。只是由于S和S'之间的相对运动将这段距离“拉近”了，因此$\lambda\omega$与$\lambda'\omega'$在各自的本征参照系S和S'中都有相同的值c。

狭义相对论的“光速不变假设”事实上包含两个命题，一是光速在光源的本征参照系中不变，二是光速在光源的非本征参照系中不变。光速定理说明后面一个命题是可以证明的。本书第四章将证明观察者和光源的相对速度 v 与光速的传播方向为任意方向时，光速定理同样成立。

第三节　光子速度定理

一、概念

光子速度：将光的一个波包看作光子时，光子相对于某参照系的速度称作该参照系的光子速度。

表述有三层意思。一是发射波包的光源是确定的，发射时间是确定的。这两个确定保证了波包在任何时候的空间位置都是确定的，这也是质点的属性。只有在这种情况下，我们才可以将波包看作光子（质点）。二是一个波包就是一个光子，即频率为 ω 的单色光每秒钟可以发射 ω 个光子，并非量子物理所认定的 ω 个波包才是一个光子。三是光子与光子之间的距离和波包与波包之间的距离相同，即波长为 λ。为了与光速区别，以后将 C 设置为光子速度。

光子速度定理：光子速度是矢量，满足矢量法则。

二、证明

1. 观察者与光源以速度 v 互相靠近时

这种情况就是图 2－1 所表示的情况。

可以将 S' 发出的波包想象为一根超长绳子上的结，这些结在此情况下被看作光子，相邻两个结之间的距离为 λ'。将这根超长绳子想象为静止的，S 和 S' 都相对于这根超长绳子做运动。根据光速公理，S' 相对于这些结的速度都是 c，现在计算 S 相对于这些结的速度。

由于所有结都是“静止”的，说明结之间的距离不会被“压缩”，因此每两个结之间的距离相对于 S 和 S' 都是 λ'。根据公式（2－1），S“走完”一个波长需要 $1/\omega$ 的时间，“走完”ω 个波长需要的时间就是 $\frac{1}{\omega}\times\omega=1$（秒）。即 S 在单位时间走的距离为：$d=\lambda'\times\omega=\lambda'\times\frac{(c+v)\ \omega'}{c}=c+v$，即 S 相对于这些结的速度是 $c+v$。

另一方面，根据已知条件，参照系 S 和 S' 之间的相对速度为 v，这说明当观察者与光源以速度 v 互相靠近时，光子相对于观察者和光源两个参照系的光子速度满足矢量加法。

2. 观察者与光源以速度 v 互相背离时

在观察者的参照系中，单位时间内接收到单色光的频率为 ω，波长为 λ，根据光速定理，观察者接收到光的总长度为：$d=\omega\times\lambda=c$，即光子相对于观察者的相对速度为 c。光子相对于光源的速度是多少呢？光源单位时间发射单色光的频率为 ω'，波长为 λ'；但是，λ' 是在光源参照系中的波长，以观察者为参照系，应该以观察者参照系的波长 λ 为标准，因此光源在单位时间发射的光子相对于观察者的总长度是：$d'=\omega'\times\lambda=\omega'\times\frac{c+v}{c}\lambda'=c+v$，即在观察者参照系中，光子相对于光源的速度为 $c+v$。

说明在观察者与光源互相背离的情况下，光子速度仍然满足矢量加法。

证毕。

必须指出，光子虽然是微观概念，但光子速度是宏观意义的理论速度，因为单个光子的速度是不能被测量的。能够测出某个光子发出的时刻，则不能测出它到达某处的时刻；若能测出它到达某处的时刻，则不能测出它发出的时刻，这与量子力学的“测不准原理”相符。因此，在宏观上光子速度不能直接测定，只能根据光波的相速度在宏观上可测的特性，求出光速后再将波包视为光子，从而根据光子是粒子这一概念出发，才能从理论上得到光子速度。因此光子速度是宏观意义的理论速度。

第四节　光速和光子速度的关系、区别及本质

根据“光速定理”，任意一个波包相对于所有参照系的速度都是光速；而根据“光子速度定理”，光子速度满足矢量法则，即同一光子相对于不同的参照系，仅与某一参照系的速度为 c，与其他参照系的光子速度都不同。因此确定光子速度应遵循一定的原则。下面讨论这个问题。

在证明光子速度定理时，图 2－1 表示观察者与光源以速度 v 互相靠近的情况，是假设光子与光源 S' 的相对速度为 c，计算出光子与观察者 S 的相对速度为 $c+v$，证明光子速度满足矢量法则的。现在，假设光子与 S 的相对速度为 c，看看光子与 S' 的相对速度是否为 $c-v$，从而判断与矢量法则的结果是否一致。

假设光子在 S 中的速度为 c ，是以 S 为参照系，即应该以光相对于 S 的波长作为计算基础 。S' 每秒钟发出 ω' 个波包，因此 S' 每秒钟发出的光的长度，即光与 S' 的相对速度：$\lambda\times\omega'=\frac{c\lambda'}{c+v}\times\omega'=\frac{c^2}{c+v}$，可以证明 $c-v\leqslant\frac{c^2}{c+v}\leqslant c$。这个例子说明，如果设置不当，由相应的频率和波长确定的光子速度，在不同参照系中的值不满足矢量法则。

相对于图 2－3 观察者与光源以速度 v 互相背离的情况，如果假设光源 S' 与光子的相对速度为 c，同样可以计算出观察者 S 接收到单色光的长度，即光子相对于 S 的相对速度 $\lambda'\times\omega=\frac{c\lambda}{c+v}\times\omega=\frac{c^2}{c+v}$，与图 2－1 假设光子与 S 的相对速度为 c 时得到的结果完全相同，因此光子速度一般不能随意设置。为此，提出以下设置光子速度的原则：

（1）如果涉及两个参照系中光波的频率时，应该将其中频率较小的参照系中的光子速度设置为 c，即 $C_1=c$；将频率较大的参照系中的光子速度设置为 $C_2=c+v$。换言之，如果涉及频率，则光速是光子速度的下限。

（2）如果不涉及光的频率和波长，例如光源发出的只是光脉冲，则无上述限制。这种情况下，一般将相对于观察者的光子速度设置为 $C_1=c$，光源所在参照系中的光子速度设置为 $C_2=c+v$，其中 v 可以是任意方向的速度矢量。也可以根据情况将光源所在参照系中的光子速度设置为 $C_1=c$ ，将观察者所在参照系的光子速度设置为 $C_2=c+v$ 或 $C_2=c-v$。

（3）如果只有一个参照系，不涉及其他参照系，应将光子速度直接设置为 $C=c$。

上述光子速度的设置原则也称作“光速与光子速度的关系”。为什么对相同的波包，分别将其看作光子或波的相位时的速度不同呢？事实上两者这时扮演的角色有本质区别。

当将波包看作光子时，一个波包就是一个光子，即一个粒子。光子速度是由一个光子确定的，与其他光子无关。在任何确定时刻，任何一个光子都必然有确定的位置，因此它相对于任何确定的物体（参照系）都有确定的速度，并且这些确定的速度都彼此不同。另一方面，根据量子理论，光子是粒子。就粒子的内涵而言，粒子的速度具有矢量属性是量子的特征。即只要是粒子、是质点，它的线速度一定满足矢量法则。因此，光子速度满足矢量法则是必然的。这说明光子的本质是质点，是物质。

当将波包看作波的相位时，单个波包没有确定的波速。波速必须是若干波包共同的集体行为，并且所谓“若干波包”是以可测量出的光波波长和频率为下限。如果不能测量出光波的波长和频率，光波的波速就是不确定的，因为光速的概念是波长与频率之积。

上面的分析还说明，可以将光的波前或脉冲的速度看作光子速度。因为它们在确定的时间有确定的位置，相对于确定的物体有确定的速度。

“光速定理”说明：光速 $\lambda\omega=\lambda'\omega'=c$ 中的 $\lambda\omega$ 和 $\lambda'\omega'$ 表示的都是光在单位时间包含的周期数（频率）所具有的长度（距离）。它们只有在各自本征参照系中的值才是 c。因此光速与参照系无关，即与物体的运动状态（速度、加速度等）无关。因此 ct 表示的距离也与物体的运动无关。例如，金牛座 α 星，中国称为“毕宿五”，距离地球约 65 光年。该距离是“毕宿五” 65 年前的空间位置与地球现在空间位置之间的距离。“毕宿五”在 65 年前已经离开那一位置；地球是现在才到达现在位置。因此两个位置之间的距离是绝对空间中两点的距离。绝对距离与相对距离有本质的不同：表征相对距离的两点可以在空间中移动，例如地球与太阳之间的距离。由于太阳与地球的运动，二者之间的距离就有变动，表征距离的两点也有变动；而表征绝对距离的两点是绝对空间中的点，它不会在绝对空间中运动。相反，运动是质点相对于这些空间中点（位置）的运动。绝对距离与物体之间的运动无关，因此，光速是相对于绝对空间的绝对速度，是光波宏观运动的本质。

在第四章“任意方向的光行差和多普勒效应”中我们可以看到，光子速度 $C=c+v$ 中的 v 可正可负，可以是任意方向的，其大小也没有限制，可以数倍于光速 c，C 的值也可以小于零。由于光子速度是光子相对于质点的理论速度，因此，光子速度是相对于相对空间的相对速度，是光子粒子性的宏观属性。

例 1：假设地球 O 现在接收到天体 P 在单位时间前发出的光，地球与天体的相对速度为 V。则二者的时空关系可以由图 2－5 表示。

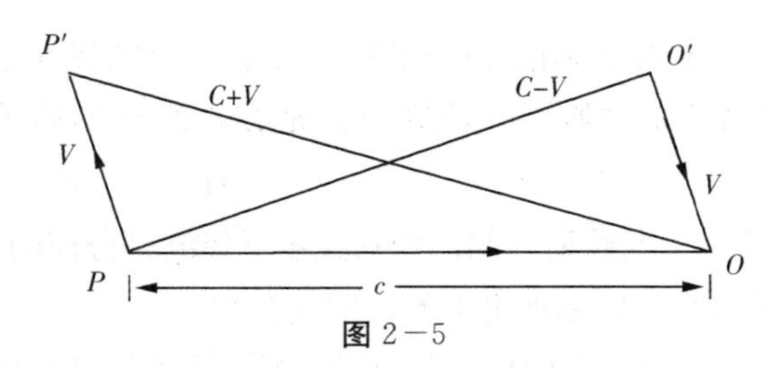

图 2－5

图 2－5 中，地球观察者 O 认为自己一直在 O 点，接收到天体 P 在 P 点发出的光。根据“光速定理”，光子相对于 O 的速度为 $C=c$，即 $PO=c$。P 在此后以速度 V 运动到 P' 点，即 $PP'=V$。根据矢量法则，地球观察者认为光子相对于天体 P 的光子速度为：$\vec{C}_p=\vec{c}+\vec{V}=\vec{OP'}$。另一方面，天体 P 上的观察者根据地球在 O 点接收到自己在 P 点发出的光，认为光子相对于自己的速度是 $C=c$，即 $PO=c$ 。观察者 P 认为自己一直在 P 点，是地球在单位时间前以相对于自己的速度 V 从 O' 运动到 O 点，并且在 O 点接收到光子。因此，观察者 P 认为光子相对于地球 O 的速度为 $\vec{C}_0=\vec{c}-\vec{V}=\vec{PO'}$，

这个例子完全颠覆了运动学中相对运动的概念。从图 2－5 可以看出，如果将光的运动一并考虑，天体 P 与地球之间的运动并不是相对运动。如果将 P、P'、O、O' 看作绝对空间中的点，则天体 P 与地球都是相对于绝对空间运动。事实上，仅就天体 P 与地球的关系而言，二者之间的关系仍然是相对运动。假设天体 P 相对于绝对空间的速度为 v_p，地球相对于绝对空间的速度为 v_0，这里的 v_p、v_0 均不等于 V，并且方向可能不平行，则天体 P 与地球的相对速度为：

$$\vec{V}=\vec{v}_p-\vec{v}_0 \tag{2-7}$$

上式表明两物体之间的相对速度为两物体与绝对空间的绝对速度矢量差。这个结论虽然是从一个例子归纳得到，但具有普遍意义。后面第七章的“王氏第二运动定理”的推论说明，绝对加速度与相对加速度同样存在与该公式类似的关系。(2－7) 式说明绝对运动是相对运动的本质，相对运动是绝对运动的表现形式。

这个例子还可以得到四点结论。

(1) 在图 2－5 中，可以认为光源 P 在经过 P 点时发出的光波沿着 PO 传播，在单位时间后到达 O 点，被恰好经过 O 点的地球接收到。因此 PO 是绝对空间中的绝对距离。在距离公式 $L=ct$ 中，t 是绝对时间，L 是绝对距

离，c 是光波相对于绝对空间的绝对速度。天文学中的光年表示的是绝对距离。这是光速与光源和观察者的运动状态无关，即与参照系无关的时空学本质。

（2）光子速度 $c+v$ 与物质之间的相对速度 v 始终是分离的。在一般情况下光子速度满足矢量法则仅仅是理论上的、形式上的。

（3）如果将图 2－5 中光波从 P 到 O 的传播，看作是波前或光脉冲（即看作光子），PO 就是光子在单位时间移动的距离。因此在本质上任何一个光子相对于绝对空间的绝对速度始终为 c。

（4）光的波动性是光子的宏观表现形式，光子是光波的量子本质。

上述分析还说明，物理公式中出现的 $c+v$ 或 $c-v$，其中的 c 本质都是光子速度，量纲是速度，只是数值与光速相同。因为，只有矢量速度才可以互相比较（相加减）。

根据“光子速度定理”，可以将相互靠近或退行的多普勒公式合并为一个。设 ω'、λ'、C' 分别表示单色光的本征频率、本征波长、本征光子速度，ω、λ、C 分别表示单色光在观察者参照系的频率、波长、光子速度。于是，公式（2－1）和（2－4）可以表示为：

$$\frac{\omega}{\omega'}=\frac{C}{C'} \tag{2-8}$$

公式（2－2）和（2－3）可以表示为：

$$\frac{\lambda}{\lambda'}=\frac{C'}{C} \tag{2-9}$$

根据（2－8）、（2－9）式，多普勒定理也可以表述为：若观察者与光源的相对速度为 v，光源发出的单色光频率为 ω'，波长为 λ'，则观察者接收到的频率与参照系中的光子速度成正比，接收到的波长与光子速度成反比。即 $\frac{\omega}{\omega'}=\frac{C}{C'}$、$\frac{\lambda}{\lambda'}=\frac{C'}{C}$。

该表述揭示了多普勒频移的本质，多普勒频移的原因是光子与物体的相对速度改变了。若光子的相对速度增大，则光的频率增大，波长变短；若光子的相对速度减小，则光的频率减小，波长变长 。这与粒子之间相对运动的结论是相同的，例如可以将光的频率理解为机枪发射子弹的频率。

这样，运用光子速度的概念，多普勒定理的物理意义更明确、公式更简单、表述更简明。

（2－8）和（2－9）式可以利用地球绕日公转运动验证。对某一位于黄道附近的恒星 P，假设太阳 S 与 P 连线方向的相对速度为 v_0，二者互相背离，地球的公转速度为 v．则在 v_0 和 v 互相垂直时，对该恒星发出某一波长为 λ 的谱线，地球接收到的波长 λ' 如图 2－6 中的 B、D 点，为

$$\lambda'=\frac{c+v_0}{c}\lambda \tag{2-10}$$

当地球的公转方向向着恒星时，如图 2－6 中的 A 点，假设 $v_0-v>0$，地球接收到的波长为：

$$\lambda_1'=\frac{c+v_0-v}{c}\lambda \tag{2-11}$$

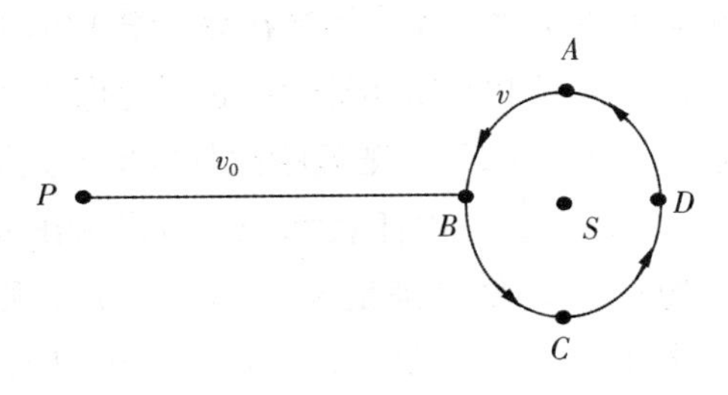

图 2－6

当地球的公转方向背离恒星时，地球接收到的波长如图 2－6 中的 C 点，为

$$\lambda_2'=\frac{c+v_0+v}{c}\lambda \tag{2-12}$$

其中，（2－11）式是地球上可以接收到的该恒星谱线的最小波长，（2－12）式是地球上可以接收到的该恒星谱线的最大波长。

根据以上三式可以发现，

$$\lambda_1'+\lambda_2'=2\lambda' \tag{2-13}$$

若黄道附近的恒星，在图 2－6 中 A、B、C、D 点的接收频率 ω'、$\omega_1{}'$、$\omega_2{}'$ 均大于本征频率 ω，说明该恒星是以速度 v_0 与太阳靠近，并且 $v_0>v$，其中 v 为地球公转速度。在这种情况下，以上三式应该用频率公式表示。

$$\omega'=\frac{c+v_0}{c}\omega \tag{2-14}$$

$$\omega_1' = \frac{c+v_0+v}{c}\omega \tag{2-15}$$

$$\omega_2' = \frac{c+v_0-v}{c}\omega \tag{2-16}$$

$$\omega_1' + \omega_2' = 2\omega' \tag{2-17}$$

在一年内，地球接收到黄道附近的恒星谱线的波长将在$\lambda_1{}'\sim\lambda_2{}'$或谱线的频率将在$\omega_1{}'\sim\omega_2{}'$范围内波动。因此$\lambda_1{}'\sim\lambda_2{}'$或$\omega_1{}'\sim\omega_2{}'$称作“某恒星某谱线的周年频移带”，简称“周年频移带”。与此相同，在黄道附近的脉冲星的“脉冲频率”也存在周年波动现象。为讨论方便，我们将每秒钟接收到脉冲星的脉冲次数称作“脉冲频率”n，将$L=\frac{c}{n}$称作“脉冲波长”。假设在黄道附近的某一脉冲星，在地球公转方向与该星和太阳连线方向垂直时，如图2-6中的B、D点，接收到的脉冲频率为n'次/秒，得到在该位置接收到的脉冲波长为L'。则在地球公转的A、C位置可以测量出该脉冲星的频率为$n_1{}'$、$n_2{}'$或波长为$L_1{}'$、$L_2{}'$。如果满足$L_1{}'+L_2{}'=2L'$，则说明该脉冲星与太阳互相背离。根据公式（2-10）、(2-11)、（2-12）中任意两个，可以求出脉冲星的本征脉冲波长L和与太阳的视向速度v_0；如果满足$n_1{}'+n_2{}'=2n'$，则说明该脉冲星与太阳互相靠近。根据公式（2-14）、（2-15）、（2-16）中任意两个，可以求出脉冲星的本征脉冲频率n和与太阳的视向速度v_0。

以上是关于脉冲星测量的最新观点。利用这个实验可以检验多普勒定理、光速定理、光子速度定理的正确性。

第五节　“时空学三定理”的时空学意义和哲学意义

多普勒定理、光速定理和光子速度定理合称“时空学三定理”。“时空学三定理”在时空学理论中具有基础理论作用，在实践中特别是天文学中应用广泛。因此“时空学三定理”也可称为“时空学基本三定理”，以和下一章的“时空学三原理”相呼应。

一、“时空学三定理”的物理意义

多普勒定理在物理学理论和实践中的作用很大。在天文学中，多普勒公式是确定天体运动的主要工具。与多普勒频移同一概念的多普勒红移是人类的“量天尺”。根据“哈勃原理”，通过天体的红移量就可以知道它和我们之间的距离。

光速定理在理论和实践中的作用都很大。在理论上，厘清了相对论中的“光速不变假设”的内涵。它事实上包含了“光速不变公理”和“光速不变定理”两个概念；厘清了光速是光波的相速度，是相对于绝对空间的绝对速度，是光子速度的宏观表现形式。光速不满足矢量法则。光速定理在天文学中有不可替代的作用。

光子速度定理在理论方面厘清了光速与光子速度是不同概念，揭示了光速不满足矢量法则是因为光速非矢量的原因，从而厘清了光速的内涵。光子速度的内涵还揭示了光子速度满足矢量法则是理论上的，本质上光子速度相对于绝对空间的绝对速度始终为 c。光子速度定理说明光速和物体速度相比较（相加减），本质上都是光子速度和物体速度的比较，解决了在实践中光速的四则运算的理论障碍。

二、“时空学三定理”的时空学意义

首先“时空学三定理”揭示了光在空间中传播的本质是光子的运动。其次，揭示了光是物质的本质。第三，“光速不变”的本质是光子相对于绝对空间的绝对速度始终为 c。光速表征的距离是绝对距离。

光速表征的绝对距离颠覆了运动学中距离是相对的概念。为人们提供了利用光速计量空间的法则，并且是天文学和时空学中唯一可行的空间计量法则。以前虽然也是依据光速表示天体之间的距离，但却没有理论根据的。

三、“时空学三定理”的特殊意义

相对论认为“伽利略变换”不满足光速不变原理，从而将其否定，并且提出了“满足光速不变原理”的“洛伦兹变换”。然而，“洛伦兹变换”虽然“满足光速不变原理”，却不满足矢量法则。由洛伦兹变换导出的速度加法公式中的速度矢量不仅不满足矢量加法，还不满足“标量”（即数量）加法。出现了“伽利略变换不满足光速不变原理而满足矢量法则”和“光速不变原理不满足矢量法则”这一对矛盾，成为相对论解不开的“死结”。

狭义相对论利用“光速不变原理”将“伽利略变换”和“牛顿力学”否

定，成为物理学上的最大误判。逻辑而言，在上述矛盾中，我们应该在“光速不变原理不满足矢量法则”中找原因。因为矢量法则是具有数学理论的支持和被实践所证实的。“伽利略变换不满足光速不变原理”的根本原因就是伽利略变换满足矢量法则。

“时空学三定理”证明，“伽利略变换”不满足狭义相对论的光速不变原理，并不是“伽利略变换”或牛顿力学的绝对时空理论错误，而是相对论对光速概念的认识、理解出了错，将光速理解为是质点速度。现在，“时空学三定理”揭示了光在空间中传播的本质，说明“经典理论中的伽利略变换要求光速在不同的惯性系有不同的量值”是误解。“伽利略变换”与“光速不变”不矛盾，二者是相容的。

四、“时空学三定理”的哲学意义

(1)“时空学三定理”证明了欧几里得空间满足欧几里得几何学。说明欧氏空间就是欧氏几何的对应空间，或者说物理学与数学中的欧几里得空间的概念是一致的，而狭义相对论中的惯性空间与数学中的欧氏空间概念不一致。

(2)“时空学三定理”说明光在宏观方面同样存在“波粒二像性”，因此“时空学三定理”进一步揭示了光的物质本质。

(3)“时空学三定理”证明了欧几里得时空是绝对时空。绝对时空是“时空学三定理”的内在本质，“时空学三定理”是绝对时空的必然表现。

(4)绝对时空是相对时空的内在本质，相对时空是绝对时空的表现形式。

第三章　长度的本征值定理和时空学三原理

第一节　长度的本征值定理

长度的本征值定理：当与物体相对静止时，观察者观察到的物体长度是其本征长度；当观察者与物体以相对速度 v 靠近时，观察者将观察到物体运动方向的长度变短，为本征长度的$\frac{c}{c+v}$；当观察者与物体以相对速度 v 背离时，观察者将观察到物体运动方向的长度变长，为本征长度的$\frac{c+v}{c}$。

证明：

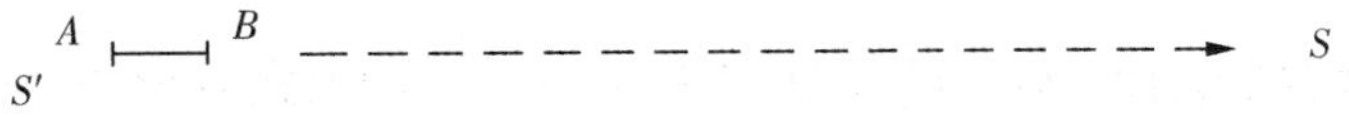

A ⊢—⊣ B - - - - - - - - - - - - - - - - - - → S
S′

图 3－1

如图 3－1，假设棍子 AB 的方向同棍子与观察者 S 的连线方向相同。观察者观测 AB 的长度，可以理解为棍子的两个端点 A、B 分别同时向观察者 S 发出一个光脉冲，这两个光脉冲之间的距离为 AB。为了方便用多普勒定理分析说明问题，我们现在假设棍子两端发出的不是两个光脉冲，而是长度为 $AB=L=k\lambda'$的一段单色光，单色光的本征频率、波长为 ω'、λ'。

假设观察者接收 $L_0=1\text{m}$ 长的光需要的时间为 t_0，设 $L_0=at_0$，其中 a 是比例系数。根据长度单位 m 的定义以及光速定理，a 和 t_0 在欧氏空间中所有参照系的值都相同，与具体的参照系无关。因此，若观察者接收某一长度单色光需要的时间为 t，则该单色光的长度为 $L=\frac{t}{t_0}L_0$。若观察者接收到另一单色光的时间间隔为 t'，则观察者接收到两单色光的相对长度为$\frac{L'}{L}=\frac{t'/t_0}{t/t_0}=\frac{t'}{t}$

这样，观察者就可以根据接收到一段光线的时间不同而比较观测到的长度。

一、当观察者 S 与光源 AB 相对静止时

由于观察者 S 与光源 AB 相对静止，因此两者属于同一个本征参照系。因此对观察者 S 而言 ω'、λ' 是本征频率和波长，因此观察者接收到的单色光，其频率和波长仍然是 ω'、λ'，长度仍然是 $k\lambda'$。光源所在的参照系 S' 也是观察者 S 所在参照系，单色光走完一个 λ' 的距离需要 $1/\omega'$ 的时间，走完 $k\lambda'$ 的距离需要 $T=k/\omega'$ 的时间。若换算为米，观察者 S 观察到 AB 长度为：

$$L=\frac{T}{t_0}=\frac{k/\omega'}{t_0}=\frac{k}{\omega' t_0}\ (\mathrm{m}) \tag{3-1}$$

该长度就是 AB 的本征长度。对于确定的 k 和 ω'，L 具有确定的值。这说明只要与 AB 相对静止，所有观察者观测到的 AB 长度都相同，都为本征长度 L。

二、假设观察者 S 与棍子 AB 以相对速度 v 互相靠近

根据多普勒定理，S 接收到的波长不是 λ'，而是 $\lambda=\frac{c\lambda'}{c+v}$；频率不是 ω'，而是 $\omega=\frac{(c+v)\ \omega'}{c}$。观察者这时接收到单色光包含的周期数量，即波长数量是不变的，仍然是 k 个，不同的仅是波长变短了。在观察者所在本征参照系 S 中，光走完一个 λ' 的距离需要的时间为 $1/\omega$，走完 $k\lambda$ 的距离需要的时间为 $T_1=\frac{k}{\omega}$，这也是观察者接收长度为 AB 的单色光需要的时间。若换算为米，S 观测到 AB 长度为 $L_1=\frac{T_1}{t_0}=\frac{k}{\omega t_0}$ (m)。根据多普勒定理 $\omega=\frac{c+v}{c}\omega'$，观察者 S 在这种情况下观测到单色光 AB 的相对长度为：

$$L_1/L=\frac{k}{\omega t_0}\div\frac{k}{\omega' t_0}=\frac{\omega'}{\omega}=\frac{c}{c+v} \tag{3-2}$$

三、当观察者 S 与棍子 AB 以速度 v 互相背离时

此时，S 接收到的波长不是 λ'，而是 $\lambda=\frac{c+v}{c}\lambda'$；频率不是 ω'，而是 $\omega=\frac{c\omega'}{c+v}$。同样，观察者这时接收到单色光周期数量，即波长数量是不变的，仍然

是 k 个。光走完一个 λ' 距离需要的时间为 $1/\omega$，走完 k 距离需要的时间为 $T_2=\frac{k}{\omega}$。因此，观察者接收 AB 两个脉冲需要的时间为 $T_2=\frac{k}{\omega}$，这也是观察者接收长度为 AB 单色光需要的时间。若换算为米，S 观测到 AB 相对长度为：

$$\frac{L_2}{L}=\frac{k}{\omega t_0}\div\frac{k}{\omega' t_0}=\frac{\omega'}{\omega}=\frac{c+v}{c}\ (\mathrm{m}) \tag{3-3}$$

证毕。

事实上，该定理也可以用多普勒公式直接证明。

当棍子向观察者运动时，两个端点光脉冲之间的距离将变短。以一个波长的长度为例，根据多普勒定理，波长将由 λ' 变为 λ，且有 $\frac{\lambda}{\lambda'}=\frac{c}{c+v}$；当棍子向观察者背离时，波长变长，有 $\frac{\lambda}{\lambda'}=\frac{c+v}{c}$。观察者观察到的波长变化与棍子的长度是成比例的，因此定理成立。这个定理事实上也说明了多普勒效应本质上是观察者观察到的波长变化。

四、长度的本征值定理说明

（1）长度的本征值定理的第一种情况说明，物体的本征长度是时间和空间的不变量，即物体的本征长度与该物体在欧氏空间中的运动无关，只要是相对静止地测量物体的长度，其长度值都相同。物体在欧氏空间中的长度不变，是“欧氏空间的时空是绝对时空”的表现形式。

（2）当测量者与物体相对静止时，用光测量物体的本征长度与用尺子测量物体的本征长度，本质上是相同的，并且光的测量更科学更方便。

（3）我们观测到的运动物体，在运动方向上的长度并不是其本征长度。

在经典物理学中，理想刚体的概念常常用来作为长度（空间）测量的基础。从原理上讲，一根单位长度的刚棒可以用来定出距离标度。然而，相对论认为，不能用一根单位长度的刚棒测量距离。理想刚体的概念在相对论中站不住脚。因为这样一个物体传递信号不需要时间，在刚体一端发生的一个扰动能以无限大的速度通过刚体，这与相对论原理信号传递速度存在着一个有限的上限是矛盾的。长度的本征值定理说明相对论关于刚体的观点不成立。长度的本征值定理在实践中的作用不大，在理论上主要是为了说明下一节的本征值原理。另一个理论上的作用，可以说明狭义相对论的长度变换公式 $x_2-x_1=\frac{x_2'-x_1'}{\sqrt{1-v^2/c^2}}$是错误的。事实上，笔者以前也以为洛伦兹变换是正确的，只是认为洛伦兹变换应该是相对的而不是绝对的，相对论认为洛伦兹变换是绝对的。在 2012 年 2 月发现长度的本征值定理后，才认识到洛伦兹变换和狭义相对论是彻底错误的。

第二节　本征值原理

长度的本征值定理说明了本征值在时空学乃至物理学中的特殊地位和作用。为进一步说明这一观点，请看下面的例子。

例，图 3－2 是狭义相对论用来说明“同时性的相对性”的。这里反其意用之，利用该图一方面说明“同时”是绝对的，另一方面说明本征值和本征参照系在时空学中的特殊地位和作用。

图 3－2（a）中 S 和 S'，是欧氏空间中两个做相对惯性运动的参照系，其相对速度为 v．两个参照系的观察者都能够测量这一速度，并且认可这一速度是相对的。假定 S 和 S' 中互相对应的两点 A 和 A'，B 和 B' 在对齐的瞬间，AB 两点同时发出一个光脉冲；在 A 和 A'、B 和 B'，以及 AB 的中点和 $A'B'$ 的中点 O'，6 个点各放置 1 只校对好的钟，并且都有一位观察者。在 A 和 A' 及 B 和 B' 对齐的瞬间，4 位观察者都记下对应的 4 只钟的时刻都为 T_0。根据第一章第五节“欧氏空间具体的时空特征”的结论，在事后 O 和 O' 两点的观察者都会知晓 T_0 并且认可这一时间。

图 3－2（b）中，观察者 O' 发现 B 点发出的光脉冲首先到达 O' 点。

在图 3－2（c）中，观察者 O 发现 AB 发出的两个光脉冲同时到达 O 点。在图 3－2（d）中，观察者 O' 发现 A 点发出的光脉冲最后到达 O' 点。

图 3－2 中（a）、（b）、（c）、（d）四种情况是根据相对论假设前提条件得到的结果。图 3－2 实际上是爱因斯坦的“思维实验”，对该“思维实验”的（a）、（b）、（c）、（d）四种结果，本文采信。并且假定，光源仅是 A、B 两点，不包括 A'、B' 两点。

一、分析可以得到的结论

（1）在图 3－2（b）中，B 点发出的光脉冲首先到达 O' 点。观察者 O' 记下到达 O' 点的时间为 T_1。

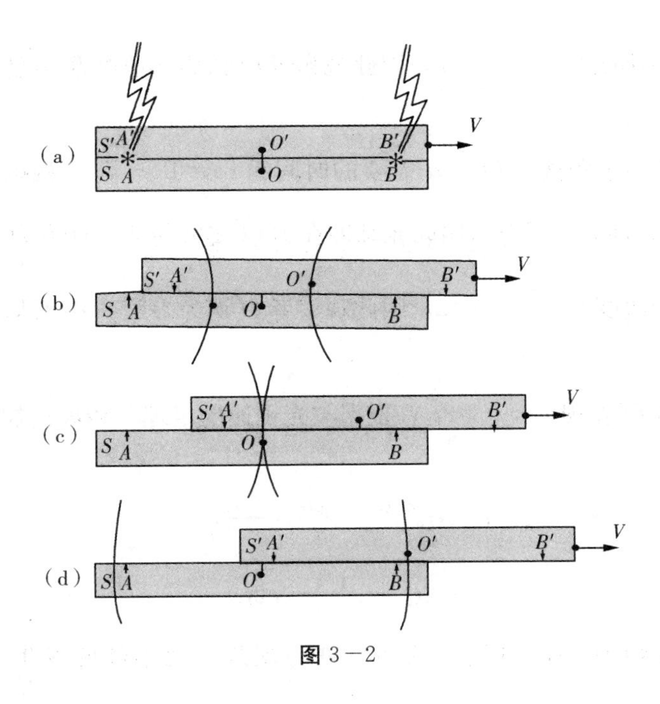

图 3－2

(2) 在图 3－2 (c) 中，观察者 O 接收到 A、B 发出的两个光脉冲同时到达 O 点，记下该时刻为 T_2。据此，观察者 O 得出三点结论。

①由于两个光脉冲发出的时刻都是 T_0，到达 O 点的时刻都是 T_2。因此两个光脉冲传播的时间相等，都是 $t_2=T_2-T_0$。

②两个光脉冲传播的距离都相等，都是 $AO=OB=d$。因此两个光脉冲分别在 AO、BO 两段距离中传播速度相同，其光子速度都是 $C=\frac{AO}{t_2}=\frac{BO}{t_2}=\frac{d}{t_2}=c$。

③由于两脉冲的光子速度都为 c，因此参照系 O 和光源 A、B 是同一个本征参照系。

(3) 图 3－2 (d) 中，光脉冲到达 O' 点，观察者 O' 记下到达时刻为 T_3。结合图 3－2 (b)，观察者 O' 得出五点结论。

①根据光速不变公理和欧氏空间的时空性质，观察者 O' 在事后知道两个光脉冲分别从 A、B 发出的时间是同时的，都是 T_0。

②光脉冲传播距离 $B'O'=d$ 需要的时间为 $t_1=T_1-T_0$。根据牛顿运动学有 $\frac{d-t_1v}{c}=t_1$，即 $t_1=\frac{d}{c+v}$。因此光脉冲在 $B'O'$ 之间传播的速度为 $C_1=c+v=$

$\frac{d}{t_1}$。由于光子速度 $C_1=c+v\neq c$，因此观察者 O' 认为参照系 B 不是 O' 点的本征参照系。

③光脉冲传播距离 $A'O'=d$ 需要的时间为 $t_3=T_3-T_0$。根据牛顿运动学有 $\frac{d+t_3v}{c}=t_3$，即 $t_3=\frac{d}{c-v}$。因此光脉冲在 $B'O'$ 之间传播的速度为 $C_3=c-v=\frac{d}{t_3}$。由于光子速度 $C_3=c-v\neq c$，因此观察者 O' 认为参照系 A 不是 O' 点的本征参照系。

④观察者 O' 发现 $t_1+t_3>2t_2$，根据“光子速度定理”和矢量加法，他找到原因如下，

$$
\begin{aligned}
t_1+t_3 &= \frac{2cd}{c^2-v^2}=\frac{2d}{c}\times\frac{c^2}{c^2-v^2} \\
&= 2t_2\times\frac{c^2}{c^2-v^2}>2t_2
\end{aligned}
$$

⑤观察者 O' 认为同时发生的两事件与观测到的事件的发生不同时并不矛盾。

二、事后，观察者 O 和 O' 交换了实验的有关数据，达成共识

(1) “同时”是绝对的，与参照系无关。如果认为“同时是相对的”则与“光速不变”矛盾。在逻辑上如果认为“同时是相对的”就是认为“光速与参照系有关”。

(2) 参照系 O 是光源的本征参照系，参照系 O' 是光源的非本征参照系。参照系不同，同一物理量在其中的值也不同。只有本征值才能反映事物的本质。

(3) 光脉冲的速度是光子速度，并且满足矢量法则。

(4) 光子相对于绝对空间的速度始终为 c。

解读图 3-2 的例子必须明确两个概念，本征参照系和本征值。

在时空学中，首先要明确光源的本征参照系与非本征参照系的区别。在光源的本征参照系中，光子速度与光速相同，光的频率、波长都是本征频率和波长；在光源的非本征参照系中，光子速度与光速不同，光的频率、波长都是非本征频率和波长。

时空学有一个特殊方法，就是根据光的表现研究物质运动的时空关系。因此光源的本征参照系是时空学中重要的基础问题，它好比牵牛驭马的缰绳。

图 3－2 中，如果将光源设置为 A'点和 B'点，则结果相反：就是参照系 S 和 S'、A 和 A'点、B 和 B'点、O 和 O'点的地位交换了。光源静止于参照系 S' 与静止于 S 的结果完全是相对的。

图 3－2 中，相对论提出了一个物理命题。有两个同时发生的事件，当事件发生时若在两事件之间的中点位置观测到事件发生的时刻不一致，说明“同时”是相对的。但是相对论的这个例子根本没有说明“同时”是相对的。在逻辑上，所谓的中点位置在接收到信号前可能在运动，因此命题不成立。

图 3－2 中，实际上还有一种可能，光源既不静止于 S，又不静止于 S'。例如，假设 A 和 B，A'和 B'都是一枚铁钉，在它们对准的瞬间都摩擦出了火花（光脉冲），则火花的本征参照系可能既不是 S 也不是 S'，即产生这两火花的金属屑相对于 S 和 S'都在运动。在这种情况下，两个光脉冲必然不能同时到达 O 和 O'，而是到达的时间有先有后。这时，在理论上就必须根据产生火花的铁元素的谱线确定其本征频率，再测定其接收频率，进而根据多普勒定理确定两个参照系与火花源的相对速度，最后确定火花源的本征参照系。这是在不知道光源本征参照系的情况下，确定光源本征参照系唯一可行的方法 。

另外，还要明确各个测量值的意义是本征值还是非本征值，是哪一个参照系的本征值。

上述例子还说明，两个参照系中的两点之间距离，与同一参照系中两点之间距离的内涵一般是不同的。在同一参照系两点之间距离与时间无关；在不同参照系两点之间距离与时间有关，因为这两点在相对运动。

根据以上分析和长度的本征值定理说明，对于不同的参照系，某一事物的某一物理量可以有若干不同的非本征值，非本征值不能表征事物的特征。为此提出本征值原理：只有本征值才能表征事物的特征。

本征值原理规定了测量原则：对事物的测量应该测量其本征值。换言之，对事物的测量应该在事物的本征参照系中进行。

本征值原理对时空学、物理学，乃至对所有自然科学提出一个基本要求：物理学和自然科学都必须以观察者的立场，或者说以本征参照系的立场描述。

第三节　光速测不准原理

下面提出一个对时空学和物理学的理论和实践都有重要影响的原理。

光速测不准原理：在欧氏空间的任何参照系中，任意两时空位置光速 c 的实际长度不可能完全相同。

首先，实验证明光速同所在空间的介质密度有关，显然在宇宙空间中各点，包括所谓真空的介质密度并不严格相等。其次，在引力场空间中，光速与引力场相对强度有关。这一结论已经被日全食时，对星光弯曲的测量实验所证实。在宇宙浩瀚的欧氏空间中，任意一点的引力场强度也不严格为零，并且任意两点的引力场强度并不严格相等。第三，在某一确定参照系中的某一确定点，其介质密度和引力场强度随着时间变化仍有涨落，如观察者因运动引起位置变化等。以上三点说明，只有在绝对没有介质、没有引力的欧氏空间中，光速才可能严格不变，而这样的欧氏空间在我们的宇宙中并不存在，因此在我们的宇宙所属欧氏空间中，各时空坐标点的光速不可能严格相等，光速测不准。

必须说明，光速测不准的内涵是光速在不同参照系中的实际长度不同，而光速“读数”，即包含“米”的数量是相同的。这是因为，光的频率与引力场强度无关，仅波长与引力场强度有关；另外，实践证明光的频率与介质密度无关，光速长度不同仅仅是波长不同，而频率是不变的。所谓波长不同是波长的实际长度不同，而波长的读数，即波长与米的比例是相同的。由于频率不变，波长与“米”的关系就是正比例关系。

第一章在介绍长度的单位“米”时，已经说明长度单位米和光速 c 二者是“循环定义”：长度单位“米”值在逻辑上是由光速常量 c 的实际长度定义的，而光速常量 c 的实际长度又是根据长度单位“米”值确定的。二者同样是正比例关系。

虽然在宇宙欧氏空间中存在一定的介质和引力，会引起光速 c 实际长度的波动，但是这一波动的绝对值和相对量都非常小，对人类的生产、生活和科学实践影响也很小。以太阳引力为例，当到太阳中心的距离 R 从 ∞ 变化到太阳表面 r 时 c 的值相应地从 c 变化到 $1.000\,000\,000\,009c$ 。变化的绝对值为 $L=2.7$ mm，比上一任“米”的标准——米尺原型热胀冷缩产生的误差还要小。只是，介质对光速实际长度的影响比引力场强度产生的影响略大。

用光的特性定义“米”，在理论上有一个优点，不管引力场强度和介质密度怎样变化，都是波长相应变化，频率不变，结果都是 c 的实际长度不同，而包含“米”的数值不变。因此，光速测不准是指 c 的长度不严格相等，不是指 $\omega\times\lambda$ 的值与 c 值存在误差。理论而言，在任何情况下 $\omega\times\lambda$ 的值与 c 都是严格相等的，这也是“光速测不准”的内涵。

可以断言，用光速定义“米”是科学的、先进的，今后不会被其他定义取代。

光速“测不准”与量子力学测不准原理的内涵不同，光速“测不准”是由于“先天不足”——“光速不变公理”本身就是近似的。虽然光速 c 包含米的值相同，但是每“米”的实际长度不同。测不准原理的“测不准”是由于“后天不足”——微粒子的位置、动量或能量、时间都是精确存在，只是不能同时精确确定它们的值，并且，对它们的测量必然破坏原来的运动状态。

光速测不准原理说明了物理学的另一个基本特征：物理学并不是一门精确的科学，而是一门近似科学。

理由一，物理学是一门关于实验的科学，既是实验就必然存在设备和技术的不足，必然有误差。理由二，物理学中的长度基本单位“米”是在近似的欧氏空间，而非绝对的欧氏空间条件下根据光速测定的，光速测不准原理说明长度基本单位“米”是一个近似值。物理学公式一般都直接或间接包含长度这个物理量，因此在本质上，根据物理公式计算得到的物理量都是近似值；再有，若干物理量导出单位是由长度基本单位直接或间接导出的，这些物理量的值也是近似值。所以说，物理学是一门近似科学。究竟有多近似？非常近似。如果不计测量误差，从理论上讲，其精确程度可以始终满足人类生产生活和科学实验的需要。

光速测不准原理和量子力学的测不准原理分别从宏观和微观方面界定了物理学是一门近似科学。

由于自然科学都涉及计量，因此，从以上意义讲，所有自然科学都是近似科学。

“光速测不准”说明在《量子力学》和《相对论》关于定域性与非定域性的争论中，笔者是支持《量子力学》非定域性的观点的。不仅《量子力学》，物理学都是非定域性的，而且物理学的非定域性是整体的、系统的，不是局部的。

顺便说明，物理学的非定域性还有一个重要原因，就是物理学的所有结论都成立于观察者的本征参照系，而牛顿力学仅成立于绝对时空的绝对参照系。在许多情况下观察者的本征参照系只是近似的绝对参照系。

本征值原理说明所有物理学定律、公式中的物理量都必须是本征值。物理学的一个基本特征就是考量物理变化，事实上就是考量物理量的本征值变化。

本征值原理和光速测不准原理在很大程度上说明了时空学和物理学的基本

性质和基本特征，因此是时空学的基本原理。

第四节　时空学原理

时空学中有主线和副线：主线就是光，副线就是引力，事实上还有一条副线是空间中的介质密度。由于介质空间的范围相对比较小，因此可将其忽略。打一个不很贴切的比喻，光就好比是宇宙之王。它是宇宙中最神秘、最重要的特殊物质。在宇宙中光无所不在、无所不至、无处不有、无时不有。光涉及的领域是最多的，涉及的科学理论也是最多的，但是人类现在对它仍然是知其然不知其所以然。人类认识宇宙的过程中，在理论和实践上，光是最主要、最重要的向导和工具。同时，它又是人类计量时空的标准和工具。万有引力，则好比是宇宙中的宪法，宇宙中所有物质都必须服从它。光虽称电磁波，但它对电磁力视若无睹，相“逢”不相“识”，但又遵从万有引力定律。光和引力使宇宙成为一个和谐的、统一的、有机的整体。

时空学原理：宇宙局域空间的时空性质由该局域空间中的引力场强度和介质密度唯一确定；局域空间中光的行为表现由该局域空间的时空性质唯一确定；局域空间中的时空计量标准由该局域空间中的光速 c 唯一确定。

在《时空学》中，时空学原理是个纲，纲举则目张。《时空学》的内容，就是根据“时空学原理”，研究、分析空间中光的行为表现，以确定空间的性质和计量。

“本征值原理”“光速测不准原理”和“时空学原理”合称时空学三原理。它们集中体现了时空学的性质和特征。

第二篇　欧氏空间

篇首语

牛顿认为惯性力起源于物体相对于绝对空间的加速运动观点完全正确。惯性力精确等于受力物体的质量与相对于绝对空间加速度的乘积。惯性力都是实际存在的，不存在虚拟的惯性力。

第四章　任意方向的光行差和多普勒效应

本章将分析观察者与光源相对运动方向和光传播方向不一致时，观察者对光的传播方向和频率（波长）变化的观察结果，这个结果就是光行差和多普勒效应。光行差和多普勒效应在天文观察中非常重要，它们是宇宙赐予人类的“测速仪”和“量天尺”，在测量天体的相对速度的方面互相补充。

第一节　光行差和多普勒效应的基本概念

观察者与光源在其连线方向（以下简称纵向）存在相对运动时，会观察到光的频率（波长）有改变。这一现象称作多普勒效应，也称作“多普勒频移”。

当观察者和光源互相背离时，多普勒频移公式为：

$$\omega=\omega' c/(c+v) \tag{4-1}$$

或

$$\lambda=\lambda'(c+v)/c \tag{4-2}$$

式中，ω'和λ'为本征频率和本征波长，ω 和λ 是观察者观察到的频率和波长，v 为观察者与光源的相对速度。在这种情况下，谱线的波长变长，频率变小、向红端移动。

多普勒红移：观察者接收到的波长与本征波长比较时，波长变化的相对量。

多普勒红移用公式表示就是 $z=(\lambda-\lambda_0)/\lambda_0$，其中 z 是红移的值，λ_0 是光源发出的谱线的本征波长，λ 为接收到的波长。根据（4－2）式，多普勒红移为：

$$z=(\lambda-\lambda_0)/\lambda_0=v/c \tag{4-3}$$

如果 $0\leqslant v\leqslant c$，则 $0\leqslant z\leqslant 1$；如果 $v\geqslant c$，则 $z\geqslant 1$。

多普勒红移使用极为频繁。在天文观测时，每一个可以观测到的天体都必然，且必须观测其发射光中可以辨认的光谱线，从而确定其本征频率或本征波长，再根据接收到的频率，利用多普勒公式确定其与我们的相对速度。比较远的天体还可以用多普勒红移确定其与我们的距离。当观察者和光源互相靠近时，多普勒频移公式和波长公式为：

$$\omega=\omega'(c+v)/c \qquad (4-4)$$

$$\lambda=\lambda' c/(c+v) \qquad (4-5)$$

（4－4）式和（4－5）式中，ω'和λ'、ω和λ及v的意义与（4－1）式、（4－2）式相同。在这种情况下，谱线的波长变短，频率变大，向紫端移动，其多普勒红移为：

$$z=(\lambda-\lambda_0)/\lambda_0=-v/(c+v) \qquad (4-6)$$

这种情况又称为（多普勒）紫移或蓝移。如果$0\leqslant v\leqslant c$，则$0\geqslant z\geqslant -1/2$；如果$v\geqslant c$，则$z\leqslant -1/2$。

公式（4－1）、（4－2）、（4－4）、（4－5）统一称为“视线方向的多普勒公式”，以和后文的“任意方向的多普勒公式”区别。

天球：在天文观测中，将我们观察到的整个天空背景想象为一个球面，假设所有天体都镶嵌在以观察者为球心、以一定长度为半径的球面上，这个球面称为天球。

视位置：观察者观察到的天体在天球上的位置。

光行差：当光源和观察者在二者连线的垂直方向（以下简称横向）有相对运动时，会观察到光源的视位置与其实际位置不一致。这一现象称作光行差效应，其视位置与实际位置的差角称为光行差角，简称“光行差”。

光行差定理：当光源和观察者在二者连线的垂直方向相对速度为v时，将观察到光源的光行差记为α，且$\mathrm{tg}\,\alpha=v/c$。

证明：设光源S以速度v相对于观察者A做相对运动，v的方向与光源的光线垂直且指向左面。在图4－1中，BD是光源运动方向，速度为v。BO是光源光的实际传播方向。OS是光源的实际方向，也可以理解为S是光源在天球坐标上的实际位置。A是观察者在某一时刻的位置。

根据牛顿运动学，光源S向左面运动就是相对于光源不动观察者向右面运动。假设AO是观察者在某一单位时间的运动轨迹。在天文观测中，光源与观察者的距离通常都非常远（一般都在若干光年以上），因此光源S发出的光线在到达AO时，都是与AO垂直的平行光。或者说光源发出的球面波到达AO附近时，其波阵面已经完全与AO平行。若光源发射的球面波的频率为ω'、波长为λ'，则这些球面波是以λ'为间隔均匀地分布在直线BO上的。根据光速不

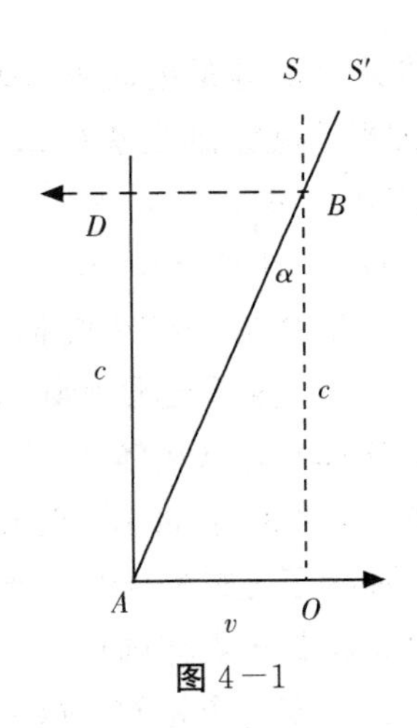

图 4－1

变公理有 $\omega'\lambda'=c$ 。由于观察者与光源在其连线的方向没有相对运动，任何时刻到达 O 点的波阵面，都是同一时刻到达 AO 一线的同一波阵面，因此观察者在 AO 这一路上接收到的频率与 O 点接收到的频率完全相同。又由于 O 点与光源没有相对运动，O 点接收到的频率、波长与光源的发射频率、波长相同，因此观察者接收到的频率、波长也与光源的发射频率、波长相同。即：

$$\omega=\omega' \tag{4-7}$$

$$\lambda=\lambda' \tag{4-8}$$

所以

$$\omega\lambda=\omega'\lambda'=c$$

在这种情况下光速定理同样成立。

此时，光源的相对速度 v 在观察者和光源连线方向的分速度为 0，这也是多普勒公式中 v 的意义。因此在这种情况下的多普勒定理同样成立，同样以（4－7）、（4－8）两式表征。

假设观察者在 O 点接收到的光子一秒钟前位于 B 点，而观察者一秒钟前位于 A 点。连接 AB，根据矢量法则，在观察者看来，BA 就是光子相对于自己的速度。根据光速公理和前面的假设，有 $BO=\omega'\lambda'=c$。光子相对于光源的速度与光速相同，即 $C'=BO=c$，光源相对于观察者 A 的速度是 $OA=v$。根据矢量加法，光子相对于观察者 A 的速度为：

$$C=BA=\sqrt{BO^2+OA^2}=\sqrt{c^2+v^2} \tag{4-9}$$

（4－9）式说明，在图 4－1 的情况下光子速度定理同样成立。当观察者在 A 点时，该时刻位于 AB 一条线的光子，在观察者从 A 向 O 运动的过程中，将悉数被观察者接收。因此观察者将认为光源的光是从 BA 方向传播来的，AB 方向就是光源的视位置方向，即观察者观察到光源在 AS'方向，而 OB 的方向是光源的实际位置方向。设 $\alpha=\angle OBA$，则：

$$\mathrm{tg}\,\alpha=AO/OB=v/c \qquad (4-10)$$

这就是当观察者和光源相对速度方向与光传播方向垂直时的光行差公式。其中，α 就是这种情况下的光行差，表示光源实际入射方向与观察者观察到的入射方向差角，在天文学上又表示光源（天体）在天球上的实际位置与视位置的距离，天体在天球上的位置是用经纬度表示。光行差公式的推导说明，光行差与光的频率、波长无关，它体现了光的粒子性。光行差效应的本质是光的粒子性的宏观表现。事实上，如果将光子看作雨点，（4－10）光行差公式和观察者在雨中行走时看到雨点方向的改变完全相同。如果 v 与 c 相比很小，有：

$$\alpha\approx v/c \qquad (4-11)$$

从推导可以看出，公式（4－10）、（4－11）中 c 的意义是光子速度，是光子相对于光源的速度矢量，满足矢量法则，不是 $\omega\times\lambda$ 之积。

证毕。

在天文观测中，光行差现象是很普遍的。如果观测对象不同，地球与之相对速度就不同，其光行差也不同。光行差中最重要、最著名的是周年光行差，即地球公转产生的光行差。现在计算其大小：地球的公转轨道长 $2\pi\times1.5\times10^{11}$ m，运行时间为 86 400×365.242 2s，由此可以算出地球公转的线速度约 30 km/s，利用光行差公式(4－10) 可以算出地球公转的光行差，即周年光行差约为 20.5″。地球公转速度方向的变化以 1 年为一个周期，可以观察到恒星在天球上的视位置是一个以 1 年为周期，直径约为 20.5″的圆。同样，可以计算出周日光行差——地球自转造成的光行差，比周年光行差小两个数量级，约为零点几角秒；另外，在实际的天文观测中还有以下重要的光行差。

长期光行差——太阳系在宇宙空间中的运动造成的光行差，包括太阳本动造成的光行差，约为 13 角秒，但方向不变；太阳系绕银河系公转造成的光行差，约为 100 多角秒，但周期很长。

以上光行差都是地球、太阳、太阳系、银河系之间的相互运动造成的。如果对河外天体观测，应根据情况将上述光行差作适当扣除，才能得到该天体在天球坐标中的正确位置。

第二节　任意方向的光行差和多普勒效应

一、当观察者与光源的相对速度方向和垂直于光的传播方向的夹角 β 满足条件 $\frac{\pi}{2} \geqslant \beta \geqslant 0$ 时

如图 4－2，光源 S 在 y 轴的正方向遥远某处，PO 是 S 发出的其中一条光线。观察者 A 以速度 v 沿著 AB 方向交 PO 于 B，AB 与 x 轴的交角为 β，且 $\frac{\pi}{2} \geqslant \beta \geqslant 0$，$x$ 轴是与光线传播方向 PO 垂直的方向。相对于光源 S 发出的频率为 ω'、波长为 λ' 的光，观察者接收到的频率、光行差是多少呢？

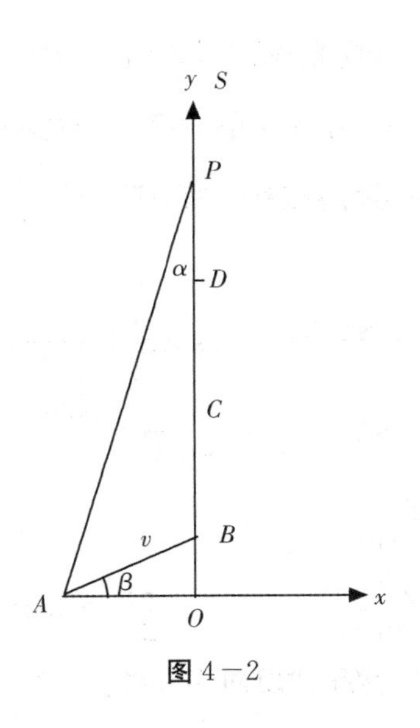

图 4－2

由于光源与观察者的距离都非常远，在图 4－2 中，光源发出的球面波在到达 AO 附近时，变成了与 AO 平行的波阵面（AO 在 x 轴上）。并且，所有波阵面均以 λ' 为间隔均匀地分布在直线 PO 上 。因此，观察者在 A 点，接收到的光子与 O 点同属一个波阵面；并且，根据光速公理有 $\omega'\lambda'=c$，假设 $DO=c$，即到达 O 点的光子，单位时间前在 D 点的位置。观察者在 B 点接收到的光子，一秒钟前在什么位置呢？假设其所在的波阵面在 P 点。根据光速公理，有 PB

$=\omega'\lambda'=c$。前面已经说明，观察者在 A 点接收到的光子，是与 O 点同属一个波阵面的波包，单位时间后观察者在 B 点接收到的，是从 P 点传来的光子。因此，观察者在单位时间内将接收到分布在 PO 这段距离上的全部波阵面。根据前面的假设，$DO=PB=c$，$BO=v\sin\beta$，且 $PO=PB+BO$。PB 上分布的光子数为 ω'，BO 上分布的光子数为 $\frac{v\sin\beta}{c}\omega'$。因此观察者在单位时间内接收到的光子数为：

$$n=\omega'+\frac{v\sin\beta}{c}\omega'$$

即观察者接收到的频率为：

$$\omega=\frac{c+v\sin\beta}{c}\omega' \qquad \left(\frac{\pi}{2}\geqslant\beta\geqslant0\right) \tag{4-12}$$

观察者这时接收到的波长是多少呢？在 y 方向，观察者的分速度为 $BO=v\sin\beta$。即观察者在单位时间向光源方向运动了 $BO=v\sin\beta$ 距离，在 $\omega\times\frac{1}{\omega}$ 时间向光源靠近了 $v\sin\beta$ 距离，在 $1/\omega$ 的时间内向光源靠近了 $v\sin\beta/\omega$ 距离，观察者接收到两个光子之间的距离相对“缩短”了 $\frac{v\sin\beta}{\omega}$。光源发射的波长为 λ'，观察者接收到的波长是：

$$\begin{aligned}\lambda&=\lambda'-\frac{v\sin\beta}{\omega}=\lambda'-v\sin\beta\times\frac{c}{(c+v\sin\beta)\ \omega'}\\&=\lambda'-v\sin\beta\times\frac{\lambda'}{c+v\sin\lambda'}=\frac{(c+v\sin\beta-v\sin\beta)\ \lambda'}{c+v\sin\beta}\\&=\frac{c\lambda'}{c+v\sin\beta}\end{aligned}$$

所以

$$\lambda=\frac{c\lambda'}{c+v\sin\beta} \qquad \left(\frac{\pi}{2}\geqslant\beta\geqslant0\right) \tag{4-13}$$

公式（4－12）和（4－13）称作“斜向多普勒公式”。并且有：

$$\omega\lambda=\omega'\lambda'=c \tag{4-14}$$

（4－14）式说明在图 4－2 的情况下“光速定理”同样成立。根据前面的分析，PB 是光子相对于光源的速度 $C'=c$，光源与观察者的相对速度为 $BA=v$。连接 PA，根据矢量加法，有：

$$\vec{PA}=\vec{PB}+\vec{BA} \tag{4-15}$$

另一方面，观察者 A 认为，自己在 A 点接收到的光子，一秒钟前在 P 点，$\vec{PA}$ 就是光子速度。因此（4－15）式说明在图 4－2 的情况下“光子速度定理”仍然成立。

在这种情况下的光行差是多少呢？前面分析说明，当观察者在 A 点时，该时刻位于 AP 一条线的光子，在观察者从 A 向 B 运动的过程中，将悉数被观察者接收。AP 方向就是观察者看到的光源视位置方向，OP 为光源的实际位置方向。设 $\alpha=\angle APO$，有 $\mathrm{tg}\,\alpha=\frac{AO}{PO}$。由于：

$$AO=v\cos\beta$$

$$\begin{aligned}PO&=PB+BO\\&=c+v\sin\beta\end{aligned}$$

所以 $$\mathrm{tg}\,\alpha=\frac{v\cos\beta}{c+v\sin\beta}\qquad\left(\frac{\pi}{2}\geqslant\beta\geqslant0\right)\tag{4-16}$$

（4－16）式称作“斜向光行差公式”。其中，根据假设，$\frac{\pi}{2}\geqslant\beta\geqslant0$ 。

讨论：

（1）当 v 远小于 c 时，$v\sin\beta$ 和 $v\cos\beta$ 比光速 c 更小，因此 $\mathrm{tg}\,\alpha$ 可以 α 代替。公式（4－16）可以写作：

$$\alpha\approx\frac{v\cos\beta}{c}\tag{4-17}$$

（2）当 $v>c$ 且 β 很小时，$v\cos\beta$ 可以大于 $c+v\sin\beta$，即 $\mathrm{tg}\,\alpha$ 可以大于 1，α 可以大于 $\frac{\pi}{4}$ 而小于 $\frac{\pi}{2}$。

（3）当 $\beta=0$ 时，$\mathrm{tg}\,\alpha=\frac{v}{c}$，即图 4－1 的情况。

（4）当 $\beta=\frac{\pi}{2}$ 时，$\mathrm{tg}\,\alpha=0$ 即第二章中观察者和光源之间的相对运动与其连线方向相同时的情况。

二、当观察者与光源相对速度的方向和垂直于光传播方向的夹角 β，满足条件 $-\frac{\pi}{2}\leqslant\beta\leqslant0$ 时

这种情况下，图 4－2 变成图 4－3：

图 4－3 中，$AB=v$，AB 的方向是观察者相对于光源的运动方向，AB 与 x 轴正方向的夹角为 β，且 $-\frac{\pi}{2}\leqslant\beta\leqslant0$。假设 $PB=c$，是光子相对于光源在单位时间所走的路程，OP 是光源方向也是 y 轴的正方向，AO 即 x 轴，是与光的传播方向 PB 垂直的方向。与前面的设定相同，由于观察者离光源很远，光源

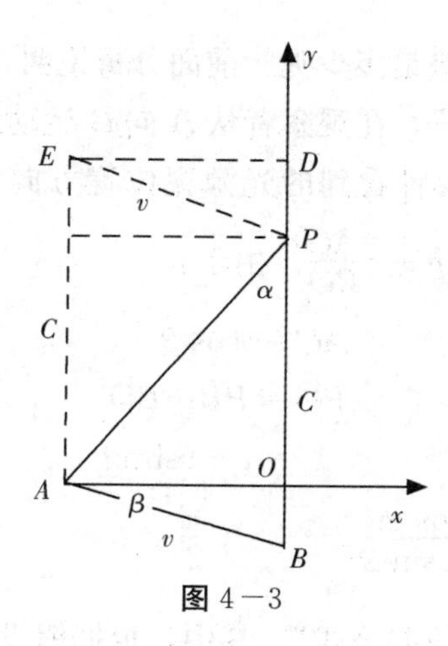

图 4－3

发出的频率为 ω' 单色光，在其球面波到达 AO 时，波阵面均与 AO 平行。所有波阵面均以 λ' 为间隔，均匀地平行于直线 AO 。观察者在 A 点接收到的光子假设一秒钟前在 E 点，则 $EA=c$ 。假设 $ED\perp PB$ ，又因为 $AO\perp PB$ ，A 与 O，E 与 D 则在同一时刻分别属于同一个波阵面，因此 $DO=c$ 。观察者以速度 v 在一秒钟后到达 B 点，观察者在 B 点接收到的光子，一秒钟前在什么位置呢？假设在 P 点。根据光速公理，有 $PB=\omega'\lambda'=c$。根据假设，AB 是观察者在单位时间的运动距离 v ，是 AB 与 x 轴的交角，由于 $\beta<0$ ，因此：

$$OB=v\sin\beta<0$$

表明观察者在 y 轴的分速度与光的传播方向相同，都是指向 y 轴的负方向。说明观察者在 y 方向的分运动将“拉长”光子之间的距离，使自己与光子的相对速度变小，观察者接收到两个相邻光子的时间间隔将变长。假设光源发射两个光子的间隔为 $\Delta t'$，观察者接收到的间隔时间为 Δt，由于观察者在 y 方向以速度 $v\sin\beta$ 离开光源，观察者接收到两个光子的时间间隔将比光源发射的时间间隔增加 $\frac{v\sin\beta}{c}\Delta t'$，有：

$$\begin{aligned}\Delta t &=\Delta t'+\left|\frac{v\sin\beta}{c}\right|\Delta t' \\ &=\Delta t'\left(1+\left|\frac{v\sin\beta}{c}\right|\right)\end{aligned}$$

而 $\Delta t'=\frac{1}{\omega}$ ，观察者接收到两个相邻光子的时间间隔为：

$$\Delta t=\frac{1}{\omega'}\left(1+\left|\frac{v\sin\beta}{c}\right|\right)$$

观察者接收到的光的频率为：

$$\omega=\frac{1}{\Delta t}$$

$$=\frac{c\omega'}{c+|v\sin\beta|}\qquad(-\frac{\pi}{2}\leqslant\beta\leqslant 0)\qquad(4-18)$$

观察者在 y 方向和光源以速度 $v\sin\beta$ 互相背离，即光源在 $\omega'\times\frac{1}{\omega'}$ 时间离开了观察者 $v\sin\beta$ 距离，即在 $1/\omega'$ 时间二者增加了 $v\sin\beta/\omega'$ 距离，即观察者接收到两个光子之间的距离相对“增长”了 $\frac{v\sin\beta}{\omega'}$。光源发射的波长为 λ'，观察者接收到的波长是：

$$\lambda=\lambda'+\frac{|v\sin\beta|}{\omega'}$$

$$=\lambda'+\frac{|v\sin\beta|\lambda'}{c}$$

$$=\frac{c+|v\sin\beta|}{c}\lambda'\qquad(-\frac{\pi}{2}\leqslant\beta\leqslant 0)\qquad(4-19)$$

公式（4－18）和（4－19）是当 $-\frac{\pi}{2}\leqslant\beta\leqslant 0$ 时的多普勒公式，同样称作“斜向多普勒公式”。当 $\beta=0$ 时，即观察者运动方向与光线垂直时，图 4－2 和图 4－3 还原为图 4－1 的情况时，（4－12）式与（4－18）式相同，均为：

$$\omega=\omega'\qquad(4-20)$$

（4－20）式与（4－7）式完全相同。这说明以上的结论自洽。

（4－20）与（4－7）式还说明，不存在横向多普勒效应。横向多普勒效应是狭义相对论预言的一种多普勒效应。当 $\beta=0$ 时，即观察者运动方向与接收光线垂直时，仍然存在多普勒效应，其表达式为 $\omega=\omega'\sqrt{1-(\frac{v}{c})^2}$。其实是否存在横向多普勒效应，我们可以利用太阳光检验。在地球上的任何一个观察者，都可以在地方时正午时刻利用太阳光检验太阳光谱是否存在频移。因为这时观察者所在位置的地球公转方向与太阳光的传播方向始终是垂直的，符合横向多普勒效应的条件；并且地球公转速度为 30 km/s，这个速度比其他检验横向多普勒效应的实验速度还要大。

根据公式（4－18）和（4－19）有：

$$\omega\lambda=\omega'\lambda'=c\qquad(4-21)$$

（4－21）式说明在图 4－3 的情况下“光速定理”仍然成立。

根据前面的分析，PB 是光子相对于光源的速度 $C'=c$，光源相对于观察者速度为 $BA=v$。连接 PA，根据矢量加法，PA 就是观察者 A 接收到的光子速度。并且有：

$$\vec{PA}=\vec{PB}+\vec{BA} \qquad (4-22)$$

（4－22）式说明在图 4－3 的情况下“光子速度定理”仍然成立。

在图 4－3 情况下的光行差是多少呢？根据前面的分析和矢量加法，当观察者在 A 点时，该时刻位于 AP 一条线的光子，在观察者从 A 向 B 运动的过程中，将悉数被观察者接收。因此，AP 的方向就是光源的视位置方向，OP 为光源实际位置方向。设 $\alpha=\angle APO$，有 $\operatorname{tg}\alpha=\frac{AO}{PO}$。由于：

$$\begin{aligned}AO&=v\cos\beta\\PO&=PB-OB\\&=c-|v\sin\beta|\end{aligned}$$

所以

$$\operatorname{tg}\alpha=\frac{v\cos\beta}{c-v|\sin\beta|} \qquad \left(-\frac{\pi}{2}\leqslant\beta\leqslant 0\right) \qquad (4-23)$$

（4－23）与（4－16）式的形式相同，但是分母的后面一项不同。（4－16）式中分母值一定大于、等于 c，即 $c+v\sin\beta\geqslant c$；而（4－23）式中分母值一定小于等于 c，即 $c-v|\sin\beta|\leqslant c$。

若 c 远大于 v，则（4－23）式分母中 $v|\sin\beta|$ 可以忽略，并且 $\operatorname{tg}\alpha$ 值很小，因此这时公式（4－23）可以表示为（4－17）式：$\alpha=\frac{v\cos\beta}{c}$

即与（4－17）式完全相同。一般而言，银河系内的天体（主要是恒星）相对于我们的速度都很小，在计量河内天体的光行差时，无论该天体是向我们靠近或退行，都可以用公式（4－17）。

在（4－23）式中，当 $v>c$ 且 $|v\sin\beta=c|$ 时，公式没有数学意义但有物理意义。其物理意义是 $BO=BP$，即表示 P 点与 O 点重合，即 AP 与 x 轴重合，即 $\alpha=\frac{\pi}{2}$。这时对观察者而言，光源的视位置位于 x 轴的正前方，光源的实际位置与视位置相差 $\frac{\pi}{2}$。为避免出现 $|v\sin\beta=c|$ 时公式没有数学意义的情况，公式（4－23）可以表示为：

$$\operatorname{ctg}\alpha=\frac{c-|v\sin\beta|}{v\cos\beta} \qquad \left(-\frac{\pi}{2}\leqslant\beta\leqslant 0\right) \qquad (4-24)$$

（4－24）式与（4－23）同解，意义完全相同。

当 $v>c$ 且 β 接近 $-\frac{\pi}{2}$ 时。如果 $c-|v\sin\beta|=0$，$\alpha=\frac{\pi}{2}$，即光源视位置在 x 轴的正方向；如果 $c-|v\sin\beta|<0$，$\alpha>\frac{\pi}{2}$，表示 P 点在 x 轴下方，即观察者将观察到光源的视位置方向 AP 在 x 轴的下方，如图 4－4。

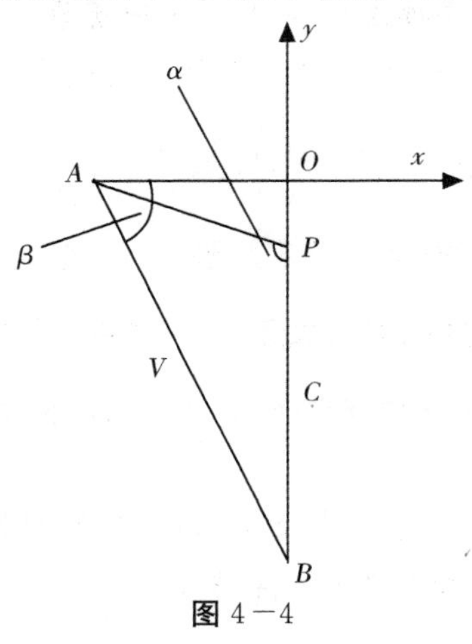

图 4－4

图中，$AB=v$（$v>c$），$PB=c$。$\angle OAB=\beta<0$，$OB=v\sin\beta$，值小于 0 而绝对值大于 c。$\angle APO=\alpha$，$\mathrm{tg}\,\alpha<0$，即 $\alpha>\frac{\pi}{2}$。

$\alpha>\frac{\pi}{2}$ 表明光源的视位置在 x 轴的下方。说明观察者接收到的光子速度方向发生了反转，即光源的方向反转。本来，光子相对于光源的光子速度为 $C=-c$，方向指向 y 轴的负方向；而观察者接收到的光子速度在 y 轴方向的分速度为正，方向指向 y 轴的正方向。这就是光子速度反转的物理意义。说明只要物质速度没有小于光速的限制，光子速度就与其他矢量一样，其结果也没有限制。

若 $0\leqslant\beta\leqslant\frac{\pi}{2}$，即 $\omega>\omega'$ 接收谱线出现紫移时，使用公式（4－12）：$\omega=\frac{c+v\sin\beta}{c}\omega'$ 和（4－13）$\lambda=\frac{c\lambda'}{c+v\sin\beta}$。

多普勒频移为：

$$Z=\frac{\lambda-\lambda'}{\lambda'}=\frac{c-c-v\sin\beta}{c+v\sin\beta}=-\frac{v\sin\beta}{c+v\sin\beta} \qquad (4-25)$$

由于宇宙膨胀不满足（4－25）式，出现谱线紫移的天体不多。就星系而言，目前仅发现仙女座大星云等少数星系在向我们靠近。

若$-\frac{\pi}{2}\leqslant\beta\leqslant 0$，即$\omega<\omega'$接收谱线出现红移时，使用公式（4－18）：$\omega=\frac{c\omega'}{c+|v\sin\beta|}$和公式（4－19）$\lambda=\frac{c+|v\sin\beta|}{c}\lambda'$。

多普勒频移为：

$$Z=\frac{\lambda-\lambda'}{\lambda'}=\frac{c+|v\sin\beta|-c}{c}=\frac{v}{c}|\sin\beta| \qquad (4-26)$$

宇宙膨胀满足（4－26）式的天体非常普遍。从（4－26）式可以看出，当$v>c$且β接近$-\frac{\pi}{2}$时，红移Z的值可以大于1。如果v数倍于c，则Z的值也可以数倍于1。另一方面，如果天体的红移Z大于1，则该天体相对于我们的退行速度一定大于光速c。

公式（4－12）、(4－13)、(4－18)、(4－19）是经过严格演绎得到的，它们都属于多普勒定理，都称作斜向多普勒公式。公式（4－25)、(4－26）称作斜向多普勒红移公式。

公式（4－12)、(4－13)、(4－18)、(4－19）中，如果将公式中的$v\sin\beta$看作观察者和光源在光传播方向的分速度v_r，则公式（4－12)、(4－13)、(4－18)、(4－19）和公式（2－1)、(2－2)、(2－4)、(2－3）有完全相同的形式和内容。这说明，斜向多普勒公式只与观察者和光源在光传播方向的分速度$v\sin\beta$有关，与观察者和光源在垂直于光传播方向的分速度$v\cos\beta$无关。如果不知道观察者和光源是否存在横向的相对速度，可以直接用v代替公式中的$v\sin\beta$，得到的关于多普勒效应结果完全相同。

任意方向的光行差归纳如下：

若$\frac{\pi}{2}\geqslant\beta\geqslant 0$，即$\omega>\omega'$接收谱线出现紫移时，使用公式（4－16）$\operatorname{tg}\alpha=\frac{v\cos\beta}{c+v\sin\beta}$。

若c远大于v，公式（4－17）$\alpha\approx\frac{v\cos\beta}{c}$；

若$-\frac{\pi}{2}\leqslant\beta\leqslant 0$，即$\omega<\omega'$接收谱线出现红移时，使用公式（4－23）$\operatorname{tg}\alpha=\frac{v\cos\beta}{c-v|\sin\beta|}$或公式（4－24）$\operatorname{ctg}\alpha=\frac{c-|v\sin\beta|}{v\cos\beta}$。

若 $v>c$ 且 β 接近 $-\frac{\pi}{2}$ 时，α 可以大于 $\frac{\pi}{2}$。

图 4－2、图 4－3 和图 4－4 都是平面图，图中的速度 v，即 AB 的变化角度为 $-\frac{\pi}{2}\leqslant\beta\leqslant\frac{\pi}{2}$，包含了正弦余弦整个周期的值，代表了 v 在 2π 的变化；另一方面，速度 v 即 AB 还可以围绕 y 轴作 2π 的变化。其示意图都可以用图 4－2、图 4－3 或图 4－4 表示。图 4－2、图 4－3 和图 4－4 虽然都是平面图，实际上代表了观察者和光源关系所有三维的情况。这一节讨论的几种情况代表了所有方向的光行差和多普勒效应。另外，我们必须明确和记住上述公式中 β 的意义和定义域，即 $-\frac{\pi}{2}\leqslant\beta\leqslant\frac{\pi}{2}$。当接收频率大于本征频率或接收波长小于本征波长时，使用图 4－2 情况的公式；当接收频率小于本征频率或接收波长大于本征波长时，使用图 4－3 或图 4－4 情况的公式。

上述分析说明，当光源与观察者相对速度的方向和光传播方向不一致时，“多普勒公式”同样成立，“光速定理”和“光子速度定理”也同样成立。

第三节　光行差和多普勒效应的应用

一、天体相对于我们平均速度的测定

在天文观测中，多普勒效应为我们提供了一个测量天体视向速度的工具。如果在接收到的某一天体光谱中，能够认证出其中某条谱线是某元素某线系的某条谱线，就可以确定这条谱线的本征频率和波长。再将该本征频率与接收频率比较，或本征波长与接收波长比较，可以方便、准确地得到该频率的频移或红移，从而确定该天体与我们的视向速度。

对天体光行差的测量要困难得多。在天文观测中，我们观察到所有天体在天球上的位置，都是天体的视位置而不是实际位置。二者的差值就是该天体相对于我们的光行差。然而，确定天体的光行差或实际位置都是很困难的。因为光行差没有标准值，即光行差为 0 时，没有天体实际位置的值，因此无法直接得到天体光行差的大小，这一点与多普勒效应不同。

要确定天体的光行差，一般可以利用天体的自行。在天文观测中，常常会观测到在一段时间 T 内，一般至少在 1 年以上，不包括行星，某一天体在天球

上移动了一段距离，这一现象称作天体的自行。知道了天体的自行，就知道了天体用多少时间在天球上走了多少距离，再根据该天体与我们的相对距离，根据实际情况扣除有关光行差，如周年光行差、周日光行差、长期光行差等，就知道了该天体相对于我们的横向速度，以及该天体在天球上的实际位置和该天体相对于我们的实际光行差。

例：牧夫座 α 星，中国称为大角星。它离地球 36.7 光年，其自行为 $2''.281$/年。求其相对于太阳的横向速度和光行差。

解：设 $\delta=2''.281$，b 为大角星在一年内走的横向距离。根据已知条件有，

$$b=36.7\cdot\mathrm{tg}\,\delta=36.7\times1.10586=4.0585\times10^{-4}\ (\mathrm{ly})$$

由此可以求出大角星相对于太阳的横向速度，

$$\begin{aligned}V_1&=\frac{b}{86\,400\times365.2422}\\&=\frac{4.0585\times10^{-4}\times86\,400\times365.2422\times3.0\times10^5}{86\,400\times365.2422}\\&\approx122\ (\mathrm{km/s})\end{aligned}$$

大角星的光行差为 $\alpha=\frac{v}{c}\approx1'23.88''$。

由此可以知道，大角星相对于太阳的横向速度是地球公转速度的 4 倍多，并且它的真实位置在其视位置前面 $1'23.88''$的地方，这说明大角星的光行差是很大的。如果再利用多普勒效应测出大角星的视向速度 $v\sin\beta$，就可以算出大角星与我们的相对速度 v 以及方向 β。

如果知道了某一天体相对于我们的光行差和多普勒频移的值，可以利用（4－12）式 $\omega=\frac{c+v\sin\beta}{c}\omega'$ 和（4－16）式 $\mathrm{tg}\,\alpha=\frac{v\cos\beta}{c+v\sin\beta}$ 联立解出该天体相对于我们的运动速度 v 及方向 β。如果考量的是某一河外天体，根据哈勃原理，大多数天体相对于我们都在退行，即相对于我们的接收频率变小、波长变长。为计算方便，可以不用（4－12）式而用（4－19）式 $\lambda=\frac{(c+v\,|\sin\beta|}{c}\lambda'$。因为，如果选用（4－12）式，未知量 v 和 β 将在分母上。再考虑到一般情况下 c 远大于 v，因此不选用（2－16）式而选用（4－17）式 $\alpha\approx\frac{v\cos\beta}{c}$。将（4－19）和（4－17）式联立求解：

$$\sin^2\beta=\left(\frac{c\lambda-c\lambda'}{v\lambda'}\right)^2$$

$$\cos^2\beta = \left(\frac{c\alpha}{v}\right)^2$$

两式相加，消去β。

$$v^2 = \frac{c^2\lambda^2 - 2c^2\lambda\lambda' + c^2\lambda'^2 + c^2\alpha^2\lambda'^2}{\lambda'^2}$$

$$= \frac{c^2\lambda^2 - 2c^2\lambda\lambda' + c^2\lambda'^2(1+\alpha^2)}{\lambda'^2}$$

设，

$$v = V(\alpha., \lambda., \lambda') \qquad (4-27)$$

(4－27）式中，光行差α可以经过观察天体在相当一段时间，可能是几十年、上百年甚至上千年的观测求出；λ'是可以从天体发射光谱中认证出来的本征波长（非变量），λ是接收波长（变量）。因此v可以求出，再将求出的v代入（4－17）式，求出β。$\cos\beta = \frac{c\alpha}{v}$，

即

$$\beta = \beta(\alpha, v) \qquad (4-28)$$

根据（4－27）和（4－28）式求出的v和β，事实上是天体与我们的平均速度和方向，该平均速度和方向不是同一时期的平均速度和方向。如果天体与我们距离上亿光年，则该平均速度和方向就是太阳现在的运动状态与亿年前天体运动状态之间的相对平均速度和方向。由于天体与我们的距离非常遥远，v和β的变化显得非常缓慢。

需要说明的是，（4－12）式$\omega = \frac{c + v\sin\beta}{c}\omega'$或（4－19）式$\lambda = \frac{(c + v\,|\sin\beta|)}{c}\lambda'$不含有$v\cos\beta$，在求解$v\sin\beta$时可以将$v\sin\beta$看作一个未知数$u = v\sin\beta$来求解。这样公式（4－12）或（4－19）实际上与“视向多普勒公式”完全相同。换言之，虽然我们和观察的天体之间还存在与视线方向垂直的分速度，使我们既不知道v，又不知道β，但是我们可以利用视线方向的多普勒公式，而不必与光行差公式联立求解，同样可以得到u。不过，我们必须记住，在概念上u并不是视向速度v，而是v在视线方向的分速度。

上述结论在理论和实践中都非常重要。我们知道，在现代的天文观察中，对天体的视向速度一般利用视线方向的多普勒公式计算，并未与光行差公式联立求解。上述结论在理论上保证了现代天文观察中，计算天体视向速度的方法是可行的。当然，前提条件是必须利用前面提出的多普勒公式。

同样，由于（4－17）式 $\alpha \approx \frac{v\cos\beta}{c}$ 不含有 $v\sin\beta$，我们在求解 $v\cos\beta$ 时仍然可以将 $v\cos\beta$ 看作一个未知数 $u'=v\cos\beta$ 求解。当然，这一方法的前提条件是必须用天体的自行先求出天体的光行差 α。

刚才利用公式（4－12）或（4－19）求出了 $u=v\sin\beta$，现在可以与 $u'=v\cos\beta$ 联立求出 v 和 β。显然这一方法比利用公式（4－28）、（4－29）的方法更简单。

必须注意的是，（4－17）式 $\alpha \approx \frac{v\cos\beta}{c}$ 成立的前提条件是 c 远大于 v。在天文观测中，可以认为银河系内的天体满足这一条件，本星系团内的天体也基本满足这一条件。如果是本星系团以远的天体或红移很大的天体，还是应该用公式（4－16）$\mathrm{tg}\,\alpha=\frac{v\cos\beta}{c+v\sin\beta}$。如果考虑到哈勃定律，即天体一般都在相对于我们做退行，天体运动的 β 角一般都小于 0。那么，在天文观测的实践中，一般情况下应该使用（4－24）式：

$$\mathrm{ctg}\,\alpha=\frac{c-|v\sin\beta|}{v\cos\beta} \qquad \left(-\frac{\pi}{2}\leqslant\beta\leqslant 0\right)$$

二、天体相对于我们的平均加速度的测定

将（4－18）式 $\omega=\frac{c\omega'}{c+|v\sin\beta|}$ 和（4－23）式 $\mathrm{tg}\alpha=\frac{v\cos\beta}{c-v|\sin\beta|}$ 中的 ω' 看作常量，v 和 β 作自变量，ω 和 α 作函数。对两式微分，说明观察者与光源之间的速度 v 及方向 β 改变会引起接收频率 ω 和光行差 α 的改变；反之亦然。如果观察者接收到光源的频率 ω 和光行差 α 是变量，则观察者与光源之间的运动是相对变速运动。

下面讨论对该变速运动的平均加速度的测定。

天体的光行差必须根据天体的自行才能测定。有一个简单实用的方法可以测量天体相对于我们的加速度。我们在第一周期 T（几年、几十年、数百年或上千年，甚至更长时间）内，根据天体的自行以及某一谱线的接收频率 ω 或波长 λ，计算出该天体相对于我们的光行差和平均速度 v 及其方向角 β。如果在第二周期 T 内，观测到该天体的自行发生了变化，或者同一谱线的接收频率 ω 或波长 λ 发生了变化，或者两者都发生了变化，我们可以按照第一周期的方法计算出天体在第二周期的光行差和平均速度 v 及其方向角 β。这时，我们可以将

两个周期的数据比较，就可以得到该天体相对于我们在周期 T 内的平均加速度。这个方法避免了复杂的微分运算，是一个行之有效的方法。

如果知道了任意一个天体相对于我们的运动速度和加速度，根据矢量法则，就可以求出任意两个天体之间的相对速度和相对加速度，包括星系（团）之间的相对运动。

天体一般离我们很远，因此天体的光行差和多普勒频移的变化非常缓慢。如果不是几代人甚至更长时间的坚持，发现它是非常困难的。这项工作在天文观测中非常重要，因为它可以帮助我们发现宇宙演化痕迹。特别是光行差，由于以前的理论尚不成熟，未纳入天文观测的实践。现在该项工作的紧迫性不言而喻。

第五章　光子的模型

第一节　光子的模型

在第二章、第四章已经分析清楚，宏观的光同样具有波粒二相性，既可以将其看作波，也可以将其看作微粒——光子。光子是什么形态呢?

根据第二章的光子速度定理，光子速度满足矢量加法。我们知道，线速度满足矢量法则是粒子的属性，应证了“一个波包就是一个光子”的假设成立，据此提出以下观点。

一、光子模型

（1）一个波包就是一个光子。即频率为 ω 的单色光在一秒钟时长内包含有 ω 个光子。在量子物理中，所有同种的基本粒子都是相同的，彼此之间没有大小轻重之分。光子也是一种基本粒子，也具有上述特征。

（2）光子是离散的，光子与光子之间的距离不能为零。

（3）光子相对于绝对空间的绝对速度恒为 c，表现在所有参照系中光速恒为 c。没有静止的光子。

（4）光子仅存在于光辐射中。或者说光子只能以运动形式单独存在，不能以光子形式与其他基本粒子共存。

（5）光辐射中光子之间的距离即波长是客观的，单位时间发射的光子数即频率是主观的，因为单位时间是人为确定的。光子具有严格的时空关系。

（6）欧氏空间中的点光源，这里仅指一个电子在原子或分子中跃迁时，发射的光子只能直线传播，即直线传播是欧氏空间中光子运动的唯一形式。平面传播和球面传播是复合光源在距离非常遥远时对光子传播的一种近似描述。

（7）光子的能量是动能，由物质的内能转化而来。

（8）一个光子的能量为 $\hbar$[1]。它是基本粒子之间即微观领域能量交换的最小量子，这样与测不准关系才相容。

（9）光波是光子的德布罗意波。光速是光子的群速度，光子速度是光子的线速度，光的传播像其他基本粒子一样不需要介质。

（10）光子是物质的一种特殊形态——运动形态，相对于任何参照系都运动。光子具有物质的所有特征，有质量、有能量、有动量、有动能、有势能、有惯性，满足牛顿运动定律、万有引力定律和角动量守恒等，光子的本质是物质。

物质的非光子态都不能称作“物质的运动形态”。一方面因为任何物质都可能与另外的物质相对静止，另一方面不存在与任何光子相对静止的物质。例如，若某物体离开某光源的速度为 c，根据多普勒定理和光速定理，该物体上接收到的光频率为 $\omega=\frac{c}{c+c}\omega'=\frac{1}{2}\omega'$，$\omega'$ 是光源的本征频率，而不是 0，光速同样是 c 而不是 0。

在上述光子模型的特点中，第（10）点“物质的一种特殊形态”是光子的本质，这是一个革命性的观点。根据光子是物质，具有质量的观点可以得到一个推论：如果存在中微子，则中微子一定具有质量。

为叙述方便，以下将上述光子模型称作“最小光子模型”，将现在流行的

---

[1] $\hbar$ 是约化普朗克常量，后同。

光子模型即能量为 ωh 的光子模型称作“组合光子模型”。

二、“组合光子模型”和“最小光子模型”的差别

（1）在“组合光子模型”中，存在最小量子。这些最小量子就是“最小光子模型”中的光子。模型中的光子可以由不同数量的最小量子任意组合为“组合光子”。“组合光子模型”包含的最小量子有多少之分，而“最小光子模型”的光子没有大小之别。“最小光子模型”使基本粒子的“全同性”得到统一，排除了基本粒子中只有光子互不相同的特殊情况。

（2）两个模型中最小量子的“质量”不同。“组合光子模型”的光子质量根据相对论公式 $E=mc^2$ 计算，“最小光子模型”的光子质量根据牛顿动能公式 $E=\frac{1}{2}mc^2$ 计算，因此最小光子模型的质量比组合光子模型中最小量子的质量大一倍。另外组合光子模型光子的质量概念上是折合质量，最小光子模型的质量是正宗的质量概念。

（3）电子在跃迁时，一秒钟只发射一个组合光子模型的光子，而发射 ω 个最小光子模型的光子。

（4）组合光子模型不能解释频率和波长的物理意义。

（5）组合光子模型不能解释多普勒效应和光行差效应。最小光子模型不仅能解释多普勒效应和光行差效应，还能推导多普勒效应和光行差效应公式。

（6）组合光子模型违反粒子特有的属性。粒子具有两个特征：一是同一粒子相对于不同的物体具有不同的速度，这些不同的速度都满足矢量法则；二是粒子在确定的时间具有确定的位置。最小光子模型的光子具有这两个特征，而“组合光子模型”的光子没有这两个特征。它对不同物体的相对速度都是 c，在确定的时刻没有确定的位置。

（7）在内涵上，“组合光子模型”的光子是能量而不是物质并且对能量的性质是动能、势能、内能还是电磁能，至今没有统一的说法。“最小光子模型”的光子是纯粹的物质，具有确定的动能。

三、用最小光子模型解释有关量子效应实验

1. 用最小光子模型解释光电效应

由于最小光子模型与组合光子模型在单位时间内的总能量相同，并且最小光子模型的光子同样是粒子，因此最小光子模型在逻辑上、理论上与组合光子

模型一样能够解释光电效应。

最小光子模型能够很好地解释为什么光电效应没有延迟效应，即金属在受到辐射时立即产生光电效应，没有延迟现象。假设金属的功函数为 $w_0 = nh$ ，其中 n 为最小光子模型的光子数，h 是约化普朗克常量。根据最小光子模型，金属电子可以同时吸收若干条谱线的光子很快达到功函数逸出而产生光电效应，因此几乎没有延迟效应。

组合光子模型不能解释光电效应没有延迟效应。按照组合光子模型，光辐射是一秒钟发射一粒能量为 ωh 的光子，即必须达到一秒钟的时间才能发射一粒光子，因此光电效应必须在金属受到辐射后一秒钟才能发生。

最小光子模型说明提高辐射强度与提高辐射频率可以达到相同的效果，都可以产生光电效应。实验证明仅提高辐射强度不能产生光电效应，仅提高辐射频率却可以产生光电效应。原因是，频率高的辐射的光照强度一般都比较强。目前的光源本质上一般都是点光源，功率提高有限。如果光照强度提高 10 倍，则点光源的功率必须提高 10^3 倍；如果光照强度提高 10^2 倍，则点光源的功率必须提高 10^6 倍，其光照强度才相等。显然光照强度要提高 100 倍比较困难，而频率提高 100 倍相对容易。可见光的频率下限为 10^{14}，X 光的频率下限为 10^{17}，二者相差 10^3 倍。如果光的频率提高 10^3 倍，则光照强度需要提高 10^9 倍。因此，如果想在光照强度已经不小的情况下，依靠提高光照强度来产生光电效应比较困难，而利用提高频率产生光电效应就相对容易。

高频光产生的光电效应强，电子带走的能量多，金属板温度升高不大；低频光产生的光电效应弱，甚至没有，电子带走的能量少，金属板温度升高大。这也解释了远红外光的热效应为什么比高频光强。

上面的分析说明，单个光子的能量和产生的作用完全相同。比如，国外已有实验证明低频光同样有透视作用。如果光束的频率不同，即使功率相同，其整体效应也是不同的。高频光可以使原子中的电子逸出，使原子变成离子，甚至改变原子核中的核子数量，使原子变成其他原子。低频光则主要使原子产生无规则的热运动，使其温度增加。虽然低频光同样可能对原子或原子核产生影响，但是其效果远不如高频光显著。

2. 用最小光子模型解释康普顿散射

最小光子模型的光子在概念上同样是粒子，它与其他粒子碰撞时与组合光子模型一样，会产生散射，利用最小光子模型同样可以解释康普顿效应。

对于散射后光的频率变小，组合光子模型的解释是光子碰撞时产生能量损失。这种解释是不正确的。因为，一方面，按照相对论，光子能量是不会损失的，因为光速不变。另一方面，如果可以产生能量损失。从概念上讲，散射说明光子没有被电子或原子核吸收，散射应该是弹性碰撞，由于电子的质量比光子的质量大很多，碰撞后电子速度的改变量小，光子速度的改变量相对而言应该较大，即光子在碰撞后的平均速度应该增加。这至少说明散射不会造成能量损失。

最小光子模型能够很好地解释光子在碰撞后的频率变小。光子在碰撞前的速度大致为同一方向，碰撞后这一个方向的光子将被散射到各个不同方向，每个方向在单位时间接收到的光子数减少了，即接收频率当然会变小。在这种情况下，光子不需重新组合，它在碰撞前是离散的，碰撞后也是离散的。碰撞后的频率 ω' 是人为的，散射到某一方向的光子都相对在同一条直线上，并且有随机因素。

另外，组合光子模型对康普顿散射的理解不正确。康普顿散射主要不是由光子和电子碰撞产生的，而是由光子和原子核碰撞产生的，因为光子和电子碰撞后一般都是被电子吸收，从而使电子的轨道能级改变或成为自由电子。

第二节　光是物质的特殊形态

一、光是物质

1. 光子具有纯粹意义的质量

光的质量是多少，应该怎样计量呢？光子的质量根据其能量计量。按照现代物理学的观点，如果光的频率为 ω，则光子具有的能量为 $E=\omega h$。按照“最小光子模型”理解，$E=\omega h$ 实际上是 ω 个光子的能量。一个光子的能量应该是 $E_0=h$，这里 h 的量纲实际上还应该乘上 s^{-1}，即每秒一个光子 。根据能量量子化的观点，一个光子的能量实际上就是能量的最小量子。如果将光子的能量全部看作动能，假设一个光子的质量为 μ，根据动能公式，一个光子的能量就是 $\frac{1}{2}\mu c^2=h$[1]。由此可以得到

---

[1] 这一节的公式是采用厘米－克－秒高斯单位制。

$$\mu=\frac{2h}{c^{2}} \tag{5-1}$$

将 h 和 c 的值代入上式，有 $\mu=2.343\ 5\times10^{-48}g$。在基本粒子中，除了中微子质量不确定外，电子质量是最小的。现在看来，光子质量可能才是基本粒子中最小的。电子质量为 $m_e=9.109\ 382\times10^{-28}g$。因此电子质量为光子质量的 $\frac{m_e}{\mu}=3.887\ 1\times10^{20}$（倍）。这说明光子的质量非常小。

上述光子质量是根据物体的动能公式从光子的能量推定的。究竟正不正确呢？

在第十一章“光子在引力场中的运动”中我们将看到，光子满足牛顿运动三定律、万有引力定律、角动量守恒。光子在引力场中可以被引力场加速或减速，说明光子具有动能和势能。其中，光子的质量就是根据（5－1）式计算的。

光子具有正宗、纯粹意义的质量，因此，我们不能将光子质量称作动质量或认为光子的静止质量为 0 。

2. 光子具有物质的特征

（1）光子可以与物质产生碰撞，改变自身的运动。例如，康普顿散射，光子就是因为碰撞而改变了自身的运动轨迹。纯粹的能量没有这个特征，逻辑上纯能量应该被碰撞物质吸收。

另一个例子就是光子与彗星碰撞改变了彗星的形态。彗星在靠近太阳时，尾巴在后面（相对于运动方向），而在离开太阳时，彗星尾巴在前面。这一现象的本质是光子与彗星碰撞的结果。组成彗头的物质团块比组成彗尾的尘埃的体积小，单位体积吸收的光子能量相对小，与光子碰撞时速度改变小，彗尾尘埃的体积大，单位体积吸收的光子能量相对大。由于光子速度的方向始终是背离太阳，因此彗星在靠近太阳时是头前尾后；在离开太阳时，是尾前头后。在这两种情况中，彗头都始终向着太阳，理论上可以用光子具有动量解释。有人用彗星吸收了光子能量来解释彗星的这一现象，是不对的。若彗星吸收光子能量，其动能应该增大。由于彗尾体积比彗头大，彗星在靠近太阳时彗尾应该在前。

这两个例子都说明光子具有动量。

（2）发射光子会产生反冲现象。我们都知道，原子在发射光子后，原子核会产生反冲现象，并且原子核的反冲速度与其质量大小有关。原子在发射光子后会引起发射光谱的频率产生微小偏移，该偏移本质上就是多普勒效应，原子核的反冲速度会使发射光谱的本征频率飘移。因此，任何相干光，包括激光都具有一定的频带宽度。穆斯堡尔将该反冲消除后获得了穆斯堡尔频谱。光子会使原子核产生反冲，说明光子具有质量和动量。

（3）光子的线速度即光子速度满足矢量法则

说明光子速度是宏观意义的速度矢量，光子是质点。

（4）光子满足牛顿运动定律、万有引力定律和角动量守恒

这一结论将在第十一章“光子在引力场中的运动”中证明。

（5）光子具有惯性

光始终作直线传播，说明光子具有惯性。

二、光子的质量与能量来源

光子具有物质特征，因此是物质。那么光子的质量和能量是从哪里来的呢？

根据量子力学，当原子的某一电子从一个高能级 E_2 跳到一个低能级 E_1 时，将发射总能量为

$$hk=E_2-E_1 \tag{5-2}$$

的光辐射，其中 k 是量子力学认为发射的谱线频率，根据光子的定义也可以将其理解为光子的数量。按照量子力学，电子的能级为：

$$E(n)=-\frac{2\pi R_H hc}{n^2},\ n=1,\ 2,\ 3,\ \cdots \tag{5-3}$$

R_H 称作里德伯常数，其理论值 $R_\infty=\frac{m_0e^4}{4\pi h^3c}$。将电子质量 m_0、电量 e 及 h、c 值代入，得 $R_\infty=109\ 737\ \text{cm}^{-1}$，与实验值 R 相差约 0.05％ 。存在这一差别是因为该计算将原子核当作不动的。如果考虑到发射光子对原子核的反冲作用，根据力学理论，将原子核坐标系转换为质心坐标系，将折合质量 $\frac{m_0M}{m_0+M}$ 代替电子质量 m_0，则里德伯常数的理论值为 $R=\frac{R_\infty}{1+\frac{m_0}{M}}$。修正后得到的值为 $R_H=109\ 678\ \text{cm}^{-1}$，与实验值一致。

电子能级的物理意义是什么？电子的能级实际上是电子轨道的能级，即电子绕核旋转时轨道具有的动能，它和电子轨道半径有关。假设氢原子中电子某一能级的轨道半径为 a ，电子绕核旋转速度为 v 。则该电子的能量为：

$$E = E_D + E_S = \frac{1}{2}mv^2 - \frac{e^2}{a} \tag{5-4}$$

其中 m 为电子质量，e 为电子电量，$E_D = \frac{1}{2}mv^2$ 为电子的动能，$E_S = -\frac{e^2}{a}$ 为同一能级的势能。假设电子在无限远处的势能为 0，根据经典力学，在该能级电子受到原子核的电场力为$\frac{e^2}{a^2}$，受到的向心力为$\frac{mv^2}{a}$。根据牛顿第二定律，有：

$$\frac{e^2}{a^2} = \frac{mv^2}{a} \tag{5-5}$$

代入（5－4）式，得：

$$E = -\frac{e^2}{2a} \tag{5-6}$$

（5－6）式说明电子的能级能量仅与轨道半径 a 有关。在量子力学中，根据牛顿力学可以证明。

$$a = n^2 \cdot \frac{h^2}{me^2} = n^2 a_0 \tag{5-7}$$

其中，

$$a_0 = \frac{h^2}{me^2} \tag{5-8}$$

称作波尔第一轨道半径，简称波尔半径。令

$$R_H = \frac{me^4}{4\pi h^3 c} \tag{5-9}$$

可以证明（5－6）式与（5－3）式完全相同。即，

$$E = -\frac{e^2}{2a} = -\frac{2\pi R_H hc}{n^2}，n=1，2，3，\cdots$$

说明电子的能级完全符合牛顿力学。

上述结论还说明，电子的轨道半径越小，能级越低，其能量就越小。如果能级越低，电子脱离原子核需要的能量越大。不失一般性，假设电子从某一高能级跃迁到某一低能级。电子在高能级的半径为 a_2，速度为 v_2；跃迁到低能级的半径为 a_1，速度为 v_1。根据假设有 $a_2 > a_1$，则电子在高能级上的能量为

$$E_2 = \frac{1}{2} m v_2{}^2 - \frac{e^2}{a_2} \tag{5-10}$$

根据（5－5）式$\frac{e^2}{a^2} = \frac{mv^2}{a}$，高能级的动能为

$$\frac{1}{2} m v_2{}^2 = \frac{e^2}{2a_2} \tag{5-11}$$

电子在某一低能级的能量为

$$E_1 = \frac{1}{2} m v_1{}^2 - \frac{e^2}{a_1} \tag{5-12}$$

其中，动能为

$$\frac{1}{2} m v_1{}^2 = \frac{e^2}{2a_1} \tag{5-13}$$

高低能级的能量差为（5－10）式减去（5－12）式，得

$$E_2 - E_1 = \frac{e^2}{2a_1} - \frac{e^2}{2a_2} \tag{5-14}$$

由于$a_2 > a_1$，因此（5－14）式的值大于0。这说明电子从高能级向低能级跃迁，产生光辐射降低自身能量是能量守恒定律的要求。这也是（5－2）式$hk = E_2 - E_1$的物理原因。

在上面的分析中，我们注意到在电子的高低两个能级中，电子的电量e和质量m都是相同的，都没有发生改变，只是能量改变了。狭义相对论认为，光子的能量是质量转变而来，质能关系为$E = mc^2$，显然该观点与（5－14）式不符。（5－14）式说明光子的能量是电子轨道差产生的，该式在量子力学中自洽。另一方面，光辐射是怎样将能量和质量带走的呢？

前面已经说过，能量必须以质量作为载体，但（5－12）式中低能级的质量m与高能级相同。这一矛盾应该怎样解决呢？如果我们仔细分析（5－12）式可以发现，唯一可行的方案就是电子从高能级向低能级跃迁时，从电子中分出一部分物质（质量），以光辐射的形式将多余的能量，即两个能级的能量差带走。

假设电子从高能级向低能级跃迁的整个过程中，光辐射带走的电子质量为Δm，带走的能量为$hk = E_2 - E_1$，根据（5－1）式$\mu = \frac{2h}{c^2}$，有

$$\Delta m = \frac{2hk}{c^2} \tag{5-15}$$

若电子在高能级的质量为m，则在低能级的质量为$m - \Delta m$。那么，电子

在低能级的动能为

$$E_D=\frac{1}{2}(m-\Delta m)v'^2_1 \tag{5-16}$$

该动能由牛顿第二定律确定，

$$\frac{e^2}{{a_1}^2}=\frac{(m-\Delta m)v'^2_1}{a_1} \tag{5-17}$$

说明电子在低能级上的动能$\frac{1}{2}(m-\Delta m)v'^2_1$与（5－12）式的动能$\frac{1}{2}m{v_1}^2$相等，但是质量（$m-\Delta m$）比（5－12）式的质量 m 小，因此由质量$m-\Delta m$确定的速度${v_1}'$比由 m 确定的速度 v_1 更大，它们满足关系式$(m-\Delta m)v'^2_1=m{v_1}^2$。事实上，${v_1}'$才是真正的电子在低能级的轨道速度。

三、光子的二级模型

提出以下电子从高能级向低能级跃迁的假设：

（1）原子中的电子从高能级向低能级跃迁时，将辐射出光子，光子将带走电子的部分能量和质量。

（2）光子带走的能量由（5－2）式 $hk=E_2-E_1$ 确定，其中 k 不是频率，而是光子的数量，或者说是电子因为能级跃迁损失能量的特征值。

（3）带走的电子的质量由（5－15）式 $\Delta m=\frac{2hk}{c^2}$确定。

（4）物质若接收到一份光子，就相应增加一份质量和能量。

（5）电子的形态不同，质量也不同。电子在高能级质量大于低能级质量，自由电子的质量最大，低能级电子的质量较小，中子态中的电子质量最小。只有游离态的电子才是全同的，不同态电子的质量不同。

（6）电子发射光子没有加速过程，光子离开电子时的速度就是光速 c，并且从离开电子那一刻开始。光子相对于原子核的运动是真正的惯性运动，与原子核以后的运动无关。即光子发射后由物质的一般形态立刻转变为物质的运动形态。

（7）电子发射光子的过程从电子离开高能级开始，到达低能级结束。

（8）若电子从离开高能级开始到到达低能级这一过程的时间为 Δt，发射的光子数为 k，则该辐射的频率为：

$$\omega=\frac{k}{\Delta t} \tag{5-18}$$

对于相同的元素以及相同的能级，式中的 k、Δt 和 ω 也相同。一般而言，Δt 的值非常小，远小于单位时间。因此 k 远小于 ω。

（5－18）式说明公式（5－2）式 $kh=E_2-E_1$ 中的 k 是能量的特征值即光子数量而不是频率。这一结论有重要的理论意义，它解决了由于辐射产生的质量缺失问题。例如，光的辐射频率一般都非常高，以 X 光为例，频率在 $10^{17}\sim10^{19}$之间，如果这些能量全部是质量转变而来，则这些转变来的质量将可以和电子质量相比较，按照相对论，产生这些能量的质量更大，于是将出现质量缺失，即出现这些质量是原子的哪一部分产生的问题，并且无法解决。

（9）若观测者接收到某光源某一元素的某一谱线频率为 ω，则该谱线是观测者接收到的、该光源的、该元素该谱线的集合，而不仅仅是该元素某一原子发射的谱线。

例如，若观察者的光谱仪接收到太阳的某条谱线，则该谱线是太阳在某时刻所有射向光谱仪谱线的集合，这条谱线并不仅仅是太阳上某原子发射的。

（10）光子速度 $C=c$ 是相对于原子核的速度，光子速度方向也是以原子核为中心的径向。

（11）光子只带走电子的部分质量，不带走电子的电量。

上述假设称为“二级光子模型”；第一节的光子模型称为“一级光子模型”。根据光子的二级模型，还可以得到以下推论：

一是任何一个电子每一次发出的辐射都是频率唯一的单色光。复色光仅是若干原子同时辐射的集合。

二是不存在平面光和球面光。所谓平面光或球面光只是光源距离观察者非常遥远时的近似现象。只有在光源与观察者的距离非常远，光源的线度不能与距离比较时，才可以将光源的辐射近似地看作平面光或球面光。

四、光子二级模型的优越性

光子二级模型与光谱学相符，与能量守恒定律相符，与质量守恒相符，与量子力学相符，也与实践相符。相对论关于光子是纯能量说与上述概念不符，与实践不符。相对论认为，物质可以与能量互相转化，能量可以脱离物质、游离于物质之外而独立存在；光子是纯能量的一种形式。这一观点至少存在以下问题：

（1）纯能量以什么形式存在，会占据时间和空间吗？如果会，其时空坐标以及体积、速度、加速度怎样确定？

（2）纯能量以什么形态表现出来，是动能、势能还是热能。对具体的纯能量，其大小怎样确定？

（3）纯能量是怎样作用于物质的？

（4）相对论认为光子是质量转化而来，却没有揭示产生光子时原子的质量是怎样损失的；另一方面，量子力学揭示了光子的能量来源于电子轨道能量，并非质量转化而来。

以上问题，在相对论诞生一个世纪以来，既无人提及，更无人回答。可能有人会说，许多物理问题我们不能机械地理解，应该抽象地认识。在某些情况下这种观点是正确的，但是无论怎样抽象地理解纯能量，上述几个问题都是物理学必须回答的，因为上述问题是物理学的基本问题。光辐射的能量与牛顿力学确定的电子轨道能量差精确相符说明牛顿力学是正确的、精确的。

第三节　能量和光子的能量

一、能量的基本概念

能量：物质具有的改变其他物质运动状态的能力或潜在能力。由于时空学的研究对象主要是宇宙时空，其中的物质都是指天体，故没有采用普通物理学中“能量是物质作功的本领”的定义。这样可能更客观一点。能量的定义说明，能量是物质的属性，物质是能量的载体。能量有动能和势能两种形式。

动能：由物体的速度确定的能量。

势能：由物体的位置确定的能量，势能也称作位能。

内能：物质具有的潜在能量，需要满足一定条件才能释放。核能、热能、电磁能都是内能。内能释放的能量可以是动能，也可以是势能。内能有一个重要特征，可以载体运动的形式转移或运输。如石油、天然气、铀矿、蒸汽、电力等。

能量可以互相转化，物体之间的能量和能量形式可以互相转化，能量形式的互相转化包含动能和势能互相转化。不同性质的势能可以互相转化，物体的内能也可以互相转化（转移）。一是物体内部不同种类的内能互相转化；二是不同物体的内能互相转化。热传导，就是不同物体的内能的转移。物体的能量和内能也可以互相转化，物体可以吸收光能增加内能，非弹性碰撞也可以增加内能，各种势能也可以转化为内能；超新星爆发、炸弹爆炸就是内能转化为动能，煤、油燃烧及核能利用也是内能转化为其他形式的能。

由于物体的能量与其速度、位置有关，因此，物体的能量是相对的，它与参照系有关。例如，月亮相对于地球或太阳的引力场的势能不同，月亮相对于地球或太阳的动能也不同。内能必须在本征参照系中计量，与其他非本征参照系无关。能量与参照系有关，这也说明能量交换必然伴随着时空的改变，而能量交换伴随着时空的改变则说明“能量是物质的属性”。人类的实践表明能量交换遵循能量守恒的原则，能量守恒是牛顿力学的一条公理，能量交换、转化是能量的运动形式，能量守恒是能量的运动规律。

二、光子在同一参照系中的能量

光子的能量为

$$E_0 = h \tag{5-19}$$

说明：

（1）在不涉及其他参照系的情况下光子在所有参照系中的能量都相同，都是 h 。

（2）光子的能量就是“能量量子化”中最小最基本的单位能量量子 h。

（3）光子的能量与频率或波长无关。

$E = \omega h$ 称作频率为 ω 的光谱线能量，谱线能量实际上是某一谱线在单位时间辐射光子数具有的能量。

在同一参照系中，频率为 ω_1 和 ω_2 的光谱线，其能量分别为

$$E_1 = h\omega_1$$

$$E_2 = h\omega_2$$

因此，

$$\frac{E_2}{E_1} = \frac{\omega_2}{\omega_1} \tag{5-20}$$

式（5－20）说明，在同一参照系中谱线的能量比等于频率比，即等于其光子数之比。

三、光子在不同参照系中的能量

在不同参照系中，谱线能量关系怎样呢？假设某一单色光在某一参照系中频率为 ω_1，在另一参照系中频率改变为 ω_2，有

$$\frac{E_2}{E_1} = \frac{\omega_2}{\omega_1} \tag{5-21}$$

（5－21）式表示，同一单色光在不同参照系的能量比等于其频率比，同样等于其光子数之比。（5－20）式和（5－21）式虽然完全相等，但是二者的内涵是不同的。前式表示的是不同的两光谱线在同一参照系的能量比等于其频率比；后式表示的是同一光谱线在不同参照系的能量比等于其频率比，其实质都是光子的数量比。后式还说明，同一光谱线在不同的参照系频率改变了，仅是单位时间接收到的光子数量改变了，谱线总的光子数量并没有改变，即总能量和总质量是守恒的。由于频率也可以表示光子的数量，因此这两式还说明光子在所有参照系中的能量是相同的，都是 h。这个结论与（5－19）式的结论相同。

光子在所有参照系中的能量都相同。这是因为只涉及一个参照系时，该参照系就是光子的本征参照系，其速度值都相同，即 $C=c$。设光子的质量为 μ，光子的动能为

$$E_0=\frac{1}{2}\mu\cdot c^2$$
$$=h$$

表示光子的能量性质是动能。

同一光子在不同参照系中，其能量关系怎样呢？从逻辑上讲，既然光子在概念上是粒子，就应该具有粒子的属性。同一粒子在不同参照系中的速度不同，能量也不同。同一光谱线在不同的参照系中频率不同，从光子的角度而言即为速度不同，则同一光子在不同参照系中的能量必然不同。为了讨论这一问题，先看下面的例子。

例一：情况 1，有一挺机枪每一秒钟发射 f 发子弹，子弹之间的距离为 L。观察者以速度 v_1 向机枪靠近。情况 2，有一光源发出的单色光频率为 ω，观察者以速度 v_2 向光源靠近。

问：以上两种情况，子弹与光子的有关物理量有何相同、有何不同？情况 2 中光子相对于观察者参照系的能量是多少？

对于第一种情况，是以机枪所在参照系为本征参照系。子弹与机枪的相对速度为 $u=fL$，根据矢量加法，子弹与观察者的相对速度为 $u+v_1$。观察者观测到子弹的频率为 $f'=\frac{u+v_1}{u}f=\frac{u+v_1}{L}$，即子弹之间的距离相对于机枪和观察者都相同，都是 L。子弹相对于机枪的动能是 $E_0=\frac{1}{2}mu^2$，子弹相对于观察者的动能是 $E_1=\frac{1}{2}m(u+v_1)^2$，增加的动能为 $\Delta E=\frac{1}{2}m({v_1}^2+2uv_1)$。

对于第二种情况，根据光在欧氏空间中传播的结论，光子相对于光源的速度为 c，相对于观察者的速度为 $c+v_2$。在光源参照系中光子之间的距离（波长）为 $\lambda=\frac{c}{\omega}$，在观察者参照系中光子之间的距离为 $\lambda'=\frac{c}{c+v_1}\lambda$，说明在光源和观察者两个参照系中光子之间的距离即波长不同。结果与情况 1 中子弹之间距离相对于机枪和观察者都是相同的结果不同。不同的原因是在情况 1 中始终以地面为参照系；情况 2 的波长则分别以光源和观察者为参照系。因此情况 2 中光子相对于观察者参照系的动能不能为 $E=\frac{1}{2}\mu\ (c+v_2)^2$。

例二：设某物体在 A 点的初速度为 v ，到达 B 点时动能增加了 ΔE。该物体在 B 点时的动能变成多少，速度变成多少，增加了多少？

物体的初动能为 $E_0=\frac{1}{2}mv^2$，获得的动能为 ΔE，令 $\Delta E=\frac{1}{2}m\Delta v^2$，物体的动能变成 $E=E_0+\Delta E=\frac{1}{2}m\ (v^2+\Delta v^2)$，速度为 $u=\sqrt{v^2+\Delta v^2}$。该式说明 u、v 和 Δv 的值组成一个直角三角形，无论 u、v 和 Δv 的方向相同或不同，它们的值满足勾股定理。反之，无论 u、v 和 Δv 的方向相同或相反，它们的值都不能直接相加减。即 $v+\Delta v\neq u$；或者，$v+\Delta v>u$。即在 u、v 和 Δv 的方向相同或相反时都不满足矢量法则。

例二和例一的情况 1 有明显区别，情况 1 中子弹相对于观察者的能量由子弹相对于观察者的速度 $u+v_1$ 确定；例二中物体的能量由初始能量 E_0 和增加的能量 ΔE 确定。例一的第二种情况实际上和例二相同，光子的动能也应该由初始能量 E_0 和增加的能量 ΔE 确定。例一的第二种情况中，光子相对于光源的速度为 c，能量为

$$E_0=\frac{1}{2}\mu\cdot c^2 \qquad (5-22)$$

观察者与光源的相对速度为 v，则能量增加值为

$$\Delta E=\frac{1}{2}\mu\cdot v^2 \quad (5-23)$$

因此光子在观察者所在参照系的能量为

$$\begin{aligned} E &=E_0+\Delta E \\ &=\frac{1}{2}\mu\cdot c^2+\frac{1}{2}\mu\cdot v^2 \\ &=\frac{1}{2}\mu\ (c^2+v^2) \end{aligned} \qquad (5-24)$$

（5－24）式说明光子作为粒子，它在不同参照系中能量守恒，与其他粒子完全一样。式中的速度 v 没有大小限制，可以 $v\geqslant c$，该式虽然是从一个例子得到，但具有普遍意义。如果两个参照系以速度 c 相对运动，其中一个是光子的本征参照系，则光子在另一个参照系中的能量为 $E=\frac{1}{2}\mu\cdot(c^2+c^2)=\mu\cdot c^2$。光子在这个参照系中的速度为 $\frac{1}{2}\mu C^2=\mu\cdot c^2$

$$C=\sqrt{2}\cdot c$$

从（5－24）式可以看出，光子在不同参照系中能量的三个速度值 c、v、C 满足勾股定理，即使它们的方向相同也一样。

$$C^2=c^2+v^2 \tag{5-25}$$

上式说明，$C\neq c+v$。

在“光子速度定理”中，同一光子在另一个参照系中的速度是 $C=c+v$，其速度 c 和 v 是直接相加，光子速度满足矢量法则；现在计量光子在另一个参照系中的能量，涉及的速度不能直接相加，不满足矢量法则，它们的关系满足勾股定理。同一现象产生不同结论的原因，缘自光速不变和光的波粒二象性，它彰显了光子的奇异性。因此，不能用对待一般粒子的定式思维看待光子。在物理学范围内，我们不能证明以上两种结果的光子速度孰对孰错，因为，它们依据的都是光速不变原理和光的波粒二象性。

上述结论也符合玻尔的“互补原理”。玻尔认为，在微观领域中运用一部分经典概念，同时会排斥另一部分经典概念，但是这些经典概念却在另外条件下说明现象同样是不可缺少的。这些经典概念之间互为补充，并不是互相排斥的。玻尔称“互补原理”是反复思索的结果，是从自然界中探求到的一个积极成果。

第四节　物质的一般形态和光子形态的转化

物质的一般形态和光子形态可以互相转化。例如，正反物质如果碰在一起，就会湮灭，全部转化为光子，物质由一般形态转化成为光子形态；反之，高频光与核碰撞可以产生电子对或质子对，说明光子形态可以转化为物质的一般形态。现在分析二者互换遵循的原则。

光在本征参照系中的频率为本征频率，速度为 c。如果质量为 m 的物质全

部转化为光子，按照动能公式，转化后光子的全部能量为

$$E=\frac{1}{2}mc^2 \tag{5-26}$$

该公式称作光子的质能公式，它表示质量为 m 的光子态物质具有的能量，也表示质量为 m 的物质由一般形态转化为光子形态的原则。公式与狭义相对论质能关系式的内涵不同，相对论的质能关系式 $E=mc^2$，表示质量为 m 的物质全部转化为光子具有的能量，其光子没有质量。$E=\frac{1}{2}mc^2$ 表示总质量为 m 的若干光子具有的能量，其光子具有质量。另外，两个公式在数值上相差一倍。究其原因，是因为推导使用的动能公式不同，（5－26）式使用的动能公式是 $E=\frac{1}{2}mv^2$，狭义相对论使用的动能公式是 $E=mc^2-m_0c^2$。

（5－26）式否定了狭义相对论中质能转化的观点，那么，当正反物质湮灭时产生的光子能量从何而来？事实上，这个问题与狭义相对论质能转化的观点是同一个问题，完全可以认为所有一般形态的物质都具有 $E=\frac{1}{2}mc^2$ 的内能，当正反物质湮灭时内能就释放出来了。

若有若干光子相对于某一参照系的能量为 E，相对速度为 c。根据（5－26）式，这些光子的总质量为：

$$m=2E/c^2 \tag{5-27}$$

假设物体质量为 m，相对于某参照系的速度为 v，它相对于该参照系的动能为 $E_d=\frac{1}{2}mv^2$。若该物体全部转化为光子形态，这些光子相对于该参照系的能量为

$$E=\frac{1}{2}mc^2+\frac{1}{2}mv^2=\frac{1}{2}m\ (c^2+v^2) \tag{5-28}$$

物质转化为光子是按照在本征参照系中，物体速度为零转化的原则进行。原来的动能同样表现为光子的动能。这时光子的速度（$C=\sqrt{c^2+v^2}$）比物质静止时产生的光子速度（$C=c$）大。（5－28）式与（5－24）式的结果相同，两式自洽，说明物质从一般形态转化为特殊形态时能量守恒。

如果物体质量为 m，相对于某参照系 A 的动能是 E_d。若 m 全部转化为光子形态，光子具有的全部能量为

$$E=\frac{1}{2}mc^2+E_d \tag{5-29}$$

在（5－29）式中，m 转化为多少个光子呢？根据（5－29）式，前面第一项$\frac{1}{2}mc^2$ 表示物质 m 转化为光子后具有的能量，后一项表示物质原来具有的动能。这时转化为光子的数量为

$$N=\frac{m}{\mu}=\frac{\frac{1}{2}mc^2}{h} \tag{5－30}$$

（5－30）式说明，在所有参照系中光子数量都相同，或者说物质转化为光子，其光子数量与参照系无关。换言之，物质转化为光子的数量仅与其质量 m 有关，与 m 具有的动能无关。

（5－29）式中物质动能 E_d 对产生的光子数量没有贡献，只对产生的光子动能有贡献。这些光子在参照系 A 中的速度为

$$C=\sqrt{c^2+\frac{2E_d}{N\mu}} \tag{5－31}$$

与例一情况 1 中的子弹速度类似，光子速度增加对观察者而言，表现为频率增加，光子的总量不变。如果这些光子转化为物质的一般形态，则只能按照总光子数 N 具有的总质量 $N\mu$ 转化，即

$$m=N\mu=\frac{\frac{1}{2}mc^2}{h} \tag{5－32}$$

光子形态转化为物质的一般形态仅与光子数量有关，与参照系无关，即与光子具有的动能无关。光子形态转化为物质的一般形态时同样遵循质量守恒、能量守恒的原则。物质在转化为光子的过程中，势能的作用与动能相同。

根据上面的分析，光子的能量为物质的内能转化而来，则宇宙在运动演化中的总质量守恒、总能量守恒。

上述结论有着重要的物理意义和哲学意义。它与化学的“物质不灭定律”相容，说明物理和化学相容，也与哲学的唯物主义相容。

本章揭示了光子的宏观性质，主要是光子与时空的关系。光子的微观性质，则是量子物理的任务。

第六章　加速运动和加速参照系

本章所说的加速运动，概指一切变速运动。

第一节　加速运动的基本概念和力的等效性

一、绝对加速度和相对加速度

加速运动一般根据加速度表征。加速度有两个概念，动力学加速度和运动学加速度。

动力学加速度：如果某物体的质量为 m，受到的合外力为 f（t），根据牛顿第二定律，该物体产生的加速度为 $a=\frac{f}{m}$。数值由 f 和 m 的比值确定，与 f 的方向相同。动力学加速度又称作绝对加速度，绝对加速度由物体的动力学性质确定，它体现物体的动力学特征。

运动学加速度：物体在某参照系中运动速度的变化率，数值由 $\vec{a}(t)=\frac{d\vec{v}(t)}{dt}=\frac{d^2\vec{r}(t)}{dt^2}$确定，方向由 $\vec{v}$ 或 $\vec{r}$ 确定。

运动学加速度根据加速度的定义得到，是相对的。其时空学意义是相对于某确定参照系的加速度，$\vec{v}$ 或 $\vec{r}$ 就是在该参照系的相对速度或位移，又称作相对加速度，也是相对于绝对加速度而言。根据相对加速度的定义，加速是相对于匀速而言，加速运动是相对于匀速运动而言。根据绝对加速度和相对加速度的定义可以看出两个加速度的量纲相同、标准也相同，因此，两种加速度可以相比较（相加减）。

由运动学加速度确定两物体之间加速运动，并不能说明两个互相做加速运动的物体之间一定存在相互作用力。火车相对于地面加速，它和地面显然有相互作用，火车的加速度完全由火车轮与铁轨之间静摩擦力产生；宇宙飞船相对

于地球，其加速度不是飞船与地球相互作用的结果，而是飞船燃料产生推力作用的结果；假设某河外天体相对于地球加速运动，由于二者之间的引力非常小，显然该加速运动不是二者之间的相互作用力产生的。

地面相对于火车的加速度、地球相对于飞船的加速度、地球相对于某河外天体的加速度，虽然和火车与地面、飞船与地球、河外天体与地球的相对加速度分别是相同的，但是地球地面的加速度并不是由于它们的作用力产生的。相对加速度是由物体的运动学性质确定的，它体现了物体的运动学特征。

由绝对加速度确定的运动称作绝对加速运动；由相对加速度确定的运动称作相对加速运动。二者有着本质不同。

二、力的等效性

力的等效性就是各种力互相等效。在牛顿第二定律 $f=ma$ 中，f 表示作用力，它可以是任何力，例如引力、电磁力、热力、弹力、推力等；ma 表示惯性力。f 与 ma 相等说明各种力都可以与惯性力相等，各种力在牛顿第二定律中互相等效，彼此没有区别。

相对论举出了一个升降机实验，以此说明加速运动与一个引力场等效，但根据逻辑推论，升降机实验只能说明惯性力与引力等效。

惯性力在牛顿第二定律中与其他力的地位不同，一个在方程左边，一个在右边；一个是主动力，一个是被动力。并且，作用力与惯性力的方向一定是相反的，惯性力和其他力等效的内涵稍有不同。

根据牛顿第二定律，作用力是主动力，是加速运动产生的原因；惯性力是被动力，是加速运动产生的结果。这在动力学问题中是必须注意的。在时空学中，惯性力和其他力的这一区别被完全颠覆了，因为在时空学中，是根据观测结果分析、考量天体的运动学问题而不是动力学问题。或者说，在时空学中是根据天体之间的相对加速度考量天体之间的相对运动，而不是根据天体之间的绝对加速度考量天体之间的绝对运动。

第二节　在引力作用下的加速参照系的时空性质

加速参照系：如果物体在外力作用下做加速运动，则该物体所在的本征参照系称作加速参照系。这与相对论中的“非惯性参照系”的内涵不同。

重力加速度：$g=\frac{GM}{r^3}r$ 称作在引力场 r 处的重力加速度。其中，G 是引力常数，M 是引力场中心天体的质量。

失重：在引力场中，如果物体仅在引力的作用下做加速运动，如果物体在 r 处的绝对加速度 a 始终与该处的重力加速度 g 相等，该物体所处的状态称作失重状态，简称失重。

一般而言，在引力场中产生失重的运动包含直线加速运动和曲线加速运动，后者有双曲线运动、抛物线运动和椭圆运动。并且，这些运动状态不仅包含物体靠近引力中心的运动，也包含离开引力中心的运动。例如，相对于太阳的引力场而言，地球上的物体都处于失重状态。根据力的等效性原理，可以得到以下定理。

引力抵消定理：如果物体在引力场中处于失重状态，物体所受到的引力将被自身加速运动产生的惯性力抵消，这时物体在加速参照系中的重力为零。

物体在引力场中处于失重状态，根据失重的定义，说明该物体的绝对加速度 a 始终与其重力加速度 g 相等，说明物体所受的引力与自身运动产生的惯性力严格相等，引力被惯性力严格抵消。因此在加速参照系中，物体感受不到引力，物体重量为零。

这个定理成立的前提条件是物体处于失重状态，即物体的加速度必须与所受的重力加速度完全相等。如果不相等，则结论不成立。事实上，物体在引力的作用下做加速运动，其加速度一般都与所受重力加速度相等。物体在引力场中做加速运动一般都处于失重状态，定理在一般情况下都是成立的。

这个定理对另外三种基本力和其他一般的力都不成立。因为引力有一个其他力没有的特征，引力可以均匀地作用于整个受力物体，物体的受力是整个物体而不是一个点。

推论：在引力场中，处于失重状态物体所在的加速参照系，时空性质与欧氏空间相同，其时间速率和空间密度与欧氏空间相同。

证明：处于失重状态的物体所在参照系中重量为零，说明在该参照系中感受不到引力场的存在。根据欧氏空间和引力场空间的定义，在引力场空间中引力对光速的影响不能忽略，在欧氏空间中引力对光速的影响可以忽略，而处于失重状态的加速参照系中根本感受不到引力。相对静止于加速参照系中光源发出的光，该参照系中观察者同样认为它没有受到引力的影响，利用该光源的光确定“米”“秒”标准，与欧氏空间的完全相同。事实上，相对于太阳的引力场，地球表面就是一个处于失重状态的加速参照系，在地球表面感受不到太阳的引力。因此引力场中处于失重状态的参照系，时间速率和空间密度与欧氏空间相同。

证毕。

对于该推论需要作说明。在引力场中，处于失重状态的物体，其本征参照系是一个局部欧氏空间。

假设，失重物体具有较大的体积，该物体的各点同一时刻在引力场中占据的位置不同。A、B 为该物体中的任意两质点，其质量均为 m_0，在某一时刻 AB 在引力场中的位置分别为 r_1、r_2，该时刻 AB 两点在引力场中受到的重力分别为 F_1 和 F_2，由于 $r_1 \neq r_2$，则 $F_1 \neq F_2$。如果该物体不是刚体，AB 两点受到的不同重力加速度会使它们之间的距离增大或减小。如果运动方向指向引力场中心，距离增大，反之距离减小。如果该物体是刚体，则 AB 两点受到的引力与惯性力不等，两点之间必然存在压力或拉力，因此在引力场中处于失重状态的物体，其本征参照系空间性质是一个局部的欧氏空间。物体的体积越大，在物体边缘的引力场空间性质越明显。

引力抵消定理及其推论说明，引力场空间的本质是欧氏空间叠加一个引力场。

第三节　欧氏空间中加速参照系的时空性质

我们知道，光速不变公理是在地球表面环境条件下得到的。地球表面既有自转，又有公转，还受到宇宙总质量作用产生的加速运动，地球表面就是一个加速参照系。并且，在宇宙中，所有物体都受到其他物体的作用力，因此宇宙中只存在相对的惯性运动，不存在绝对的惯性参照系。

由于光速不变公理没有界定参照系的运动状态，因此该公理无论在欧氏空间的惯性参照系或加速参照系都成立。根据光速不变公理和“秒”“米”的定义，在欧氏空间的加速参照系中，时空性质与欧氏空间惯性参照系的时空性质完全相同，即与惯性参照系中的时间速率和空间密度都相同。

上述结论还可以从以下几点进行佐证。

（1）根据前一节的推论：在引力场中处于失重状态物体所在的加速参照系，时空性质与欧氏空间相同，即其时间速率和空间密度与欧氏空间相同，同样可以说明命题正确。

（2）放射性元素的半衰期与温度、压力、加速度等外部环境条件无关，并且目前尚未发现可以影响放射性元素半衰期的因素。利用放射性元素半衰期的性质，说明在加速参照系中时间速率和欧氏空间相同。

（3）利用单摆周期公式，可以证明单摆周期与加速参照系中的加速度无关。在加速度为 a 的加速参照系中，由于惯性力与引力等效，其中单摆周期的表达式与惯性参照系中完全相同，都为 $T=2\pi\sqrt{L/a}$（相当于惯性参照系中的重力加速度为 a）。

加速参照系中单摆周期与惯性参照系相同，直接说明了在加速参照系中时间速率与惯性参照系相同。如果加速参照系中的惯性加速度 a 与惯性参照系中的重力加速度 g 不同，就好比在地球表面不同位置的重力加速度 g 不同一样，并不影响地球表面的时间速率。在实践中，常常用单摆周期公式测量不同地方的重力加速度，而且精度非常高。由此充分证明了时间速率与重力加速度无关，即时间速率与加速参照系中的加速度无关。也可以利用单摆公式直接证明该结论，这里从略。

同样的理由，可以证明加速参照系与欧氏空间的空间密度相同，因为单摆周期公式中包含了长度 L 这一物理量。在欧氏空间的加速参照系中，时间速率、空间密度与欧氏空间完全相同。此结论和第一章的“欧氏空间时空是绝对时空”结论自洽。

欧氏空间时空是绝对时空，说明空间的时空性质与物体的运动无关。这个结论有着非常重要的物理和哲学意义。

第四节　王氏第一运动定理

坐车子时，即使闭着眼睛，根据身体前倾、后仰、左偏或右斜，乘客也知道车子在减速、加速或转弯。以上现象说明，如果参照系自身做惯性运动或加速运动，人们完全可以感觉出来，由此认为惯性参照系与非惯性参照系有本质区别，事实上这是错误的认识。地球表面相对于地心、太阳、银河系中心、宇宙中心都在做加速运动。太阳系长期在宇宙空间中的运动造成的光行差和太阳系绕银河系产生的光行差，揭示了太阳包括地球对银河系中心、宇宙中心都存在加速运动。这说明如果加速度不是很大，并且产生加速度的力是引力，则人

们是不能感觉自己在做加速运动的。引力均匀地作用于受力物体，而宇宙中物体的相互作用主要是引力。为此提出

王氏第一运动定理：欧氏空间中，做相对加速运动的两个物体，不能仅凭观测到的相对运动信息判断是自己做绝对加速运动还是对方做绝对加速运动，或是都在做绝对加速运动。其观察结果都与自己静止，对方做加速运动的情况完全相同。

分两种情况证明。

这两种情况中，均假设物体所受的外力是连续的、可微的；两物体间的相对运动是一物体根据观测到的另一物体在运动时发出的光信息判断对方的运动。假设观察者为 B，光源为 A。

一、观察者与光源沿着两者的连线方向相对运动

1. 在欧氏空间中，假设光源 A 在方向不变的外力作用下做加速运动，加速度 $a(t)$ 的方向始终与物体 A、B 的连线方向一致，物体 B（观察者）没有受到外力作用

假设参照系 A、B 的时间坐标相同，即 $t=t'$。在 $t=t'=0$ 时，光源 A 与物体 B 的相对速度为 v_0，光源 A 发出的光谱线中有频率为 ω 的单色光。现在根据观察者 B 接收到的单色光分析光源 A 的运动。

假设物体 A 的加速度为 $a=a(t)$。在任意时刻 $t=t'$时，A、B 间的相对速度为 $V=\int_0^t a\mathrm{d}t+v_0$，方向为 AB 的连线方向；其次，根据光速公理，光子离开光源 A 时与 A 的相对速度始终为 c。根据光子速度定理，在 $t=t$ 时，光源 A 发出的光子在参照系 B 中的速度为

$$C=\int_0^t a(t)\mathrm{d}t+v_0+c \tag{6-1}$$

（6－1）式说明，对某一确定的光子，对应公式中的 t 有确定值；对不同的光子，该式中的 t 值不同。由于光子离开光源 A 后不再受到外力 f 作用，因此（6－1）式中每一确定时刻 $t=t'$发射的光子相对于 B 都是惯性运动，即每一光子在参照系 B 中的运动轨迹都是直线；对光源而言却是加速运动。另外，假设加速度 $a>0$，如果 t 值越大，该光子与 B 的相对速度越大。（6－1）式描述的光子行为是根据牛顿运动学得到的理论值，事实上任何观察者都不可能观测到光子的速度，但是观察者 B 可以获得物体 A 发出的光的频率。虽然每一粒光子在参照系 B 中的速度都不变，但是根据该式，观察者 B 先后接收到的光子速度

不同。如果接收到的光子速度越来越快，说明在单位时间收到的光子越来越多，即接收到的光频率越来越大。反之，则说明观察者 B 接收到的光频率越来越小。根据多普勒定理对于光源发出的频率为 ω 的单色光，观察者 B 在 T 时刻，接收到光源在 t 时刻发出的光频率为

$$\omega'=\frac{\int_0^t a(t)\mathrm{d}t+v_0+c}{c}\cdot\omega \tag{6-2}$$

反之，假设观察者 B 在 T_1 时接收到光源 A 在 t_1 时刻发出的频率为 ω_1；T_2 时接收到光源 A 在 t_2 时刻发出的频率为 ω_2。根据公式（6－2）和单色光的本征频率 ω，观察者 B 可以准确地确定在 t_1 时刻，A、B 之间的相对速度为 $V=\int_0^{t_1} a\mathrm{d}t+v_0$；在 t_2 时刻，A、B 之间的相对速度为 $V=\int_0^{t_2} a\mathrm{d}t+v_0$。如果长期坚持观测，观察者可以得到 A、B 之间任何时候 t 的相对速度。根据多普勒定理和（6－2）式知道，如果这个相对速度用函数表示，它就是 $V=\int_0^{t} a\mathrm{d}t+v_0$。因此，理论上也可以求出光源 A，任意时刻 t 在参照系 B 中的加速度 $a(t)$。根据上述分析知道，如果这个加速度用函数表示，理论上就是方程 $a=a(t)$。

以上分析说明，在欧氏空间中，如果光源相对于观察者在二者连线方向做加速运动，观察者接收到的频率和波长都是变化的；根据接收到的变化的频率或波长可以获得光源相对于观察者运动的准确、完整信息。

2. 如果光源 A 不动，观察者 B 在外力作用下运动，其他条件与前面所设的情况完全一样。

在这种情况下，若以观察者 B 为参照系，光源 A 发射的光子在 B 中的行为表现怎样呢?

假设观察者 B 在外力作用下，相对于光源 A 做加速运动，加速度为 $a(t)$，方向为 AB 连线方向，光源 A 没有受到外力作用。同样，假设 A 和 B 的时间坐标都相同，并且，在 $t=t'=0$ 时，AB 之间的相对速度为 v_0。现在分析光源 A 发射频率为 ω 的单色光在参照系 B 中的表现。

观察者 B 的加速度为 $a(t)$，根据矢量法则，在 $t=t$ 时 A、B 间的相对速度为 $V=\int_0^{t} a\mathrm{d}t+v_0$，方向为 AB 的连线方向。如果以物体 B 为参照系，考量光源 A 的运动，可以确定 A 相对于 B 的加速度同样为 $a(t)$。在 $t=t$ 时 B 的速度同样为 $V=\int_0^{t} a\mathrm{d}t+v_0$。其次，根据光速公理，光子离开光源 A 时与 A 的相对速度始终为 c，即所有光子在离开 A 后相对于 A 的运动都为惯性运动。所有光子

相对于物体 B 的运动都为加速运动，加速度同样都为 $a(t)$。因此，光源 A 在 $t=t$ 时发出的光子在参照系 B 中的速度都为

$$C=\int_0^t a(t)\mathrm{d}t+v_0+c \tag{6-1$'$}$$

和（6－1）式的形式完全相同，但内涵不同。（6－1）式中某一确定的光子，即确定的 t 对观察者而言都是确定的量，对光源而言都是变量；（6－1）′式中某一确定的光子，即确定的 t 对观察者而言都是变量，对光源而言都是不变量，二者恰恰相反。以上结论是根据牛顿运动学得到的理论结果。事实上，观察者不可能观测到光子是惯性运动还是加速运动，在这种情况下观察者 B 观测到的结果怎样呢？根据多普勒定理（2－11）式 $\frac{\omega}{\omega}=\frac{C}{C}$ 和（6－1）′式，对于光源发出的频率为 ω 的单色光，观察者 B 在 T 时刻接收到光源在 t 时刻发出的光频率为

$$\omega'=\frac{\int_0^t a(t)\mathrm{d}t+v_0+c}{c}\cdot\omega \tag{6-2$'$}$$

与（6－2）式完全相同。假设观察者 B 在 T_1 时接收到光源 A 在 t_1 时刻发出的频率为 ω_1；T_2 时接收到光源 B 在 t_2 时刻发出的频率为 ω_2。根据（6－2）′式和单色光的本征频率 ω，观察者 B 可以准确地确定在 t_1 时刻 A、B 之间的相对速度为 $V=\int_0^{t_1} a\mathrm{d}t+v_0$；在 t_2 时刻，A、B 之间的相对速度为 $V=\int_0^{t_2} a\mathrm{d}t+v_0$。

理论上同样可以求出，光源 A 在任意时刻 t 相对于参照系 B 的相对加速度的值。根据上述分析知道，如果这个相对加速度用函数表示，理论上它就是方程 $a=a(t)$。

3. 比较两种方法。在欧氏空间中，若 A、B 两物体在其连线方向的运动为相对加速运动，无论是 A 做绝对加速运动，还是 B 做绝对加速运动；也无论以 A 为参照系考量 B 的运动，还是以 B 为参照系考量 A 的运动，都可以得到以下两个结论。

第一，观察者仅凭接收到光源发出的某一谱线的频率变化可以准确地获得光源相对于观察者运动的完整信息。

第二，观察者得到的结果都与观察者不动，是光源相对于观察者做加速运动的结果相同。换言之，观察者只能获得与光源的相对加速运动的“相对”信息，无法获得哪一个做惯性运动、哪一个做加速运动的“绝对”信息。

二、光源和观察者的相对运动方向与两者的连线方向垂直

1. 假设欧氏空间中物体 A 在方向不变的外力 $f(t)$ 作用下做加速运动，f

的方向指向 x 轴正方向

为了便于说明问题，假设参照系 A 和 B 的时间坐标相同，并且在 $t=0$ 时物体 A 与物体 B 的相对速度为 v_0，v_0 的方向指向 x 轴的正方向。B 位于坐标原点，A 位于 P（0、y_0），其中 $y_0>0$，并且 y_0 的绝对值非常大。光源 A 发出的单色光频率为 ω。现在讨论光源 A 发出的光子在参照系 B 中的行为表现。

物体 A 在外力 $f(t)$ 的作用下做加速运动，在任意时刻 t 的加速度为 $a(t)$。根据矢量法则，这时 AB 之间的相对速度为 $V_1=\int_0^t adt+v_0$，方向为 x 轴方向。

根据牛顿运动学，光源 A 在 $t=t$（$t\geqslant 0$）时向着 y 轴负方向发射的光子，在参照系 B 中的速度由两个方向的分速度组成。一是在 x 轴方向的分速度 $V_i\vec{i}=(\int_0^t adt+v_0)\ \vec{i}$；二是在 y 方向的分速度 $V_j\vec{j}=-c\vec{j}$。因此该光子在参照系 B 中具有速度

$$\vec{V}=(\int_0^t a\mathrm{d}t+v_0)\ \vec{i}-c\vec{j} \tag{6-3}$$

（1）式（6－3）是在 $t=t$ 时从 A 向 y 轴负方向发出的光子速度方程。式中的 t 是指光子从光源 A 发出的时间，与 B 的坐标时间相同。对确定的光子，t 是确定量而非变量。

（2）光子在发出后不再受到外力 f 的作用，该光子在发出后将始终以(6－3)式的两个分速度相对于 B 做惯性运动，即所有光子在参照系 B 中的运动轨迹都是匀速直线运动。不同光子 x 方向的分速度不同，这些光子组成的轨迹为曲线。

（3）确定的光子与物体 A 的 x 方向的速度值分离，不因 A 在 x 方向的速度值变化而变化。物体 A 在 x 方向的速度值为 $V_i=\int_0^t a\mathrm{d}t+v_0$，它随时间 t 的流逝而变化；所有光子在发出后，x 方向的速度值都不会变化，其值由发出时 A 在 x 方向的速度值确定。

（4）对不同的光子，式中的 t 值不同。对不同的 t 值，（6－3）式的第一项表示了光源从 $t=0$ 起至 $t=t$ 发出的，所有向着 y 轴负方向的光子在 x 轴正方向的不同速度。

（5）由于 AB 之间距离 y_0 很大，t 值不是很大时，光源 A 在 x 轴方向运动引起的、偏离 y 轴的变化可以忽略，即 A、B 在 AB 方向没有相对运动，观察者 B 接收到的频率没有变化。

（6－3）式所描述的，在不同时刻向着 y 轴负方向发射的光子行为，是根

据光子速度定理和运动学得到的理论值，实际上观察者是不能观察到光子的速度的。观察者 B 可以根据接收到的光子信息，得出与光源相对运动状况的信息。

观察者 B 在某一时刻 T 接收到光源在 $t=t$ 时刻（显然 $T=t+y_0/c$）发出的光子，根据（6－3）式和光行差和多普勒效应中的分析知道，T 时观察者观察到光源 A 在 t 时刻的光行差为

$$\alpha=\frac{\int_0^t a\mathrm{d}t+v_0}{c} \tag{6-4}$$

这是理论值，其实际值可以根据光源 A 在天球上的自行计算出来。

假设通过观测，观察者 B 知道光源 A 在天球上的自行，因此观察者 B 在 T_1 时观测到光源 A 在 t_1 时刻的光行差为 α_1；T_2 时观测到光源 A 在 t_2 的光行差为 α_2。根据光行差（4－11）式 $\alpha=\frac{v}{c}$ 和（6－4）式，观察者 B 可以准确地确定在 t_1 时刻 A、B 之间相对速度为 $V=\int_0^{t_1} a\mathrm{d}t+v_0$，方向为 x 轴正方向；在 t_2 时刻，A、B 之间的相对速度为 $V=\int_0^{t_2} a\mathrm{d}t+v_0$，方向为 x 轴正方向。从(6－4)式可以看出，随着时间 T 的推移，观察者 B 将观察到光源 A 的光行差随时间改变。如果观察者 B 坚持长期观察光源 A 的光行差，可以获得光源 A 在任何时候相对于观察者的光行差。如果这个光行差用函数表示，理论上它就是（6－4）式。观察者根据观测得到的某一时刻 t 光源 A 的光行差，根据光行差公式 $\mathrm{tg}\,\alpha=\frac{v}{c}$ 或 $\alpha\approx\frac{v}{c}$，求出光源相对于观察者的横向速度 v。观察者 B 坚持长期观察光源 A 的光行差，可以获得光源 A 在任何时候相对于观察者的速度 v。用函数表示，就是 $V_i=\int_0^t a\mathrm{d}t+v_0$。观察者 B 也可以求出光源 A 在任意时刻 t 相对于 B 的加速度的值。根据上述分析知道，如果这个相对加速度用函数表示，就是方程 $a=a(t)$。

以上分析说明，在欧氏空间中，如果光源相对于观察者在两者连线的垂直方向做加速运动，则观察者仅凭接收到光源光行差变化就可以准确地获得光源相对于观察者运动的完整信息。

2. 假设 A 是观察者，物体 B 是光源，其他不变

现在考量光源 B 向着 y 轴正方向发出的光子，在参照系 A 中的表现。

A 是观察者，就是以 A 为参照系。这时 AB 的位置与前一种情况互相交

换，A 在原点，B 在（0、$-y_0$）。根据矢量法则和牛顿运动定律，这时观察者 A 将观测到光源 B 以初速度 v_0、加速度 $a(t)$ 向 x 轴负方向运动。在时刻 $t=t$，光源 B 的速度为 $V_i=\int_0^t a\mathrm{d}t+v_0$，方向指向 x 轴的负方向。由于 A 受到外力在欧氏空间中做加速运动，B 没有受到外力作用。因此对于光源 B 向着 y 轴正方向发射的所有光子，根据矢量法则，它们由两个方向的分速度组成。一个向着 x 轴负方向。它们在 x 轴方向与光源 B 有相同的速度和相同的 x 坐标，这些光子和光源 B 一样都在相对于观察者 A 做加速运动，加速度均为 $-a(t)$。因此，B 与这些光子任何时刻在 x 方向的速度值都相同，均为 $V_i=\left(\int_0^t a\mathrm{d}t+v_0\right)$，方向指向 x 轴的负方向。另一个分速度向着 y 轴正方向，光子由光源 B 发出时，相对于 B 的速度始终为 c，方向为 y 轴的正方向，所有光子相对于 A 都具有 y 方向的速度 $V_j\vec{j}=c\vec{j}$。因此，$t=t$ 时所有光子在参照系 A 中的速度都相同。

$$\vec{V}=-\int_0^t(a\mathrm{d}t+v_0)\vec{i}+c\vec{j} \tag{6-5}$$

（6－5）式与（6－3）式仅相差一个负号，其他完全相同，但是两者的内涵不同。

（1）若将某一光子从 B 发出的时刻 t 称作该光子的发出时刻，（6－5）式对所有已经发出的光子都成立，当然仅限向 y 轴正方向传播的，即（6－5）式是所有光子 $t=t$ 时刻在参照系 A 中的速度。

（2）（6－5）式中的 t 是变量，根据假设，$t\geqslant 0$。

（3）AB 之间的距离 y_0 很大，在 t 值不是很大时，光源 B 在 x 轴方向运动引起的偏离 y 轴的变化可以忽略。即 A、B 在 AB 方向没有相对运动，观察者 A 接收到的频率没有变化。

（4）所有光子都有相同的速度，含 x、y 两个方向。所有光子相对于观察者 A 的运动都是加速运动，即所有光子在参照系 A 中的运动轨迹都是曲线，这些光子组成的轨迹也是曲线，与前述假设 1 中 B 观测到的轨迹完全相同。

（5）在同一时刻，所有光子的 x 坐标相同，y 坐标不同，所有光子的轨迹都相似。同样，（6－5）式描述的不同光子行为，是根据光子速度定理和运动学得到的理论值，实际上观察者 A 是不可能观察到光子的速度的。在这种情况下，观察者 A 可以根据接收到的光子信息得出什么结论呢？

观察者 A 在某一时刻 T，接收到 B 在 $t=t$ 时刻发出的光子，根据（6－5）式和光行差和多普勒效应的分析知道，在 T 时刻观察者 A 观察到光源 B 的光行差为

$$\alpha'=\frac{\int_0^t a\mathrm{d}t+v_0}{c} \tag{6-4)'$$

这是理论值，其实际值可以根据光源 B 在天球上的自行计算出来。

假设通过天文观察观察者 A 知道光源 B 在 $t=0$ 时在天球上的实际位置，并且假设观察者 A 在 T_1 时观测到光源 B 在 t_1 时刻的光行差为 α_1；T_2 时观测到光源 B 在 t_2 时刻发出的光行差为 α_2。根据光行差公式（4－11）$\alpha=\frac{v}{c}$ 和 $(6-4)'$式，观察者 A 可以准确地确定在 t_1 时刻 A、B 之间的相对速度为 $V=\int_0^{t_1} a\mathrm{d}t+v_0$，方向为 x 轴负方向；在 t_2 时刻，A、B 之间的相对速度为 $V=\int_0^{t_2} adt+v_0$，方向为 x 轴负方向。由于 $(6-4)'$式和（6－4）式完全相同，因此在这种情况下观察者 A 长期坚持观测光源 B 的光行差获得的信息和假设 1 完全相同，结论也完全相同。

比较两种方法，说明在欧氏空间中，若 A、B 两物体在其连线的垂直方向的运动为加速运动，无论是 A 做加速运动，或是 B 做加速运动，无论以 A 为参照系考量 B 的运动或以 B 为参照系考量 A 的运动，都可以得到以下两个结论。

一是观察者仅凭接收到光源的光行差变化就可以获得光源相对于观察者在与 AB 连线垂直方向运动的正确、完整信息。

二是观察者得到的结果都与观察者不动，是光源相对于观察者做加速运动的结果相同。

三、结论

在欧氏空间中，如果是观察者（所在物体）在任意方向的变力作用下做加速运动，光源未受力，与上述理由相同，观察者同样可以获得光源与自己相对运动的信息，并且结论与光源受到任意方向的变力作用下做加速运动，观察者未受力的情况完全相同，具体证明从略。

对于上述三种情况，AB 都可以看作质点，光子也可以视为质点，它们的速度都满足矢量法则，因此它们之间的运动都是相对运动，都与具体是哪一个做加速运动无关。

综合以上几种情况的分析，说明在欧氏空间中，做相对加速运动的两物体，不能仅凭观测到的相对运动信息判断，是自己做绝对加速运动还是对方做绝对加速运动，或都在做绝对加速运动。其结果与假设某一物体静止，另一物体做绝对加速运动的情况完全相同。

证毕。

四、两点说明

1. “王氏第一运动定理”并不是在任何情况下都成立

它成立的前提条件是仅指两物体之间的相对加速运动。如果不满足前提条件则定理不成立。例如，如果仅考量地球和太阳之间的相对运动，则“王氏第一运动定理”成立。在地球上我们观测到的就是太阳绕地球旋转，周期是一年。如果我们将地球、太阳与其他行星、恒星的相对运动一起考量，或者从动力学角度考量，我们只能得到地球相对于太阳做加速运动的结论。

2. 我们在证明“王氏第一运动定理”时，为满足微积分条件，假设做加速运动的物体所受的外力是连续的、可微的。事实上如果做加速运动的物体所受的外力不连续或不可微，“王氏第一运动定理”同样成立 。

第五节　“王氏第一运动定理”的意义和对称性原理

一、“王氏第一运动定理”的时空学和哲学意义

1. 两物体之间的运动都是相对的

两物体之间的相对运动与设置哪一物体为参照系无关，与参照系自身的运动状态无关。这一结论称作相对运动的性质。因此，王氏第一运动定理也可以称作相对运动的性质定理。“王氏第一运动定理”可以表述为，欧式空间中两物体之间的运动都是相对的。

2. 没有纯粹的惯性参照系

事实上，没有惯性参照系和非惯性参照系的区别。在欧氏空间中的参照系都是等价的，本质上都是加速参照系。

3. 运动不能改变空间的性质，运动学和伽利略相对性原理在欧氏空间所有参照系都成立，欧氏几何在欧氏空间的所有参照系中都成立。

4. 绝对运动是相对运动的物理本质，相对运动是绝对运动的表现形式

王氏第一运动定理从理论上解释了地球既有自转又有公转等非惯性运动，在地球表面存在若干不满足牛顿运动定律的现象，而许多实验却证明了地面参照系是优良的惯性参照系。王氏第一运动定理在为我们考量两物体的相对运动时可以将其中任意一个物体设置为参照系提供了理论依据，按照狭义相对论则不成立。

二、对称性原理

在自然界中有大量具有左右或上下相对称的结构，这种现象称作对称性结构。对称性是简单、和谐、基本的美学基础。法国物理学家皮埃尔·居里认为，在数学和物理学中，许多有因果关系的事物，若“因”中有某种对称性，则“果”中也有该种对称性。认为因果之间的这种对称性是普遍存在的，这就是对称性原理。

数学是研究数和形的科学。在数学中，一般而言数轴和坐标系分别是欧氏一维和三维空间，数学中的数和形都以欧氏几何为基础，欧氏几何是数学的基础。在数学的欧氏空间中，不仅有直线、折线，还有圆锥曲线，甚至任何可以想象出来的三维曲线。

“王氏第一运动定理”说明，在物理的欧氏空间中，物体的运动轨迹同样能够组成任何想象出来的三维曲线。因此，物理学中的欧氏空间与数学中的欧氏几何是完全对称的。在物理学的欧氏空间中，存在相对的惯性运动，它的轨迹对应欧氏几何中的直线，包括光的轨迹，也存在各种轨迹对应欧氏几何中的曲线。物理学主要建立在欧氏空间基础上，或者说欧氏空间是物理学的基础空间，这与数学上的欧氏空间也是对称的。

第七章 牛顿运动定律的时空学性质和欧氏空间的时空计量

第一节 伽利略变换

在欧氏空间中，坐标系 S 和 S'之间的相对速度为 v，v 的方向与共同的 $x-x'$轴相同，且在 $t=t'=0$ 时 S 和 S'两坐标系是重合的。求 S 和 S'之间在任意时刻的坐标关系。

根据欧氏空间的各向同性和运动学，很容易解出在任意时刻，两个对应参照系之间的坐标关系。

$$\begin{aligned} x' &= x-vt \\ y' &= y \\ z' &= z \\ t' &= t \end{aligned} \qquad (7-1)$$

这就是伽俐略变换。

狭义相对论认为，麦克斯韦方程中常数 $c=\dfrac{1}{\sqrt{\mu_0 E_0}}$是光在真空中的传播速度，真空中的光在所有惯性参照系中的速度都相同，都是常数 c。洛伦兹变换符合光速不变假设，与麦克斯韦方程组即与电磁学相容，因此是正确的。根据伽利略变换，若光速在某惯性参照系中为 c，而在相对速度为 v 的另一惯性参照系中，根据矢量加法光速应为 $c+v$，与光速不变假设矛盾，与麦克斯韦方程组，即与电磁学不相容。在此伽利略变换不成立，被狭义相对论否定。

洛仑兹变换虽然满足光速不变原理，但是洛仑兹变换中的光速是矢量。如果将光速理解为矢量，光速不变与矢量加法矛盾，满足矢量加法，则必然不满足光速不变原理，伽利略变换属此；满足光速不变原理，则必然不满足矢量加法，洛仑兹变换即属此。然而奇怪的是，洛仑兹变换凭借前者将伽利略变换否定，而无视自身不满足矢量法则，并被奉为狭义相对论的基础。

光速定理和光子速度定理说明光速不是矢量，因此伽利略变换不满足光速不变原理是必然的、正常的。在不同参照系中光子速度满足矢量加法，这说明伽利略变换与光速不变相容，也与麦克斯韦方程和电磁学相容，因此“伽利略变换”是正确的，应予正名。伽利略变换有以下特点。

（1）利用伽利略变换，可以推导出欧氏空间中两个参照系间的基本时间单位“秒”和基本长度单位“米”的变换公式，且变换比相等，均为 1，与光速定理相符，说明伽利略变换包含了两个参照系间的基本时间单位和基本长度单位的变换公式。

（2）利用伽利略变换可以推导出速度变换公式，即矢量加法公式，因此伽利略变换包含了速度变换公式。

伽利略变换可以作如下拓展。

如果参照系 S 和 S' 的相对速度为 $\vec{v}=\vec{v}_x+\vec{v}_y+\vec{v}_z$，在 $t=t'=0$ 时两坐标系重合，则伽利略变换可以表示为：

$$
\begin{aligned}
x' &= x-\vec{v}_x t \\
y' &= y-\vec{v}_y t \\
z' &= z-\vec{v}_z t \\
t' &= t
\end{aligned}
\tag{7-2}
$$

该式称作任意速度的伽利略变换。

如果在 $t'=t=0$ 时，两天体的距离为 x_0，且相对速度为 v，方向沿共同的 $x-x'$ 轴的正方向，则伽利略变换为：

$$
\begin{aligned}
x' &= x_0-vt \\
y' &= y \\
z' &= z \\
t' &= t
\end{aligned}
\tag{7-3}
$$

该式称作任意位置的伽利略变换。

假设坐标系 S 和 S' 的坐标轴分别平行，两坐标系存在相对变速运动。如果在坐标系 S 中考量 S' 的运动，可用 S' 的坐标原点 O' 在 S 中的运动表述：$R_{o'}=R_{o'}$（r、t）。

如图 7－1 所示。如果某质点 P 在坐标系 S' 中的运动为：$R_1=R_1'$（r、t），坐

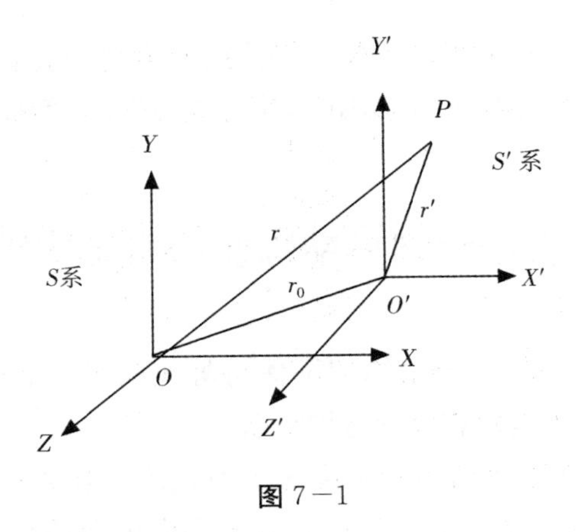

图 7－1

标系 S' 的原点 O' 在参照系 P 中的运动为 $R_0=R_0$（r、t），则该质点在坐标系 S 中的运动可以表示为

$$R=R_0+R_1 \quad 其中\ t=t' \tag{7-4}$$

式中的 R_0 和 R_1 都是加速运动，其轨迹是任意曲线，称作加速运动的伽利略变换，其式的分量式为：

$$x=x'+x_o$$
$$y=y'+y_o$$
$$z=z'+z_o$$
$$t=t'$$

P 点在 S 中的速度、加速度分别为：

$$V=V_o+V'$$
$$a=a_o+a'$$

（7－4）式说明伽利略变换的实质，是表示同一物体在任意两个坐标系中的运动关系，它将物体在某坐标系中的运动变换为任意坐标系中的运动提供了理论依据。

根据天体 A、B 相对于我们的光行差和多普勒频移，可以求出 A、B 分别相对于我们的运动为

$$R_A=R_A（r、t） \tag{7-5}$$
$$R_B=R_B（r、t） \tag{7-6}$$

根据这两式，可以求出 A、B 之间的相对运动为

$$R=R_B-R_A \tag{7-7}$$

根据上述三式中的任意两式可以求出第三式。这说明伽利略变换将宇宙中所有

天体的运动都联系为一个有机的整体。洛伦兹变换则无法这样做，因为洛伦兹变换的空间和时间单位不同，并且不能解决任意方向速度和加速度的变换。

第二节　牛顿运动定律的时空学性质

牛顿第一定律表述为：任何物体都保持静止的或沿着一条直线做匀速运动，除非作用于它的力迫使它改变这种状态。

任何物体的运动都必须在确定的参照系中表述，但牛顿第一定律没有指出静止和匀速直线运动的参照系，事实上也无法指出参照系。在某些具体问题中，即使人为地指定一个参照系，其结果也不符合牛顿第一定律。究其原因，牛顿第一定律所指的“静止”，是静止于绝对空间，所指“匀速直线运动”是相对于绝对空间的匀速直线运动。该结论称作惯性运动的本质。牛顿第一定律还说明，物质相对于绝对空间静止和做匀速直线运动，二者没有区别。企图在物理学上区别两者是不可能，也是没有意义的。这就是牛顿第一定律的时空学和哲学意义。

牛顿第二定律表述为：运动的变化与所加的力成正比，并且发生在此力所沿的方向上。可以表示为：$F \propto \mathrm{d}(mv)/\mathrm{d}t$，其中 m 称为惯性质量。牛顿并没有对惯性质量给出独立的定义，只是将惯性表述为“每个物体按其一定的量而存在其中的抵抗（运动改变的）能力”。将式中的比例系数定为1，牛顿力学认为 m 与运动无关，因此

$$F=ma \tag{7-8}$$

（7－8）式也是惯性质量 m 的定义式。牛顿第二定律解释了惯性质量唯一特征是受到力的作用后产生加速度。这是惯性质量的物理学和哲学意义，那么牛顿第二定律的时空学意义是什么呢？如果任意两物体 AB 之间的相对加速度为 $a(r,t)$，以物体 A 为参照系，物体 B 的运动可以表示为

$$\frac{\mathrm{d}^2 r}{\mathrm{d}t^2}=a(r,t) \tag{7-9}$$

说明每个参照系都可以表示任意物体的相对运动。式中，如果加速度 a 不是两物体之间的相互作用力产生的，或者两物体之间相互作用力产生的加速度与其相对加速度不相等，则我们认为在该参照系中，运动物体的运动不满足牛顿运动定律，或者说牛顿运动定律在该参照系不成立。

如果物体 A、B 之间的相互作用力为 f，物体 A、B 的质量分别为 m_A 和 m_B，则根据牛顿第二定律，物体 B、A 产生的绝对加速度为

$$a_B=\frac{f}{m_B} \tag{7-10}$$

$$a_A=\frac{f'}{m_A} \tag{7-11}$$

其中 $f'=-f$。如果这时两物体的相对加速度为 a，即以其中一物体为参照系，另一物体在该参照系中的加速度为 a，实践表明在一般情况下绝对加速度 a_B、a_A 与相对加速度 a 都不相等。这说明在一般情况下：

（1）不能用牛顿运动定律直接描述施力物体和受力物体之间的相对运动。

（2）相对加速度和绝对加速度是不同的概念，并且在一般情况下两者不相等。

现在我们根据相互作用的两物体之间相对运动，简称“二体问题”，分析绝对加速度的运动学意义。以（7－10）式 $a_B=\frac{f}{m_B}$ 为例，式中，除了力 f 是物体 A 施予的外，看不出物体 B 的加速度 a_B 与物体 A 有任何关系，因此不能认为可以物体 A 为参照系描述物体 B 的受力。假设 $f=0$，则 $a_B=0$。根据牛顿第一定律和刚才的分析，这时物体 B 应该相对于绝对空间做惯性运动。假设这时所受的其他力都可以忽略，说明该惯性运动不是相对于物体 A 的。因为这时 $f=0$，说明物体 B 与 A 已经没有任何关系。同样理由，我们也没有依据判断该惯性运动是相对于物体 A 以外的其他物体的惯性运动。唯一的结论就是，该惯性运动相对于绝对空间运动，或者说相对于绝对空间中的点（该点空无一物）运动。

以上分析说明，绝对加速度 $a=\frac{f}{m}=\frac{\mathrm{d}v}{\mathrm{d}t}=\frac{\mathrm{d}^2r}{\mathrm{d}t^2}$ 中的 v 和 r 是相对于绝对空间的速度和位移，说明牛顿第一定律与牛顿第二定律是自洽的。

牛顿第三定律：每一个作用总有一个相等的反作用与它对抗，或者说，两物体之间彼此的相互作用永远相等，并且各自指向对方。牛顿第三定律说明，作用力与反作用力的地位完全是平等的，两者没有主动力与被动力的区别。陨石撞击月球、拳手攻击别人，我们（观察者）都是认为前者为主动力，后者是被动力，但是在物理学和哲学上，两者完全是平等的。

牛顿运动第三定律也没有指明成立的空间环境，它成立的空间条件是什么呢？显然作用力与反作用力都分别满足牛顿第二定律。因此，牛顿第三定律也

仅成立于绝对空间，由此我们可以得到一条非常重要的结论：牛顿运动定律的时空学意义，本质上是描述物体相对于绝对空间的绝对运动。或者说，牛顿运动定律仅在绝对时空中成立。

这一结论也可以直接根据牛顿运动定律得到，每一条牛顿定律都没有规定标的物体与其他物体的相对关系，如相对距离、相对速度、相对加速度等。因此，牛顿运动定律描述的是被考量物体相对于绝对空间的绝对运动。

在现行的一些力学著述中，惯性参照系有不同定义，有“牛顿第一定律在其中成立的参照系”、有“牛顿第二定律在其中成立的参照系”、有“牛顿第三定律在其中成立的参照系”。这些定义在表面上看起来是正确的，但实际上是错误的。因为这些定义都没有抓住牛顿运动定律仅成立于绝对空间的本质，没有抓住惯性参照系是绝对参照系的本质。另外，因为惯性参照系就是根据牛顿运动定律定义的参照系，这些定义也是循环定义。

上面的分析还说明，牛顿运动定律是科学的、完整的。所谓科学，是指其逻辑自洽，没有漏洞，概念清楚，与实践相符；完整指牛顿运动三定律是独立、系统的运动理论，它能够覆盖牛顿力学的整个空间，内容既不重复，也无缺失。

根据上面的分析提出以下两个概念。

相对参照系：以质点为坐标原点的参照系。由于质点有质量，该参照系可以受到其他力的作用而在空间中运动，因此是相对参照系。

绝对参照系：以绝对空间中的点为坐标原点的参照系。由于空间中的点没有质量，该点不能受到其他力的作用而运动，该参照系在空间中绝对静止，因此是绝对参照系。

相对参照系描述的是相对时空，绝对参照系描述的是绝对时空。在相对参照系或相对时空中，根据光速不变定理和秒、米的定义，所有相对参照系中的时间和长度标准都是相同的，不同物体在相对参照系中的相对速度和相对加速度都不同，相对参照系不满足牛顿运动定律；在绝对参照系或绝对时空中，所有的时间和长度标准都是相同的，并且同一物体相对于绝对空间的速度和加速度也是唯一的，绝对参照系满足牛顿运动定律。

第三节　王氏第二运动定理和第三运动定理

一般参照系只能描述相对运动，牛顿运动定律描述的是绝对运动，而绝对运动总是以物体之间的相对运动的形式表现出来。在讨论相对运动的问题时，牛顿运动定律有用武之地吗？下面将从理论上解决这一问题。

王氏第二运动定理：若物体 A、B 的质量分别为 m_A、m_B，两者的相互作用力为 f（f 可以是引力、电磁力或其他力，也可以是排斥力），A、B 受到其他物体的作用力均可以忽略。若这时 A、B 之间的相对加速度为 a，则有 $a=a_A+a_B$，其中 $a_A=\frac{f}{m_A}$，$a_B=\frac{f}{m_B}$。

证明：现在以 B 为参照系考量 A 在其中的运动。假设这时 A 相对于 B 的实际加速度，即相对加速度为 a'_A。根据前一节的分析，在一般情况下 $f\neq m_Aa'_A$。为使牛顿第二定律在参照系 B 中成立，引入惯性力 f'_A，使满足方程

$$f_A+f'_A=m_Aa'_A \tag{7-12}$$

其中

$$f_A=m_Aa_A=f \tag{7-13}$$

由于 A、B 受到的外力均可以忽略，根据牛顿第三定律，惯性力 f'_A 只能由物体 A 对物体 B 的反作用力引起加速度产生，

即

$$f'_A=m_Aa_B \tag{7-14}$$

将（7－13）、（7－14）两式代入（7－12）式，有

$$a'_A=a_A+a_B \tag{7-15}$$

以上是以物体 B 为参照系，考量 A 在其中运动的结果。其中 a'_A 是 A 在参照系 B 中的相对加速度。仿牛顿第二定律的形式，令

$$f_A=m'_Aa'_A \tag{7-16}$$

其中

$$m'_A=\frac{m_Am_B}{m_A+m_B} \tag{7-17}$$

m'_A 称作 m_A 的“折合质量”或“二体约化质量”。

现在以物体 A 为参照系，考量 B 在其中的运动。假设这时 B 相对于 A 的

实际加速度，即相对加速度为 a'_B，引入惯性力 f'_B，考虑到有 $f_B=m_Ba_B=f$，同样可以得到

$$f'_B=m_Ba_A \tag{7-18}$$

$$m'_B=\frac{m_Am_B}{m_A+m_B} \tag{7-19}$$

$$a'_B=a_A+a_B \tag{7-20}$$

以上是以物体 A 为参照系，考量 B 在其中运动的结果。同样，a'_B 是 B 在参照系 A 中的“相对加速度”。比较两种情况的结果，并考虑有 $f_A=f_B=f$，于是有

$$m'_A=m'_B=\frac{m_Am_B}{m_A+m_B} \tag{7-21}$$

$$a'_A=a'_B=a_a+a_B \tag{7-22}$$

令

$$m=m'_A=m'_B \tag{7-23}$$

$$a=a'_A=a'_B=a_A+a_B \tag{7-24}$$

说明在“二体问题”中，无论以物体 A 为参照系考量 B 在其中的运动，或以物体 B 为参照系考量 A 在其中的运动，两者的“折合质量”相同，相对加速度相同；两者的运动方程也相同，因为二者是相对运动，即

$$f=ma \tag{7-25}$$

其中

$$m=\frac{m_Am_B}{m_A+m_B}$$

$$a=\frac{f_A}{m_A}+\frac{f_B}{m_B} \tag{7-26}$$

证毕。

如图 7－2，假设天体 A 的质量为 m_A，天体 B 的质量为 m_B，两者之间的作用力为引力 f，两者受到 f 以外的力均可以忽略。则两者受到的加速度分别为 a_A 和 a_B，且有 $f=m_Aa_A=m_Ba_B$，a_A 和 a_B 的方向分别指向对方。设 A、B 的质量中心在 AB 连线上的某点 O，O 到 A、B 的距离分别为 a、b。根据理论力学，两质点的质心满足关系 $am_A=bm_B$。并且天体 A 相对于 O 点的加速度为 a_A，天体 B 相对于 O 点的加速度为 a_B，天体 A、B 之间的相对加速度为 a_A+a_B。若 A、B 之间的作用力是排斥力，则 a_A 和 a_B 分别指向对方的反方向，仍然是相

对于 O 点的加速度，天体 A、B 之间的加速度同样为 a_A+a_B。总之，A、B 之间的作用力可以是各种力的合力。这个例子说明相互作用的两物体是相对于共同质心的加速运动。

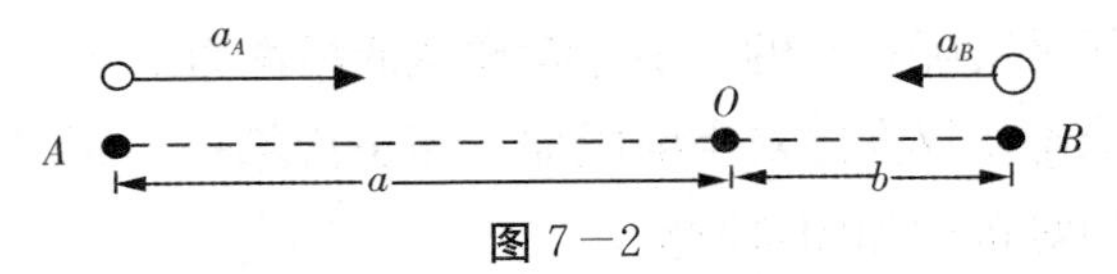

图 7－2

根据王氏第二运动定理和绝对加速度的意义，可以得到如下推论。

推论：如果物体 A 受到宇宙物质的总合力为 f_1，产生的绝对加速度为 a_1；物体 B 受到宇宙物质的总合力为 f_2，产生的绝对加速度为 a_2，则物体 A、B 之间的相对加速度为

$$\vec{a}=\vec{a}_1-\vec{a}_2 \tag{7-27}$$

即宇宙中任何两物体之间的相对加速度，都等于受到的宇宙总物质作用产生绝对加速度的矢量差。该结论用矢量加法就可以得到，证明从略。

回顾第二章（2－7）式 $\vec{v}=\vec{v}_p-\vec{a}_o$，其中 $\vec{v}_p$ 和 $\vec{v}_o$ 分别是两物体相对于绝对空间的绝对速度，$\vec{v}$ 是两物体之间的相对速度。说明两物体之间相对惯性运动同相对加速度一样，其本质都是相对于绝对空间的运动，两物体间的相对运动仅仅是绝对运动的表现形式。（2－7）、（7－27）两式说明了相对运动的时空学意义。“王氏第二运动定理”可以表述为：相互作用两物体间的相对加速度等于两物体绝对加速度的矢量差。

根据牛顿第三定律，两物体的相互作用力 f 相对于两物体是大小相等、方向相反的一对作用力，因此 a_A 与 a_B 的方向总相反。它们之间相对加速度总是其绝对加速度的绝对值之和。将“王氏第二运动定理”表述为“绝对加速度的绝对值之和”，不但突出了相互作用的两物体之间相对加速度的个性，其物理意义、哲学意义也更明确。

根据天文观测，宇宙中双星系统的运动证实了上述结论；原子的发射光谱中“里德伯常数”R_H 值的确定，也证实了上述结论。

“王氏第二运动定理”也可称作“绝对加速度与相对加速度的关系定理”。它揭示了绝对加速度和相对加速度的运动学意义，也解释了绝对加速度和相对加速度的时空学性质。根据该定理得到以下结论。

（1）相互作用的双方物体是以两者绝对加速度的绝对值和做相对加速运

动。理论力学认为相互作用的两物体相对于它们的质量中心做绝对运动。

（2）牛顿认为惯性力源自物体相对于绝对空间的加速运动完全正确，并且惯性力精确等于受力物体的质量与相对于绝对空间加速度的乘积。

（3）惯性力都是实际存在的，不存在虚拟的惯性力。

（4）牛顿运动定律仅在绝对空间成立。而王氏第一、第二运动定理说明牛顿力学可以描述相对运动和相对时空。

（5）运动学一般描述的是相对运动，动力学一般描述的是绝对运动。

（6）产生相互作用力的双方物体地位平等。不能因为牛顿第二定律表达受力物体的运动而认为施力物体的地位更优越，即不能认为可以施力物体为参照系表达受力物体的运动。

（7）宇宙时空是绝对的。绝对运动是相对运动的本质，相对运动是绝对运动的表现形式；绝对时空是相对时空的本质，相对时空是绝对时空的表现形式。

在“王氏第二运动定理”成立的前提条件中，假设

$$\frac{m_A}{m_B}=\infty \tag{7-28}$$

或

$$\frac{m_B}{m_A}\approx 0$$

于是有

$$\frac{a_A}{a}=\frac{\dfrac{m_A m_B}{m_A+m_B}}{m_A}=\frac{1}{1+m_A/m_B}=0$$

即

$$a_A=0 \tag{7-29}$$

同时有

$$\frac{a_B}{a}=1$$

即

$$a_B=a \tag{7-30}$$

在满足（7－28）式的前提下，大质量物体受到小质量物体的作用（产生的加速运动）可以忽略，那么可以认为大质量物体没有受到任何外力，其相对于绝对空间是静止的或做绝对的惯性运动，大质量物体确定的参照系在事实上可以看作绝对参照系，即真正意义的惯性参照系。这种情况下，可以直接用牛顿运动定律描述小质量物体的运动。这是唯一可以在相对参照系中，直接用牛顿运动定律描述物体运动的特殊例子，称作“牛顿第二定律特例”。

在满足（7－28）式的前提下，大质量物体参照系可以近似看作绝对参照系。另一方面，任何大质量物体都要受到宇宙中其他物体的作用，用牛顿运动定律描述物体的运动本质上是非定域的。

需要强调的是，上述二体问题的结论，是在假设二体都可以看作质点的前提下得到的。如果这一前提条件不成立，则上述二体问题的结论也不成立。例如，当地球作为参照系，其自转在我们讨论的问题中不能忽略，即不能将地球看作质点，则考量地面物体的运动时牛顿运动定律不成立。这时还必须考虑地球自转产生的惯性离心力。如火车在南北方向运动的距离很长时，受到的科里奥利力就表现出来；当时间比较长时，傅科摆摆面旋转就比较明显。前者是因为随着火车运动，火车所在的纬度发生变化，火车参与自转的加速度也发生变化，后者是因为地面参照系的坐标轴方向随着地球自转而旋转。

物体 A、B 受到其他作用，如物体 C 的作用不能忽略，这时，我们可以将 A、B 看作一个整体，考量二者共同的质心与物体 C 相互作用。这就是力学中的三体问题。以此类推，理论上可以用牛顿定律解决多体问题。这说明虽然在数学上解三体问题、多体问题很复杂，甚至无法解，但在物理理论上没有障碍。

如果考量一个质点与若干质点间的相对运动，我们只要找出这些质点的质量中心，考量该质点与质量中心的相对运动即可。

如果宇宙中某一物体的质量为 m ，宇宙物质的总质量为 M ，假设 m 受到 M 的作用力为 F，则 m 由此产生的运动可以表示为

$$a=\frac{F}{m} \tag{7-31}$$

（7－31）式说明宇宙中所有天体都相对于宇宙质量中心做加速运动。这可能就是马赫（Mach，1893）认为惯性力并非起源于物体相对于绝对空间加速运动，而是起源于相对遥远星系的加速运动的理由。

在（7－31）式的问题中，宇宙总物质的质量为M，其质心位置假设在宇宙中的某一点O。则对宇宙中任何星系或星系团而言，其质量与宇宙总物质的质量都满足关系式（7－28）。宇宙的质心O点相对于宇宙中所有物质而言，在任何时候都可以认为是静止的。或者，根据牛顿第一定律，O点带领宇宙中所有物质在哲学宇宙的绝对时空中做匀速直线运动，这是宇宙中唯一存在的惯性运动。宇宙总物质的质量中心O点有非常重要的哲学意义。

王氏第二运动定理的哲学意义在于：运动是绝对的。

王氏第二运动定理特例的哲学意义在于：虽然事实上我们不能找出绝对空间，但是理论上存在绝对空间，并且我们可以将某些空间视为绝对空间。

在宇宙中，我们可以观测到的天体是非常多的，可以确定这些天体相对于我们是什么运动吗？下面的定理告诉我们可以。

王氏第三运动定理：在欧氏空间中，如果某一天体相对于另一天体的多普勒频移和光行差都是常量，则这两天体之间的运动为相对匀速直线运动。反之则为相对变速运动。

证明：由于两天体间的多普勒频移和光行差是常量，根据（4－12）式、（4－18）式、（4－16）式或（4－23）式，说明两天体间的相对速度v和相对速度的方向β是常量。因此，两天体之间的运动为相对匀速直线运动。

反之，如果两天体之间的运动不是匀速直线运动，根据（4－12）式、（4－18）式、（4－16）式或（4－23）式，说明两天体间的多普勒频移和光行差不是常量。因此两天体间的多普勒频移和光行差是常量，是两天体做匀速直线运动的充要条件。两天体间的多普勒频移和光行差是变量，是两天体做变速运动的充要条件。

证毕。

“王氏第三运动定理”又称作相对匀速直线运动与相对变速运动的判定定理。在宇宙中，所有天体之间都存在引力，任何两个天体之间的相对运动都不可能是严格的匀速直线运动。如果考量两天体之间相对运动的时间不长、相对运动的距离不远，则可以将其相对运动视为相对匀速直线运动。例如，考量河外天体与我们的相对运动，一般在几百年甚至上千年的时间内，都可以将二者的相对运动看作相对匀速直线运动；如果考量某一外行星与地球的相对运动，一般可以在几天内将二者的相对运动看作相对匀速直线运动。

王氏第一运动定理、王氏第二运动定理、王氏第三运动定理合称“王氏运动三定理”。

王氏第一运动定理揭示了两物体之间的相互运动是相对运动，王氏第二运动定理揭示了运动是绝对的，王氏第三运动定理揭示了运动是可以认识的，综合起来揭示了“运动是相对的，也是绝对的，但是归根到底是绝对的。物体的运动可以认识，宇宙也是可以认识的”。

牛顿运动定律描述具体的运动，而“王氏运动三定理”不是描述物体具体的运动，后者不是前者的补充。“王氏运动三定理”揭示的是运动的性质，在理论上阐明了运动的时空特征，客观上发展了牛顿力学。逻辑上使牛顿力学更加严谨，形式上使牛顿力学更加完美，内容上使牛顿力学更加完整，理论上使牛顿力学更加完善。一句话，“王氏运动三定理”使牛顿力学真正实现了从具体到一般、从绝对运动到相对运动的跨越。

第四节 天球坐标系

参照系是我们考量、描述物体运动的工具。一般参照系描述的运动是相对的、局部的、有限的、无序的、无机的。即使集宇宙中所有参照系之功，也不能描述宇宙中所有物体的相对运动，而具有该功能的只有天球坐标系。

一、概念

天球坐标系：将宇宙中所有天体相对于地球的背景天空看作一个球面，以天极和春分点作为该球面的定向基准设置的坐标系。

天球坐标系不是某一个观察者设立的坐标系，它是整个人类观察宇宙、描述天体在宇宙中运动不可或缺的工具，是人类在实践中逐步发展完善起来的，是人类的共同理论财富。

由于太阳系以外的所有天体距离我们地球都非常远，因此所有地球人观察到的天象都完全相同，这是整个地球人类可以共同使用一个天球坐标系的前提条件。

春分点：地球轨道平面（黄道面）与赤道面有两个交点，其中太阳沿黄道从赤道以南向北通过赤道的那一个交点称为春分点，另一个交点是秋分点。

子午线：通过观察者天顶和地球南北极的大圆。

天球坐标系具体有以下几种。

地平坐标系：（略）。

赤道坐标系：地球赤道平面延伸后与天球相交的大圆，称为天赤道，天赤道的几何极称为天极。天赤道是赤道坐标系中的基圈，北天极 P 是赤道坐标系的极。由于所取的主圈、主点不同，以及随之而来的第二坐标不同，赤道坐标系又有第一赤道坐标系和第二赤道坐标系之分。

第一赤道坐标系的主圈是子午圈，主点是天赤道与子午圈在地平圈之上的交点 F。天体的第二坐标是大圆弧 $FB=t$ 或球面角 $\angle FP$，t 称为天体的时角。由主点 F 开始按顺时针方向量度时角 t，从 $0^\circ \sim 360^\circ$，或从 0～24 h。周日运动不会改变天体的赤纬，而仅仅使时角发生变化。

第二赤道坐标系的主点是春分点，过春分点的赤经圈就是该坐标系的主圈，春分点的时圈与天体时圈之间的球面角 P 或大圆弧 $B=\alpha$，是天体在第二赤道坐标系中的第二坐标，称为天体的赤经，赤经 α 是由春分点开始按逆时针方向量度的，从 $0^\circ \sim 360^\circ$，或从 0～24 h。天体的周日运动不影响春分点与天体之间的相对位置，也不会改变天体的赤经和赤纬。在不同的观测站、不同的观测时间，天体的时角是变化的。在各种星表中通常列出的都是天体在第二赤道坐标系中的坐标——赤经和赤纬，供全球各地的观测者使用。第二赤道坐标系非常优越，英国著名学者李约瑟评价道，现代国际通用的是中国古代的赤道坐标系，而不是希腊古代的黄道坐标系。恒星的赤道坐标值不随时间、季节变化，可唯一确定恒星在天球上的位置。

在研究太阳系内各种天体的运动情况时，要用另一种天球坐标系，即黄道坐标系。地球绕太阳公转的轨道平面是黄道坐标系中的基本平面，称为黄道面。黄道面与天球相交的大圆称为黄道，它是太阳周年运动轨迹在天球上的投影。黄道与天赤道在天球上相交于两点，这两点称为二分点，即春分点和秋分点。黄道上与二分点相距 90°有两个点。在赤道以北的为夏至点，在赤道以南的为冬至点。黄道的两个几何极称为黄极：北黄极和南黄极。黄道是黄道坐标系中的基圈，北黄极为黄道坐标系的极。黄道与赤道的交角 ε 称为黄赤交角，它也是黄极与天极之间的角距离：$\varepsilon=23^\circ 27'$。天球上与黄道平行的小圆称为黄纬圈。过黄极的大圆称为黄经圈，它是黄道坐标系的副圈，所有的黄经圈都与黄道垂直。在黄道坐标系中，以过春分点的黄经圈为主圈，春分点便是主点。

黄道坐标系：以黄道为基圈、春分点为主点，以及过春分点的黄经圈为主圈的坐标系。

黄道坐标系的基圈和主圈随着旋转天球一起做周日运动，同第二赤道坐标系相似，天体的黄道坐标不会因观测时间和观测地点的不同发生变化。

在有关恒星动力学和星系结构的某些理论工作中，常常采用一种球面坐标系——银道坐标系。银河系的主要部分是一个扁平的圆盘状结构，它的平均平面称为银道面。银道面是银道坐标系的基本平面，它与天球相交的大圆称为银道，也就是银道坐标系中的基圈。天球上与银道相平行的小圆称为银纬圈。银道的几何极称为银极，又有南、北银极之分。作为银道坐标系的极是北银极 L，过两个银极所作的半个大圆称为银经圈，也就是银道坐标系中的副圈。所有的银经圈都与银道相垂直。银道与天赤道在天球上相交于两点。由北银极向银道面看去，按逆时针方向从赤道以南向北通过赤道的那一个点，称为银道对天赤道的升交点；另一点就是降交点。

二、天球坐标系的特点

1. 天球坐标系是关于整个宇宙的坐标系

该体系中的时间坐标，包括整个宇宙演化期。即对宇宙中的任意一个天体，理论上都可以考量其在整个宇宙演化期中的时间和空间位置。天球坐标系中的时间概念也是地理学中的区时概念，即在整个坐标系中，时间坐标与空间坐标的位置和方向无关。在同一时刻，该坐标系中各点各方向的时间坐标都相同；在空间上，天球坐标系可以考量整个宇宙而不仅限于宇宙一隅；在天体数量上，天球坐标系理论上可以考量宇宙中所有可以感知的天体。

2. 天球上任意天体，即宇宙中可以感知的天体，对确定天球坐标系的方向和位置（包括距离）都有贡献

这些天体对确定天球坐标系的方向和位置的贡献有点类似全息照相。底片缺少一个角不影响画面的完整，但是底片越完整画面就越清晰。同样，建立天球坐标系参考的天体越多坐标系就越精确。天球坐标系中的任何方向、任何位置，都是根据该方向、该位置周围若干天体的时空关系共同确定（测定）的。例如，现在距离赤道坐标系的北天极，即地球北极在天球上的对应点最近的天体，是称作北极星的小熊星座的 α 星，中国称作“勾陈一”；公元前 4000 年的北极星则是天龙座的 α 星，就是中国民间所说的帝王之星紫微星；在 14 000 年后，织女星则将成为北极星。这就是地轴的岁差运动造成的。如果没有对北极

周围若干天体位置进行比较，就不能准确确定北天极的运动和位置，对黄道坐标的道理也完全一样。在北天极的标准位置，虽然从古至今都没有一颗恒星，却仍然发现了地球的岁差运动甚至更小的章动。另一方面，如果天球上某一方向或位置的天体很少，对准确确定其方向和位置是困难的。例如，我们要找到天球南极点就比较困难，因为那个天区实在平淡无奇，列名为南极星的南极座 σ 只是一颗在理想的条件下，肉眼勉强可见的5.5等的暗星。再有，如果在宇宙中某一较大的局域空间没有我们可以观察到的天体，若想确定空间中某位置与我们的距离就很困难。

3. 天球坐标系反映的宇宙中所有天体运动是真实的，得到的结论是唯一的

天球坐标系是将宇宙中所有天体，即所有参照系的相对位置和相对运动内在的因素抽象出来而建立的。它脱胎于与其他天体的相对位置和相对运动的关系而高于这些关系，它的内涵比这些相对关系更高级、更全面、更系统、更权威、更深刻。天球坐标系描述的天体运动表现出个体与整个宇宙的关系，有因有序。按照定义，天球坐标系虽然是以地球、太阳为原点的相对坐标系，但是它可以反映出宇宙中所有天体之间的相对运动，这些相对运动都是天体相对于宇宙绝对空间、绝对运动的真实反映，得到的结论是唯一的，不是相对的，不会得出类似太阳绕地球运动的相对性结论。

4. 天球坐标系中关于宇宙的所有信息都没有已知条件

换言之，天球坐标系中关于宇宙的所有天体信息都源于人类的观测积累，这些信息数据是人类的宝贵财富，全人类应该建立这些信息的共享制度。

5. 天球坐标系是以地球或太阳为原点的坐标系

该坐标表面上是相对参照系，但天球坐标系可以考量宇宙中所有天体与太阳的相对运动，这些相对运动与太阳静止于绝对空间的结果完全相同，因此也可以认为天球坐标系是绝对参照系。

第五节　天体的距离

天球坐标系事实上只能表征天体在天球上的位置，不能表征天体在天球坐标系中的运动。只有已经知道宇宙中所有天体与我们的相对距离时，天球坐标系才能表征天体相对于我们的运动，也才能表征所有天体之间的相对运动。这

一工作经过近现代天文工作者的不懈努力，已臻于完善。

天文单位：太阳到地球之间的平均距离，英文缩写为 AU。

光年：光在一回归年内通过的路程长度，英文缩写为 l·y。

秒差距：一天文单位的张角为一角秒的角度时确定的距离，英文缩写为 pc，因此有：

$$1\ \text{pc}=\frac{1\ \text{AU}}{\pi/(180\times60\times60)}$$

因此：

$$1\ \text{AU}=1.5\times10^{8}\ \text{km}$$

$$1\ \text{l}\cdot\text{y}=9.46\times10^{12}\ \text{km}$$

$$1\ \text{pc}=3.1\times10^{13}\ \text{km}$$

计量天体与地球（太阳）的距离，一般有以下方法。

1. 视差法

又称三角形法。就是利用地球绕太阳运动的轨道直径观测被测恒星对该直径所张的角，然后根据该角确定恒星和太阳之间距离的方法（如图 7－3 所示）。

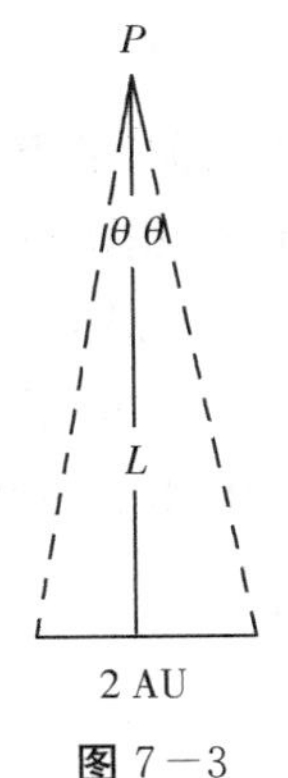

图 7－3

若某恒星对 2 AU 所张的角为 2θ，θ 可以根据该恒星在天球上的位置的周年变化求出，有

$$L=1\ \text{AU}/\tan\theta$$

则 L 即恒星与地球（太阳）的距离。

2. 光度测距法

天文学中常用绝对星等 M 来表征天体的实际光度，用视星等 m 表征观测到的亮度，二者的关系式为 $m-M=5\lg r-5$。m 是观测量，只要设法确定恒星的 M，便可以导出它的距离 r，这就是光度测距法的基本原理，所得出的距离称为光度距离。该方法主要包含造父变星法、最亮恒星法、超新星法等，其中有代表性的是造父变星法。造父变星是一类周期性膨胀和收缩的超巨星，其发光强度（光度）有非常准确的周期关系。如果在某一星系或星系团中发现造父变星，可以根据该造父变星的周（期）光（度）关系，对某一时刻观测到的实际光度与该时刻的理论光度进行比较，得到该造父变星与我们的距离，由此确定该造父变星所在星系或星系团与我们的大概距离。天文学中又将造父变星称作“量天尺”。

当目标星系距离我们非常远时，已经不能辨认其中的造父变星，造父变星法就失效了，这时可以用“超新星法”。在现代天文观测中一般利用“Ia 型超新星”测距。由于每颗“Ia 型超新星”爆发时质量都一样，所以称为宇宙的“标准烛光”，测量到某一标准烛光的视亮度，就可以知道它相对于我们的距离。

3. 哈勃原理法

通过多年观察，哈勃 1929 年总结出宇宙中星系都在互相背离，宇宙在膨胀，其背离速度 v 称作“退行速度”，v 和星系之间的距离 R 成正比例关系。这一结论称作哈勃原理。根据哈勃原理有公式 $v=HR$。其中 H 称作哈勃常数，R 是星系与太阳的距离。根据观测确定 H 的值约为 $H\approx50\sim100$ km/(s · Mpc)。即与太阳相距 10^6 pc（Mpc，约 3×10^6 光年）星系的退行速度为 50～100 km/s。根据哈勃原理和某一星系相对于我们的退行速度（退行速度由多普勒红移确定），可以确定该星系与我们的大概距离。

以上三种方法，视差法最精确，测量的距离也最小，一般小于 10 000 pc；亮度距离法介于二者之间，其测距的适用范围最远可达 5 000 万光年，现在用 Ia 型超新星观测可以确定更远的距离；哈勃原理法测量的距离最远，精度最差。另外，还有一些特殊天体，可以用一些特殊的方法测距，具体方法从略。

掌握了天体与我们的距离和在天球上的位置，就可以利用天球坐标系计量天体相对于我们的运动或天体之间的相对运动。

第六节　欧氏空间的时空计量

这里所谓的时空是指绝对时间和绝对空间。光速是相对于绝对空间的运动，时空计量的主要公式为 $L=ct$。

一、欧氏空间中两天体之间的相对运动计量成立的条件

以下五点的成立使计量宇宙中任意两天体的相对运动成为可能。

一是将任何天体，包括离散型天体如彗星、星系、星系团等看作质点，将天体的运动看作质点运动，就可以将天体的有关运动量看作矢量，从而按照矢量运算法则计量两天体之间的相互运动，使计量任意两天体的相对运动在数学方面成为可能。

二是由于宇宙空间中不存在惯性参照系与非惯性参照系的区别。对于两天体的相对运动，可以不考量哪一个天体做绝对加速运动，哪一个做相对加速运

动，即可以不考量它们是否惯性参照系，从而使计量任意两天体的相对运动在物理方面成为可能。

三是伽利略变换成立。可以将某物体在某参照系中的运动变换到目标参照系中的运动，从而使计量任意两个天体之间的运动在理论上成为可能。

四是天体距离的测量方法、利用光行差与多普勒频移测量速度和加速度的方法成立，使计量任意两天体的相对运动在技术上成为可能。

五是根据“王氏相对性原理”，证明了物理学与空间类型无关，即非欧空间的时空计算公式与欧氏空间相同。换言之，可以将整个宇宙空间看作是欧氏空间，这使我们计量任意两天体的相对运动在实际上成为可能。

二、天体之间相对匀速直线运动的计量

例1：金牛座α星，中国称为毕宿五，距离地球约65光年，与地球的视向速度为$v=53.8$ km/s。若忽略其横向速度，试分析它与地球的位置关系。

解：毕宿五与我们的距离是65光年，说明我们现在观测到的毕宿五星光是65年前发出的。“毕宿五与我们的距离是65光年”这一结论是根据毕宿五在65年前的位置发出的星光测定，因此我们和毕宿五现在位置的距离应该是65光年加上$v\times65$年，其中v是毕宿五与我们的速度。如果以太阳为参照系，太阳指向毕宿五的直线为x轴正方向，65年前为时间原点，在这一刻$t=t'=0$。将$x_0=65$光年$\approx65\times10^{13}$ km、$v=53.8$ km/s代入（7－3）式$x=x_0-vt$，得到任意时刻t地球（太阳）和毕宿五距离的表达式

$$x=x_0+53.8t。$$

其中，$x_0=65$光年是光运行的距离，是绝对距离；$53.8t$不是相对于某一质点的距离，而是相对于毕宿五在65年前的位置距离，因此也是绝对空间中的距离。

如果求现在时刻地球和毕宿五之间的距离，将$t=65$年$=65\times365\times86\ 400$ s$=65\times3.15\times10^7$ s代入上式：$x\approx65\times10^{13}+53.8\times65\times365\times86\ 400=65\times10^{13}+1.1\times10^{11}$（km）

上式中，1.1×10^{11} km约4.25光天，即光走4.25天的路程。这就是说，我们现在看见的毕宿五，其实际距离并不是65光年，而是比65光年还要远。虽然只远了4.25光天的距离，但是这个结论非常重要。因为毕宿五仅是少数和我们距离最近的恒星之一，其他天体与我们的距离动辄就是上万光年甚至上亿光年。并且按照哈勃原理，距离我们越远的天体，与我们的退行速度越大。

我们现在看见的天体，其位置和距离都是若干年前的。距离越远，它现在的实际位置和距离与视位置的差异也越大。

例 2：牧夫座 α 星，中国称为大角星。它距离太阳 36.7 光年，相对于太阳的横向速度 $v=122$ km/s。如果忽略大角星与太阳的径向速度，求大角星与太阳现在的距离。

解：大角星距离太阳 36.7 光年，表示这是 36.7 年前大角星的位置到太阳现在位置的距离。假设以太阳为参照系 S 的原点，设大角星为参照系 S' 的原点。设参照系 S 和 S' 的 x 和 x' 轴、z 和 z' 轴互相平行，有共同的 y - y' 轴，在 36.7 年前两坐标原点的距离为 $y_0=36.7\times10^{13}$ km，36.7 年前为时间零点，即在该时刻 $t_0=t_0'=0$，$t=36.7$ 年 $=36.7\times86\ 400\times365.242\ 2$ s $=1.16\times10^9$s。则大角星在 36.7 年前在参照系 S 中的坐标为 O'（0、y_0、0、）。

于是，根据（7－2）式，大角星现在参照系 S 中的坐标为：

$$x=x+v\ (t-t_0)\ =0+122\times1.16\times10^9=1.42\times10^{11}\ (\text{km})$$

$$y=y+y_0=0+36.7\times10^{13}\ (\text{km})$$

$$z=0$$

因此，大角星与太阳现在的距离为：$d=\sqrt{x^2+y^2}\approx y_0$。

上式中，由于 x 与 y 相比非常小，可以忽略，因此 $d\approx y_0$，即大角星与太阳的实际距离可以认为仍然是 65 光年。

三、加速运动的计量

参阅第四章的第三节“光行差和多普勒频移的应用”中“天体平均加速度的测定”，知道天体与我们的平均加速度，即可以根据运动学中的加速运动公式计算天体与我们的距离。

四、宇宙中任意两天体之间的运动计量

可以先求出任意两天体与太阳的相对运动，然后根据公式（7－7）求出两者之间的相对运动。

第八章 参照系和王氏相对性原理

物理现象：有关物质的构成、运动等自然现象。

物理规律：物理现象的内在联系即内在本质。

物理理论：人类对物理规律的具体认知，即物理规律在人脑的反映。

物理规律和物理理论是两个不同的概念，不能混为一谈。物理规律是哲学中所谓的绝对真理；物理理论是哲学中所谓的相对真理，它与绝对真理始终有一定差距，不能完全没有差距而达到“绝对真理”。例如，人类对光的本质的认识，起初牛顿认为光的本质是微粒，即当时的“微粒说”，后来惠更斯认为光的本质是波动，即“波动说”。现代物理认为光同时具有波动和微粒两种特性，因此光兼有“波粒二象性”。笔者认为光的本质是物质，即是粒子。光的本质究竟是什么，人类在这一问题上的认识，只能接近绝对真理而不能达到绝对真理。

物理学命题：对某一或某些物理现象内在规律的具体观点。

物理学公理、原理、定律、定理、公式、概念是物理学命题的不同形式。它们是物理理论的具体内容和形式。

物理学：物理学命题的总和，即物理理论的总和。

第一节 参照系的功能和特点

一、参照系是观察者对物理现象或其他自然现象的观察窗口和测量平台

观察者必须凭借一定的物体作为参照系，以获得对物理现象的测量数据和其他观测结果，由此归纳总结出其中规律。参照系的作用、功能远不止坐标系观测物体的运动、测量时间和空间这样简单。观察者可以凭借参照系“观察窗口和测量平台”观测到可能发生的所有物理现象。例如，天象的东升西落、斗

转星移，气象的电闪雷鸣、风和日丽，都可以测定这些物理现象的有关物理量的值，包括光的频率、微粒子的质量、半衰期、作用力、电流、电磁场强度、温度、热值，甚至元素的化合价、化合反应生成物、地质年代等等。并且，不同的参照系对同一物理现象的观察测量结果可能不同。参照系具有这些功能前提是假设参照系中所有测量手段都完备。

二、参照系是物理理论的载体

观察者观测物理现象是为了探索物理规律，完善物理理论。所有物理理论都是具体的观察者凭借确定的参照系，对物理规律认知或综合认知的结果，都是观察者凭借参照系观察得到的归纳、总结，是凭借参照系或者说是站在参照系的立场表述的。

所谓“参照系是物理理论的载体”，是指任何物理理论都必须站在参照系的立场表述，并且不是在两个以上参照系中的综合表述。

例：求速度的加法公式。

解：设在某一参照系 P 中，有物体 A、B 同时从原点 O 出发，分别以速度 v_1、v_2 沿着 x 轴的正负方向前进（如图 8－1）。

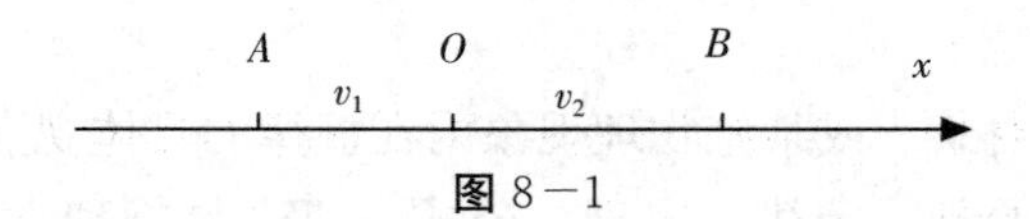

图 8－1

根据已知条件，物体 A 以速度 v_1 沿着 x 轴负方向前进，在单位时间到达 A 点，因此 $OA=v_1$。同样，物体 B 在单位时间到达 B 点，$OB=v_2$。因此 AB 在单位时间共同走的距离为 $AB=v_1+v_2$。设 A、B 的相对速度为 u ，有

$$u=v_1+v_2$$

这是 AB 的速度方向在同一直线上的情况。当二者的速度方向不在同一直线时（如图 8－2）。

图中，OA、OB 分别是 AB 的速度 v_1、v_2。根据矢量加法，OC 就是按照平行四边形法则得到的 v_1 和 v_2 的速度和。即

$$\vec{u}=\vec{v}_1+\vec{v}_2 \tag{8-1}$$

当存在多个速度相加时，同样可以证明：

$$u=v_1+v_2+v_3+v_2+\cdots\cdots \tag{8-2}$$

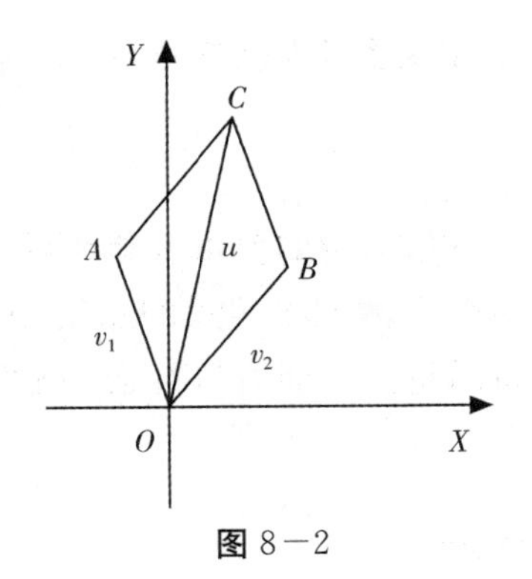

图 8－2

以上证明速度矢量的加法公式严格成立，与 v_1、v_2 的大小、方向无关。即使 v_1、v_2 接近光速甚至超过光速，方向相同或者不同，理论上都严格成立。

公式（8－2）说明同一参照系中可以有多个速度相加，速度矢量加法公式是在同一个参照系中表述的。

多普勒频移公式中虽然同时有两个参照系的频率或波长，但是它们本质上是在一个参照系中的表达式。以（2－1）式 $\omega=\omega'(c+v)/c$ 为例，该公式是在参照系 S 中对同一单色光频率关系的表达式。从推导知道，观察者 S 是假设参照系 S'中的频率为ω'，从而得到公式（2－1）。事实上所有表示两参照系某一物理量之间的关系公式都属于这一类型，如伽利略变换等，麦克斯韦方程组也是在同一参照系中的表述。

如果某一物理学命题是在两个或两个以上参照系表述的，逻辑上存在这些参照系互相认同的问题，这是一个逻辑不能解决的问题，因此物理学命题只能在一个参照系中表述。

三、观察者本征参照系

观察者本征参照系是与观察者相对静止的参照系。也可以认为是以观察者自身作为坐标系原点的参照系。

观察者与参照系是两个不同的概念，但是在科学理论和科学实践中，两者的关系非常密切。观察者是主观的参照系，参照系是客观的观察者。两者如影随形，不可须臾分开。任何一个参照系都可以看作是观察者本征参照系，也可以看作是观察者，在时空学中观察者和参照系常常可以视为同一概念。

观察者本征参照系有着非常重要的认识论意义，王氏第一运动定理认为所有观察者本征参照系都等价。根据人类实践，可以得到一个结论，所有物理学命题或者所有科学命题都是在观察者本征参照系中的总结和表述。

四、本征值

根据本征值的定义，本征值是物体静止于参照系时测定的物理量值，又由于“所有物理学命题都是观察者本征参照系的总结和表述”，因此可以得到所有物理量的值都是本征值的结论。本征值与参照系无关，即与具体的时空位置无关。

五、物理学与参照系无关

物理学命题的总和就是物理学，任何一个物理学命题都是在观察者本征参照系中的表述。物理学甚至所有自然科学，都是以观察者本征参照系为载体。

这一结论的正确性是明显的。观察者本征参照系是观察者观测、研究所有物理现象的平台。量子力学、光学、热力学、天文学、电磁学等都是有关学者根据自己在本征参照系中观测、研究有关物理现象得到的结论，当然在本征参照系中描述的物理学命题应该包含这些物理学分支学科。由于所有观察者本征参照系都是等价的，因此物理学与具体的参照系无关。即与观察者具体的时空位置、运动状态无关。

在时空学中，所有参照系都被赋于一个特殊的内涵。所有参照系都是观察者本征参照系，所有科学命题都来自观察者的实践总结。该结论有非常重要的认识论意义。

六、参照系的特点

（1）参照系有若干功能。在物理学的主要功能是表征运动，在时空学中是表征时空关系。

（2）在一般情况下，参照系描述的是物体之间的相对运动。在运动学中参照系描述的是相对空间而不是绝对空间。

（3）任何参照系都可以表示任意物体在其中的相对运动。任何参照系中一个运动方程一般只能描述一个物体的运动。

（4）在运动学中，相对参照系一般描述的是物体的相对加速度，而不能直接描述物体的绝对加速度，即在相对参照系中一般不能直接用牛顿运动定律描述物体的受力。

（5）只有在绝对参照系中，才能用牛顿运动定律描述物体的运动。如果在相对参照系中用牛顿运动定律描述物体的运动，应该引进惯性力。

（6）欧氏空间中所有参照系都是等价的，都可以认为是观察者本征参照系。

（7）根据讨论问题的不同，同一参照系既可以看作绝对参照系，又可以看作相对参照系。

（8）物理学和其他自然科学都是以观察者本征参照系作为载体。

（9）所有物理量的值都是本征值，本征值与参照系无关。

（10）所有参照系都必须依附于物质（物体）。即使以空间中点为坐标原点的绝对参照系，其空间点也必须由一个或多个物体表征。只是，这些空间点不会随着表征它的物体一起运动。

七、参照系的本质

（1）参照系离不开物质，不存在空无一物的参照系。

（2）参照系可以表征各种时空关系。以质点为原点的参照系表征相对时空，以空间点为原点的参照系表征绝对时空。

（3）参照系既是主观的也是客观的。任何参照系都必须有相应的观察者才有意义，不同的观察者可以有不同的参照系，这个意义上参照系是主观的。对观察者、对人类而言，必须凭借参照系才能观察世界（宇宙），并且一般只能凭借地球表面这一参照系作为观察者的本征参照系，因此参照系又是客观的。

（4）具有物质的参照系是具体的空间，没有物质的参照系是抽象的空间。空间的性质或内涵，也是参照系的性质或内涵只能根据其中具体的物质存在才能确定。

八、参照系与空间的关系及区别

（1）参照系存在于空间中，在同一空间中，可以存在若干个参照系。

（2）参照系可以在空间中运动，任何情况下都不能理解为空间在参照系中运动。

（3）参照系的范围与所在空间相同，它们互相包含。在一般情况下可以认为参照系与所在空间都是无限大。

（4）参照系由物质和时空构成，参照系是主观概念，物质和时空是客观存在。

（5）参照系是时空的具体表现形式，时空是参照系的内在本质。

第二节　相对性原理简介

相对性原理：在时空学中，哪些概念是参照系中不变量的观点称为“相对性原理”。

前面已经说明，由不同的参照系考量得到的物理量都是相对的，即同一事物，如果用不同的参照系考量，观察到的物理现象可能不同。相对性原理说明有哪些概念是参照系的不变量，即说明哪些概念与参照系无关，或者是说明哪些概念与观察者具体的时空位置和运动状态无关。一句话，说明哪些概念与时空无关。相对性原理的理论意义说明哪些概念是时间和空间的不变量，即宇宙或自然界中的不变量。相对性原理的本质是在逻辑上将人类的科学实践经验变成了科学。虽然相对性原理是物理学首先提出的概念，但是就性质而言，相对性原理是属于时空学的范畴，而非物理学的课题。

早在 1589 年，伽利略就提出了相对性原理。对于做相互匀速直线运动的任意两参照系 K 和 K' 来说，无论在哪个参照系中观察，物理学规律完全相同。后人将其称作伽利略相对性原理。伽利略相对性原理说明物理学规律是匀速直线运动的不变量，或者说是惯性参照系的不变量。伽利略总结上述原理的基础可以从下面一段话中得到启示。他写道：

当你乘坐匀速运动的轮船时，你在船仓内向船头方向跳一段距离所花费的力气，并不比你向船尾方向跳过相同距离所花费的力气更大；当一物品从你手中脱落，将竖直落到甲板上，而不发生偏斜……

牛顿把他的相对性原理表述为“包含在一个给定空间里的物体，不管那个空间处于静止状态或者沿一直线做匀速运动，这些物体的运动总是一样的”。

显然，牛顿相对性原理也可等效表述为“在所有惯性参照系中，物体的运动规律都相同”。即运动规律是惯性参照系的不变量。伽利略相对性原理和牛顿相对性原理的内涵是一致的。

由于在当时尚不存在电磁学，因此，人们把伽利略相对性原理局限于力学体系。直到 1904 年，庞加莱（J. H. Poincare）在一次科学报告会上提出，相对性原理应该对整个物理学都有效。

由于伽利略变换中的方程是一次式，可以证明，通过伽利略变换，在所有惯性参照系中的物理学公式都有相同的形式和内容，说明伽利略、牛顿的相对性原理在形式上是很完美的。

后来，爱因斯坦认为伽利略变换与麦克斯韦方程组“不相容”：按照伽利略变换，如果光速在某惯性参照系中为 c，则在另一惯性参照系中应为 $c+v$；而实验与麦克斯韦方程组说明光速在所有惯性参照系中不变。因此，伽利略、牛顿相对性原理与伽利略变换一起被狭义相对性原理否定。

爱因斯坦把他的狭义相对性原理表述为“物理定律在所有惯性系中是相同的，不存在一种特殊的惯性系”。

狭义相对性原理和伽利略相对性原理的内容相同。只是，伽利略相对性原理的基础是伽利略变换，而狭义相对性原理的基础是洛伦兹变换。

爱因斯坦认为每一个普遍的自然界定律必须是这样建立，若我们引用新的坐标系 K'的时空变量 x'、y'、z'、t'来代替原来的坐标系 K 的时空变量 x、y、z、t ，则经过变换以后该定律仍将取与原来完全相同的形式。这里不带撇的量和带撇的量之间的关系就由洛伦兹变换公式来确定。或简言之，普遍的自然界定律对于洛伦兹变换是协变的。本书附论了《洛伦兹变换不成立》，在此恕不赘述。

爱因斯坦针对狭义相对论不适用引力场空间，提出了广义相对论原理——“所有的高斯坐标系对于表述普遍的自然界定律在本质上是等效的”。

“我们还可以用另一种形式来陈述这个广义相对性原理，用这种形式比用狭义相对性原理的自然推广形式更加明白易懂。按照狭义相对论，当我们应用洛伦兹变换以一个新的参考物体 K'的时空变量 x'、y'、z'、t'代换一个参考物体 K 的时空变量 x、t、z、t 时，表述普遍的自然界定律的方程经变换后仍取同样的形式。另一方面，按照广义相对论，对高斯变量 x_1、x_2、x_3、x_4 应用任意代换，这些方程经变换后仍取同样的形式：因为每一种变换（不仅仅是洛伦兹变换）都相当于从一个高斯坐标系过渡到另一个高斯坐标系。”“广义相对性原理”不成立，理由如下。

1. “广义相对性原理”不符合设立原理的条件

在物理学中，“原理”是从实践中总结出来、在理论上不能证明的，并且实践检验总是正确的重大物理学命题。只有符合这三个条件的物理学命题才可以设立为“原理”，如果不符合就只能作为“假设”。“广义相对性原理”对设立“原理”的三个条件一个也不满足，当然不成立。

2. “普遍的自然界定律”的概念是什么，这个概念是怎样来的

宇宙中不存在“普遍的自然现象”，因此也不存在“普遍的自然界定律”。

一是不同类型空间的物理现象并不完全相同，甚至彼此没有。例如，有的晶体有“双折射”现象，沙漠和海面也常出现海市蜃楼现象，这都是介质空间特有的现象。在引力场空间不可能发生这两种现象。二是不同学科的自然现象也不相同。例如化学反应、生物的生理反应等，都是化学、生理学科独有的自然现象。

3. 不能任意用代换将物理定律从一个高斯坐标系过渡到另一个高斯坐标系

一是因为广义相对论是引力场空间的理论，其数学语言是黎曼几何。黎曼几何只能描述引力场空间，不能描述欧氏空间，更不能描述介质空间，这三类空间的性质是完全不同的。这好比黎曼几何不能代替欧氏几何和罗巴切夫斯基几何一样。二是因为不同类型空间和不同学科的自然现象不同，许多自然科学命题涉及的概念物理学根本没有。广义相对论怎么可以用任意代换将其从一个高斯坐标系过渡到另一个高斯坐标系？三是因为即使高斯坐标系能以相同形式表述不同空间的“普遍的自然界定律”，但是根据上述分析说明，这样得到的所谓“普遍的自然界定律”，即使形式相同其内容也是不同的。例如直线方程，即使引力场空间和欧氏空间的直线方程有相同的形式，其内容也不同，两者的轨迹不重合。非欧几何的产生本身就说明黎曼几何不能描述欧氏平面（空间），欧氏几何不能描述黎曼平面（空间）。因此，这样的形式相同而内容不同的“普遍的自然界定律”完全是文字游戏，有什么实际意义呢？四是，所有的坐标系都仅是四维时空坐标系，只能描述四维时空，只能表征方程形式的“自然定律”，而自然科学中方程形式的“自然定律”实在不多。

4. 广义相对性原理逻辑上是错误的

广义相对论用引力场等效加速运动，用引力场空间等效欧氏空间，逻辑上就是将简单变复杂、容易变困难、熟悉变陌生、明晰变模糊，一言以蔽之，用特殊的代替一般，并且这一代替是单向的、不可逆的。因此广义相对性原理逻辑上是错误的。

广义相对论问世近一个世纪以来，爱因斯坦和其他相对论者，至今也没有用高斯坐标系以相同形式表述一个不同空间，甚至不同学科的“普遍的自然界定律”，以宣示“广义相对性原理”是正确的。

因此“广义相对性原理”不成立。

第三节　王氏相对性原理

一、王氏相对性原理

根据上一节分析说明，伽利略相对性原理和牛顿相对性原理的内涵相同，是完全正确的，其形式也非常完美，只是在范围方面有两点局限。一是在空间上被局限在惯性参照系，应该包含非惯性参照系，即包含整个欧氏空间。王氏第一、第二运动定理已经说明了欧氏空间中不存在惯性参照系，所有参照系在事实上没有本质的区别。观察者观测到的所有物理现象，包括所有自然现象都与自身的运动状态无关，仅与产生物理现象的物质相对运动、相对位置有关，或者说物理现象仅与在观察者本征参照系中的初始条件和边界条件有关。在整个欧氏空间伽利略相对性原理和牛顿的相对性原理都成立。二是内容被局限在力学范围，应该包含整个物理学，即庞加莱的观点是正确的。这两点结论的理由已经在第一节“参照系的功能和特点”中说明，不再赘述 。

根据王氏第一运动定理，可以直接将伽利略相对性原理发展为

初级王氏相对性原理：在欧氏空间的观察者本征参照系中，如果产生物理变化的条件相同（含初始条件和边界条件），则发生的物理现象相同。

该表述说明所有物理现象都是欧氏空间中观察者本征参照系的不变量。条件相同物理现象也相同，说明物理现象的内在规律相同。因此观察者归纳总结这些物理现象的物理学命题，表征的不是关于物理现象的经验，而是内在规律。在欧氏空间中，所有观察者本征参照系得到的相同物理学命题，内涵都相同。例如，假设某星系有一恒星，其周围也有多颗行星，则这些行星和恒星的关系同样满足开普勒三定律；再如，在远离太阳系的另一隅欧氏空间，光线在不同参照系中传播，同样会产生多普勒效应和光行差效应，并且表达的公式相同。

物理学命题的总和就是物理学。因此初级王氏相对性原理可以等价地表述为：欧氏空间中，物理学的物理量值都是本征值，本征值与时空无关，物理学与时空无关。

“与时空无关”包含的意思：

（1）物理学同一命题的表达形式和内容都相同。如果表达某物理学规律的命题有数学表达式，其数学表达式的形式和内容也相同。例如，在欧氏空间中单摆周期表达式的形式和内容都相同，在欧氏空间的不同参照系中，麦克斯韦方程组的形式和内容也相同。

（2）物理学中的物理概念和物理量的标准相同，物理量都是本征值。

（3）物理学在欧氏空间所有观察者本征参照系都成立。与观察者本征参照系的类型、位置、运动状态无关，即使这个参照系的相对加速度或者相对速度非常大。

初级王氏相对性原理成立的范围限于欧氏空间。根据定义，在欧氏空间中可以存在一定大小的引力和一定密度的介质，如地球表面。初级王氏相对性原理包含了部分引力场空间和介质空间的物理学理论，如引力定律、单摆周期公式、光的折射反射公式等。如果空间中引力的强度或介质密度对光速产生的影响不能忽略，则该空间不能看作欧氏空间。初级王氏相对性原理在非欧空间是否成立呢？

非欧几何与欧氏几何不同，仅仅是空间内禀性不同，导致有些图形彼此没有，有的非欧几何没有圆、没有平行线、没有相似多边形，而数学概念完全相同。引力场空间和介质空间中的物理学概念也与欧氏空间完全相同，不同的仅是有的空间存在的物理现象，在其他空间不存在。例如气象现象、声学现象等，在纯粹的欧氏空间、引力场空间就不存在，这些现象都是介质空间特有的。在本书后文将说明，时空学的五条公理在非欧空间同样成立，所有物理学概念的内涵完全相同。非欧空间与欧氏空间仅空间的任意平面满足的第五公设不同，或者说非欧空间与欧氏空间仅是一二维空间的内禀性不同，而在三维空间中的外延性完全相同。如果在引力场空间和介质空间中产生物理现象的初始条件和边界条件，包含引力场条件和介质密度条件都相同，则产生的物理现象也相同。因此，我们可以将初级王氏相对性原理推广到任意空间，成为高级王氏相对性原理：

如果任意空间中产生物理现象的初始条件和边界条件相同，则产生的物理现象也相同。

例如，在引力场空间和介质空间中，运动学公式、多普勒公式、光速不变定理、伽利略变换、麦克斯韦方程组等同样成立，放射性元素的半衰期同样相同。又如，在两个介质空间，如果介质的种类和密度相同，边界条件和初始条件相同，如果其中一个空间发生了彩虹或海市蜃楼，另一个也会发生彩虹或海市蜃楼，甚至彩虹或海市蜃楼的图像也完全相同。物理现象相同说明其内在规律相同，该空间的物理学也相同。

高级王氏相对性原理与以下表述等价：物理学与参照系无关，即与运动无关，或与具体的时空位置无关，与空间类型无关。

高级王氏相对性原理说明，欲了解、研究宇宙中任意局域空间的情况，在不能身临其境时，只需根据该局域空间中的条件按照物理学规律演绎，就能得到与身临其境完全相同的结果。

例如，研究光在金刚石、玻璃中的传播，研究声音在钢轨中的传播，观察者不一定必须在金刚石、玻璃、钢轨中才能得到正确的结论。研究黑洞的性质也不必一定到黑洞中去，我们只要将各种环境因素考虑周全就可以了。

高级王氏相对性原理说明从地球上得到的哈勃原理、宇宙大爆炸等涉及宇宙学的结论，在整个宇宙中都成立。

由于其他自然科学都是观察者以本征参照系作为观测平台认识、发现的。根据前面的分析，任何一门自然科学都不是该学科的经验积累，而是科学规律的归纳总结。因此王氏相对性原理对所有自然科学都成立，即自然科学与时空无关。

表述中的“时空”包含参照系，参照系表征了观察者的运动状态和具体的时空位置和空间类型两个概念（下同），即自然科学与参照系和空间类型无关。

某一自然科学常数事实上是该自然科学某一量值的本征值，例如光速 c、圆周率 π 等。根据王氏相对性原理，可以得到推论：自然科学常数与时空无关。

需要说明的是，由于基本物理量“米”“秒”“千克”是根据地球的具体条件确定的，现行的自然科学常数值一般都与地球有关。如果有生活在宇宙其他行星的“人类”确定的自然科学常数，其值肯定与我们的不同。如果通过两个行星上确定的“米”“秒”“千克”的关系换算，两个行星上的自然科学常数是等价的，即宇宙中所有行星系统的自然科学常数都是相等的。同理，如果某行星系统存在人类，其自然科学和自然科学常数都与时空无关。

综上所述，“王氏相对性原理”最终形式表述为：自然科学中任何量的值都是本征值。本征值与时空无关，自然科学的形式和内容与时空无关。

二、王氏相对性原理的优越性

（1）王氏相对性原理是在伽利略、牛顿相对性原理的基础上发展起来的，是在人类实践中总结出来的，具有坚实的理论和实践基础。比以前各种相对性原理成立的理由更充分。

（2）比以前各种相对性原理的适用范围更广。

（3）自然科学中所有量都是本征值，都是时空的不变量。

（4）比以前各种相对性原理更简单、更完美、更实用，其物理意义、哲学意义更明确，更深刻。

王氏相对性原理是根据实践总结出来的，并且有王氏第一运动定理支撑，因此初级的可以称作“初级的王氏相对性定理”。高级的王氏相对性原理还包含了引力场空间和介质空间，在这两个空间中，王氏相对性原理还没有完全得到实践的证实，只能是原理，因此在称谓上，还是统一称作“王氏相对性原理”为好。

三、王氏相对性原理的哲学意义

（1）从理论上确立了所有自然科学的科学地位。王氏相对性原理从理论上证明了所有自然科学不是经验，而是科学。

（2）自然科学与具体的时空位置和空间类型无关。

（3）宇宙是自洽的、和谐的、统一的、可知的。

王氏相对性原理说明，如果人类到达宇宙的其他局域，与在地球上观测到的自然现象相同，得到的结论也相同。

就性质而言，王氏相对性原理同样是时空学的一条公理。王氏相对性原理与第一章提出的五条公理组成了时空学的公理体系，这六条公理不但在时空学中成立，在所有自然科学、社会科学中也成立，是所有科学的基础公理。

爱因斯坦认为，一种科学理论逻辑上的简单性是这种理论正确性的重要标志。如果将其称作“爱因斯坦主义”，则可以认为王氏相对性原理是符合爱因斯坦主义的，而狭义相对性原理和广义相对性原理是违反爱因斯坦主义的。

第九章 经典力学及其概念的时空学和哲学意义

本章不讨论问题，而讨论概念的内涵。这些概念本身与时空学关系非常密切，准确掌握其内涵和意义，对把握、理解时空学大有裨益。

第一节 有关运动概念的时空学和哲学意义

一、惯性运动

（1）惯性运动是牛顿第一运动定律引申出来的一个纯理论概念。宇宙中不存在纯粹的、绝对的惯性运动，在实践中宜称作“相对匀速直线运动”。

（2）如果两物体之间的相互作用力可以忽略，一般可以，并且应该将两物体之间的运动视为匀速直线运动或相对静止。

（3）实际上所有匀速直线运动都是相对的。一是物体与物体或物体与参照系之间的匀速直线运动是相对的；二是匀速直线运动在时间上是相对的；三是匀速直线运动在空间上是近似的；四是宇宙中不存在绝对的匀速直线运动。

例如太阳绕银心转动。如果将太阳近似看作质点，在时间不长或运动距离不远时可以将太阳绕银心的运动视为匀速直线运动。

（4）匀速直线运动是运动学的重要组成部分。匀速直线运动是物理学中最基本、最重要的运动概念之一，是人类认识宇宙的重要理论工具。在事实上，我们都尽可能地将许多复杂运动简化为匀速直线运动，并得到一些重要结论，如多普勒效应、哈勃定律等。

（5）匀速直线运动的近似性说明时空学是非定域性的，因此物理学和其他自然科学都是非定域性的。

二、变速运动

（1）变速运动事实上是宇宙中唯一存在的运动类型。换言之，就本质而言，宇宙中所有物体相对于绝对空间和相对空间都在永无休止地做变速运动。

（2）欧氏空间中物体之间的变速运动都是相对的。

（3）无论自身做变速运动或匀速直线运动，参照系本身对相对运动的考量结果没有区别。

（4）变速运动的原动力（根本原因）是物体之间存在能量交换。

（5）变速运动与所在空间的时空性质无关，即变速运动不影响时空的属性。

三、相对运动

1. 相对运动是绝对运动的表现形式

古人观察到每天太阳东升西落，认为是太阳在运动；观察到每晚斗转星移，认为是星斗在运动，并认为地球是静止的，是宇宙中心。现代天文学证明了地球在围绕太阳公转，斗转星移是地球自转的表象。地球绕太阳公转和地球自转都是相对于绝对空间绝对运动的表现。相对运动是绝对运动的表现形式。

根据物体之间的相对运动，物理学不能判断任何物体相对于绝对空间是运动还是静止，只能判断相对于其他物体是相对运动还是相对静止。任何相对于绝对空间的绝对运动只能以相对运动的形式表现出来。

2. 认识运动必然从认识相对运动开始

在认识上，要判断某物体是否运动，都必须用一个参照系表征，并且假设参照系是静止的。如果不假设参照系是静止的，就不能判断哪一个在运动，也不能判断运动的速度、加速度、路程是多少。因此，只有假设参照物体是静止的，所讨论物体的运动才能体现出来；另一方面，如果以空间中某一位置为参照系，该位置没有物体作为参照系考量其他物质的运动，则任何物体的运动都无法根据该空间位置直接表现出来。

3. 相对运动不能直接反映运动的原因和本质

如果将地球看作静止的，则太阳围绕地球的相对运动不能直接反映是地球受到太阳引力作用产生公转的结果。相对运动是物体两两之间的运动，也不能直接反映运动是相对于绝对空间的运动本质。

4. 相对于物体而言运动都是相对的

王氏第一运动定理证明，物体之间的运动都是相对的。

5. 对物理学而言运动是相对的

物理学研究的是物体与物体之间的具体运动，故对物理学而言，运动是相对的。

6. 本质而言，两物体之间的运动在任意时刻都是相对的

两物体之间的运动在任意时刻都是相对的，但是由于光速的有限性，观察者不能观察到与其他物体同一时刻的相对运动，只能观察到与其他物体若干时间之前的相对运动。

四、绝对运动

1. 绝对运动是相对运动的内在本质

宇宙中所有物体都相对于其他物体做相对运动。相对运动反映的都是无序的运动。如果将宇宙中所有物体之间的相对运动作整体的统一考量，我们就会发现宇宙中物体的运动都是宇宙大爆炸、膨胀、演化这一绝对运动的表现形式。

2. 绝对运动能够直接反映运动的原因和本质

地球绕日公转，直接反映出其原因是受到太阳引力作用的结果。也反映出地球绕日公转本质上是相对于绝对空间的绝对运动。

3. 绝对运动能够反映宇宙整体的运动

在近现代，由于哈勃、弗里德曼、勒梅特、伽莫夫等人的贡献，发现了宇宙整体的运动——宇宙爆炸和宇宙膨胀。这显然不能认为是少数物体之间的相对运动，因为它不能将其中某一天体或几个天体看作是静止的。

4. 相对于哲学而言，运动是绝对的

哲学研究的是一般的运动，不是研究具体物体的运动。由于宇宙中不存在绝对静止的物体，因此对哲学而言，运动是绝对的。

5. 从认识论讲，“运动是相对的”观点是空间无限大，即无边无界在人脑的反映

“运动是相对的”是一种假相。假设我们的物理学宇宙有确定的边界，我们身处的宇宙模型像鸡蛋，蛋黄是可观测到有物质范围，蛋白是没有物质的空间，蛋壳就是大宇宙的边界，在蛋黄中的任何一点都可以测定到边界即蛋壳的距离。对这样的宇宙，我们都会认为宇宙中任意一个空间点都是确定的，虽然这一点没有确定的物质表征，进一步都会认为“时空是绝对的，运动也是绝对

的”。对这样的物理学宇宙模型我们不能排除存在的可能。并且，这样的宇宙模型对于现行的物理学、物理学理论没有影响，完全适用。如果将模型的蛋壳去掉，使蛋白的体积扩大，表示宇宙无限大。两种不同的模型，对“蛋黄”中的人类以及物理学在事实上没有丝毫不同。但是，这样一来，由于空间中的点没有物质，无法表征。于是人类只能根据物体之间的相互运动来考量物体的运动，于是运动变成相对的。例如，当我们认为世界只有地球大时，就都认为运动是绝对的。前述证明“运动是相对的”是一种假相。

6. 物质相对于时间和空间运动是运动的本质

时间和空间相辅相成、如影随形。物质相对于时间运动无人怀疑，物质相对于空间运动也是必然的。物质相对于时空运动是运动的本质。

五、绝对静止

（1）绝对静止是理论上的概念，在事实上不存在。

（2）在实际生活中，绝对静止没有物理意义，因为物理学研究的是相对运动，包括相对静止。

（3）在时空学中，绝对静止与绝对匀速直线运动有相同的内涵，都是物体没有受力时的运动状态。二者没有本质区别，也无法区别。在宇宙中，只有宇宙总物质的质量中心才可以认为是绝对静止或做绝对匀速直线运动。对绝对无限大的哲学宇宙而言，区别绝对静止或绝对匀速直线运动是没有意义的。因为，在宇宙中不可能找到另一个绝对静止的物体作为参照物，因此，在时空学和哲学中，要区别某物体是绝对静止或做绝对的匀速直线运动没有意义。

第二节　与力有关概念的时空学和哲学意义

一、力

（1）力是可能改变运动状态的物体之间的相互作用。普通物理学将力定义为“物体之间的相互作用”，是不妥的。这样定义事实上是循环定义。因为对物理学而言，力就是作用，作用就是力。本条定义对作用作了注释和限制，可能改变物体运动状态的相互作用。所谓“可能”，就是“不一定”。当施力物体与受力物体之间的作用力平衡，二者相对静止，则不能改变物体的运动状态；

反之，可以改变物体的运动状态。

（2）在宏观上，力的作用有两种形式，超距作用和接触作用。超距作用一般以场的形式，接触作用以碰撞的形式。

（3）如果物体之间有相互作用并且有能量交换，唯一的结果就是两物体必然产生加速度，都改变运动状态。反之，如果某物体的运动状态发生改变，有加速度产生，则一定受到另一物体的作用力。

（4）力是无形的、抽象的，无法选取力的自身作为力的标准，物理学借助了惯性力的标准作为力的标准。

（5）力只能与惯性质量作用。从逻辑上讲，力不能与引力质量、电荷和电磁场发生作用。因为后者分别是引力和电磁力的“生产者”，它们都不是力的“消费者”。

（6）在几个与力有关的概念中，力是最积极的因素，是第一性的，其余都是第二性的。

（7）宇宙中所有物体之间都存在相互作用力。

（8）力是宇宙发展、演化的根本原因。

二、惯性

惯性是物质具有的，总是企图抗拒自身运动状态改变的性质。

（1）惯性是物体受到力的作用在逻辑上，即哲学上的必然结果。从力的定义知道，力的功能就是作用于其他物体，不作用于其他物体的力是不存在的。力作用于其他物体的唯一物理结果，就是改变该物体的运动状态。在逻辑上，物体遇到外力作用必然产生相应的反应，这种反应的物理语言就是改变自身的运动状态，即产生加速度。不可能所有的人每次跳高都一样高，或一蹬腿就能跳上月球。在逻辑上，物体受力后产生的加速度必然有大有小。对相同的力，产生的加速度大小在逻辑上与“物体自身的某一性质”有关。不能想象踢一块石头和踢地球的效果是一样的。牛顿将“物体自身的某一性质”称作“惯性”，并将其量化为“惯性质量”。另一方面，物体不可能在没有外力作用的情况下自行改变运动状态，也不可能在有外力的情况下，可大可小地改变自身的运动状态。改变物体的运动状态必须依据一定的规律，即 $f=ma$ ，或 $a=f/m$。这个规律对外力而言，是企图改变物体的运动状态；对物体而言，是企图抗拒改变。因此，物体的惯性在逻辑上是必然的，或者说惯性是物体受到力的作用在逻辑上的必然结果。

（2）物体的惯性有大小。物体惯性的大小由其惯性质量表征。

（3）惯性和力是一对矛盾。力要改变物体的运动状态，惯性则总是企图抗拒这一改变。

（4）惯性质量是惯性的外在表现，惯性是惯性质量内在本质。

（5）惯性与物体是否受力无关。未受力时，物体的惯性表现为保持静止或匀速直线运动状态；受力时，表现为企图保持受力前的运动状态；受力结束后总是保持受力结束那一刻的运动状态。

三、惯性力

惯性力起源于物体相对于绝对空间的加速运动。可用公式表示为惯性质量 m 和加速度 a 的乘积的反方向，即 $f=-ma$。式中的 f 不是物体所受外力，而是指 m、a 本身。负号表示与外力 f 的方向相反，对外力而言是抗拒、抵抗的意思。如果相对于绝对空间的加速度为 0，则惯性力也为 0。

（1）惯性力是外力作用物体时，物体对外力产生的应力。即外力是因，惯性力是果。

（2）惯性力不是反作用力。惯性力是作用力产生的被动力。如果物体 A、B 的相互作用力为 f，不能认为 A 物体的惯性力是对 B 物体的反作用力。因为惯性力是被动力，而 A 物体对 B 物体的反作用力是主动力。受该反作用力的作用，或者 B 物体产生加速度和惯性力，或者和作用力平衡。例如，质量为 m 的物体在地球表面做自由落体运动。它受到的力是 $f=\frac{GM}{r^2}m$，惯性力是 $-mg$，反作用力是 $f=-\frac{Gm}{r^2}M$；如果该物体在地面平衡，它的作用力和反作用力与自由落体时相同，而惯性力为 0。

（3）如果参加作用的一方产生了惯性力，另一方一定产生大小相等、方向相反的惯性力。只是有时由于一方的惯性质量很大，产生的加速度可以忽略。如某人在地面跳起和落下，地球产生的加速度完全可以忽略。

（4）惯性力是力的规范和标准。根据力的性质，力不可能像长度一样用纯粹意义的力作为标准（单位）。物理学家们另辟蹊径，用惯性力作为力的标准。因此，1 牛顿既是惯性力的标准，又是力的标准。

惯性力是力的形象代言，在一般情况下都用某一物体的惯性力代表该物体所受外力。

（5）作用力与惯性力是两个不同的概念，但惯性力可以与不同的力等效。

四、惯性质量

惯性质量：如果物体受到的外力为 f，产生的加速度为 a，比值 f/a 称作该物体的惯性质量 m。用公式表示即 $m=f/a$。

这里用牛顿第二定律来定义惯性质量，因为这样定义在内涵上比文字叙述更准确。

物理学中，有的将惯性质量定义为“物体中所含物质的多少”。这样定义是不妥的。从逻辑上讲，这样定义似乎是指物体内具体物质的含量，比如“某物体内含金若干克，另含银若干克、含氧若干……”。有的将惯性质量定义为“物质的惯性的大小的量度”。在说明了惯性概念的前提下，这样的定义是可以的。惯性质量的性质是集中体现了物体具有的惯性。

（1）无数实验证明，任何物质都具有惯性质量。惯性质量与物体的数量成正比。因此，一般可以用惯性质量的多少表示物质数量的多少。

（2）惯性质量是物质中唯一能与所有种类的力发生作用的元素。

（3）惯性质量在本质上就是“力阻”——阻碍力的作用的发挥。

（4）在公式 $f=ma$ 中，m 和 a 的地位不是平等的。如果力的大小确定，则惯性质量 m 是第一性的，加速度 a 是第二性的，a 由 m 确定，m 是因，a 是果。

（5）惯性质量的标准是七个国际基本单位之一，惯性质量的定义式是 $m=f/a$，而惯性质量的标准却是按照引力质量概念定义的。因为巴黎计量局的千克质量标准原型和副件是根据天平确定的，从逻辑上讲天平只能称量引力质量，而引力质量与惯性质量是两个不同的概念。

五、加速度

加速度有两个不同的概念：相对加速度和绝对加速度。以下仅讨论绝对加速度。

（1）物体的加速度是物体受到外力作用的表现形式。物体产生加速度是受到外力作用的结果，物体受到外力作用是产生加速度的根本原因。

（2）加速度的产生必然伴随着物体自身能量的改变。

（3）如果相互作用的一方产生了加速度，另一方也一定会产生加速度。

（4）物体的绝对加速度是相对于绝对空间位移的二阶变化率，或是相对于绝对空间速度的一阶变化率。物体的绝对加速度不是相对于其他物体的速度变化率。

（5）就宏观和本质而言，宇宙中所有物体时时刻刻都存在相对于绝对空间的加速度。

第三节　经典力学的时空学和哲学意义

（1）经典力学是研究质点，包括可以看作质点的离散物体，如星系宏观运动的科学。

（2）由于存在“测不准原理”，经典力学在微观物理中失效，不能用经典力学描述微观粒子的运动，但是经典力学对微观粒子的运动结论同样正确。换言之，任何单个微观粒子运动的结论不能与经典力学矛盾。第五章牛顿第二定律演绎的电子轨道能量差与光辐射的能量精确相等说明了这一结论。

（3）任何粒子的线速度都是矢量，都满足矢量法则；任何波速都不是矢量，都不满足矢量法则。因为波不是质点，也不能看作质点。

（4）经典力学即牛顿力学，即所有适用牛顿运动定律的内容都属于经典力学。

（5）经典力学是非定域的。

（6）经典力学是完全正确的。首先，20 世纪初认为光不满足“黑体辐射”是对经典力学的误解，因为牛顿认为光的本质是微粒子。另一方面在宏观上光表现为波动性，这是用量子观点不能解释的。其次，经典力学所有公式都是正确的、精确的。

第四节　牛顿与马赫关于惯性力争论之管见

牛顿认为，惯性力起源于一个物体相对绝对空间的加速运动，而不是相对于某个参照系的加速运动。为了证实该论点，牛顿做了水桶旋转实验。他用一根细绳将盛水的桶悬挂起来，然后使水桶旋转。结果发现开始水桶转水不转，即水与桶之间有相对运动。这时水面仍然是平的，与水桶未转之前的情形完全一样；后来，水被水桶带动一起转，尽管这时水与桶之间没有相对运动，但水面却不再保持平状，而是中间向下凹，四周向上凸起；即令水桶突然停止转动，但水仍然在转，这时的水仍然具有凹形。根据实验，牛顿得出结论，当一个物体相对绝对空间做加速运动时，它受到惯性力作用。惯性力起源于物体相对于绝对空间的加速运动。

然而，马赫却认为，惯性力起源于相对遥远星系的加速运动，或相对于宇宙总物质的相对加速运动。马赫指出“如果将牛顿水桶旋转实验中的桶壁加厚，一直延伸到几十公里，结果会怎样呢？这时，桶壁与水之间的相对运动将不可忽视，实验结果将有可能与牛顿的实验不同”。马赫还认为，无论我们认为地球是绕自身轴旋转，或恒星绕地球旋转而地球处于静止都无关紧要；物体的运动不是绝对空间中的绝对运动，而是相对于宇宙中其他物质的相对运动。不仅速度是相对的，加速度也是相对的；物体的惯性不是物体自身的属性，而是宇宙中其他物质作用的结果。

运动是相对的还是绝对的，这个问题涉及时空的本质，笔者对二人的争论谈点管见。

首先需要明确什么是“惯性力”？根据惯性的概念，惯性力就是维持物体原来运动状态的力。如果受到了 $f=ma$ 的作用，产生的加速度为 a，惯性力就是 $f=-ma$。惯性力与反作用力的表达式完全相同，但是两者的概念不同。反作用力是反作用于施力物体上的力，而惯性力与施力物体无关，它是受力物体表现出来的惰性。可以看出，根据本书前面几章分析得到的结论是支持绝对空间观点，即赞成牛顿观点的。

在“水桶实验”中，水的转动缘于水桶转动时水桶壁和水之间的摩擦力。水桶转动时间越长，转动速度越快，水桶壁和水之间摩擦力的作用时间越长，水获得的能量越大，水的转速也越来越快。水面中间向下凹，四周向上凸起，缘于靠近桶中心水转动的线速度小，惯性离心力小；靠近桶壁，水的转动线速度大，惯性离心力也大，惯性离心力使水的压力和桶壁压力的合力达到综合平衡。水桶虽然停止转动了，但水仍然在转缘于水转动的能量守恒和角动量守恒。根据牛顿力学可以计算出水的表面是旋转抛物面，其方程为 $h=\frac{v^2}{2g}$。其中，水桶中心和桶壁水面的高度差为 h，v 是水桶内壁的水相对于水桶中心转动的线速度，g 为重力加速度（如图 9－1 所示）。

因为水桶不旋转时水面是平的，水面的旋转抛物面显然是由于水桶的旋转产生的，而旋转抛物面的中心就是水桶中心。上面的方程说明该中心就是惯性离心力的中心。用牛顿力学完全可以解释“水桶实验”，印证“惯性力起源于物体相对于绝对空间的加速运动”观点。

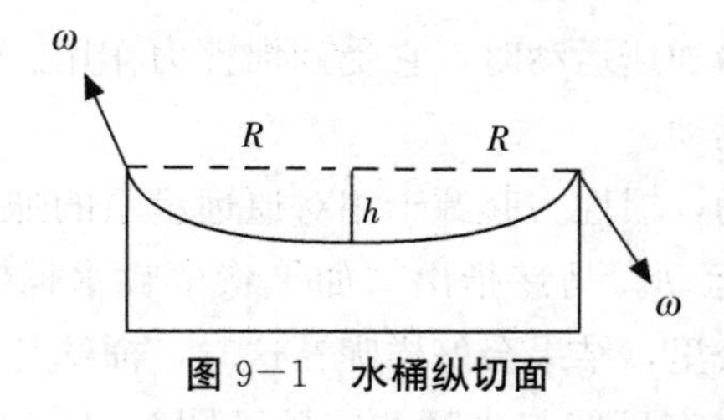

图 9—1　水桶纵切面

马赫不从理论上反驳牛顿“水桶实验”观点，却创造一个“结果将有可能与牛顿的实验不同”的“超级水桶实验”。即使不能用实验演示，为什么不可以如爱因斯坦一样用“思维实验”说明呢？马赫凭实际上连自己也说不清楚的“有可能”结果，硬是推翻了牛顿的理论和实验。

马赫关于“惯性力起源于物体相对于宇宙总物质的相对加速运动”源于他宇宙中的物质运动是相对运动的观点，认为物体的运动不是绝对空间中的绝对运动，而是相对于宇宙中其他物质的相对运动。马赫的观点站不住脚。

不同的加速运动，其惯性力的大小、方向也不同。王氏第二运动定理认为，只有物体相对于宇宙总物质加速运动的惯性力，才起源于相对宇宙总物质的加速运动，并非所有惯性力都起源于相对宇宙总物质的加速运动。对所有惯性力而言，王氏第二运动定理认为，都起源于物体相对于绝对空间的加速运动。王氏第二运动定理为“牛马争论”画上句号。

宇宙时空的本质是绝对时空。宇宙时空有两种表现形式，在浩瀚的宇宙空间，以物质之间的相对运动，即以相对时空的形式表现出来；在地球表面，以地面物体在地面参照系中的绝对运动，即以绝对时空的形式表现出来。

第三篇

引力场空间和介质空间

篇首语

欧氏空间、引力场空间和介质空间都是平直的，它们分别在欧氏几何、黎曼几何和罗氏几何第五公设的意义上平直，因此宇宙空间也是平直的，将空间和时间理解为弯曲的没有意义。

第十章　引力质量和惯性质量相等公设及等效原理不成立

在现行的七个国际基本单位中，只有质量单位是实体标准。它是在法国巴黎国际计量局中的圆柱形合金，大小是按照 1 dm^3 水的重量，在界定其初始条件和边界条件后精确测定的。引力质量和惯性质量的概念是物理学中的两个重要概念，引力质量和惯性质量的关系是物理学中重要的理论问题。巴黎国际计量局中的圆柱形合金质量标准本质上是引力质量，还是惯性质量呢？两者有什么关系呢？

第一节　引力质量和惯性质量关系的现行观点

自牛顿以后的三个多世纪，物理学对引力质量和惯性质量的关系进行了不懈的探索。在近代物理学中，多数学者认为两者是相等的，甚至有许多人用实验“证实”了它们相等。现代物理学理论，也确实是按照引力质量和惯性质量相等的观点在运行。

在近现代物理中，按照下面的逻辑证明引力质量和惯性质量相等。

牛顿在其名著《自然哲学的数学原理》一书中把引力定义为“按其所包含的物质数量，向各方传播到无限，并总是与距离的平方成反比减小。”用数学形式表达就是 $F=m\dfrac{GM}{r^3}\vec{r}$。其中，$G$ 是引力常数，M 是中心天体质量，$\vec{r}$ 是质量为 m 的物体至中心天体的矢径，其模量记为 r 。通常用 g 来表示$\dfrac{GM}{r^3}\vec{r}$，于是有 $F=mg$。但牛顿十分清楚，引力定律中出现的质量 m 与牛顿第二定律 $F=ma$ 中出现的m 可能并不相等，其中 a 是在力 F 的作用下物体所获得的加速度。为此，就有了“引力质量”和“惯性质量”之分。将引力定律中出现的质量规

定为引力质量 m_g，将牛顿第二定律中出现的质量规定为惯性质量 m_i，上述两式可表示为：$F=m_g g$ 和 $F=m_i a$。

假定有一质点 m 处于引力场 g 中，它受到的力由方程 $F=m_g g$ 给出。在这个力的作用下，它的运动规律由牛顿第二定律 $F=m_i a$ 给出。于是 $m_g g=m_i a$ 或 $a=\frac{m_g}{m_i}g$。

如果 m_g 和 m_i 的比值不是恒定的，那么，对于由不同物质构成的物体，其加速度将有所不同。牛顿对此作了实验，其结果表明在 10^{-3} 的精度范围内没有差别。贝塞尔（Bessel）于 1830 年更精确地证实了 m_g/m_i 的差别不大于 2×10^{-5}。1889 年，奥特瓦斯（Eotvos）成功证明了对于各种不同物质，m_g/m_i 的差别不大于 10^{-9}。近代，又有不少学者对引力质量和惯性质量是否相等的问题进行了实验检验，其结果表明在 $10^{-11}\sim10^{-12}$ 的精度水平上看不出变化。

表 1　检验引力质量与惯性质量等效的实验结果

年份/年	研究者	精度	方法
1686	Newton	10^{-3}	单摆
1832	Bessel	2×10^{-5}	单摆
1910	Southerns	5×10^{-6}	单摆
1922	Eotvos	5×10^{-9}	扭称
1923	Potter	3×10^{-6}	单摆
1935	Renner	2×10^{-9}	扭称
1964	Dick et al	3×10^{-11}	扭称
1972	Braginsky et al	10^{-12}	扭称
1976	Shapiro et al	10^{-12}	激光测距
1979	Keiser and Faller	4×10^{-11}	液体
1987	Niebauler et al	10^{-10}	自由落体
1989	Heckel et al	10^{-11}	扭称

表中实验在一定精度水平上验证了引力质量与惯性质量的等效性，即验证了一切粒子均以相同的加速度下落。因此，已有充分的理由认为，引力质量和惯性质量相等。这就是通常所说的“等效原理”。

以上观点，代表了当前物理学中认为引力质量和惯性质量相等的理由。

爱因斯坦在《狭义与广义相对论浅谈》中证明了引力质量和惯性质量相等，现将其证明摘录如下。

“与电场和磁场对比，引力场显示出一种十分显著的性质，这种性质对于下面的论述具有很重要的意义。在一个引力场的唯一影响下运动着的物体得到了一个加速度，这个加速度与物体的材料和物理状态都毫无关系。例如一块铅和一块木头在真空中的一个引力场中如果都是从静止状态或以同样的初速度开始下落的，它们的下落方式就完全相同。这个非常精确的定律可以根据下述考虑以一种不同的形式来表述。按照牛顿运动定律，我们有“力＝惯性质量×加速度”。其中惯性质量是被加速的物体的一个特征恒量。如果引力是加速度的起因，我们有“力＝引力质量×引力场强度”。其中“引力质量”同样是物体的一个特征恒量。从这两个关系式得出“加速度＝引力质量/惯性质量 ×引力场强度”。

如果正如我们从经验中所发现的那样，加速度与物体的本性和状况无关，而且在同一个引力场强度下，加速度总是一样的，那么引力质量与惯性质量之比对于一切物体而言也必然是一样的。适当地选取单位，我们就可以使这个比等于一。因此我们就得出下述定律：物体的引力质量等于其惯性质量。”

前一段引文说明在理论上引力质量与惯性质量之比是恒定的，在实验上证明了引力质量与惯性质量在相当高的精度内没有差别，因而引力质量与惯性质量相等；后一段引文爱因斯坦的证明，则从理论上证明引力质量与惯性质量相等。

以上两段引文就是现行观点认为引力质量与惯性质量相等的主要依据。然而，这两段引文的观点都是错误的。

第二节　理论上不能证明引力质量和惯性质量相等

一、概念不同

引力质量概念的定义式为 $F=\frac{Gm_1m_2}{r^2}$，惯性质量概念的定义式为 $F=ma$，这两个定义都是数学公式定义。数学公式定义是最准确的定义，它比任何文字定义都准确。从其定义式看，两者概念根本不同。

两个概念是否相同和相近，是由这两个概念的定义决定的。从引力质量的定义式 $F=\frac{Gm_1m_2}{r^2}$ 可以看出，引力质量只和引力质量作用而产生引力。就是说，从作用和机制上讲，引力质量是产生引力之原因和源泉。两物体之间引力的大小和两物体距离的平方成反比，与引力质量成正比。惯性质量的定义式是 $F=ma$，从该公式可以看出，惯性质量的作用是消耗力，或者说它的作用是抵抗作用在所在物体之上的力，抵抗试图改变所在物体自身运动状态之力，从而表现出物体特有的惯性，或者说以惯性力的形式表现出来。惯性力大小与相互作用两物体之间的距离无关。从作用和机制上讲，惯性质量与引力质量是完全不同的，甚至是相反的。引力质量是引力的"生产者"，惯性质量是力的"消费者"；引力与距离有关，惯性力与距离无关。从理论上讲，引力质量只能出现在引力公式中；惯性质量不仅出现在牛顿第二定律中，还可以出现在其他所有表示惯性质量的公式中。在这两个公式中引力质量和惯性质量的概念是清楚的，区别是明显的，两者既无联系，又无相同之处，是两个内涵完全不同的概念。

二、从量纲和单位的确定原则看，两者概念是不同的

万有引力定律的表达式 $F=\frac{Gm_1m_2}{r^2}$ 也是引力质量和引力常数 G 的定义式。式中，G 和 m_1、m_2 都是未知量。如果 $m_1=m_2=m$，这个定义式中仍有两个未知量 G 和 m。从理论上讲，一个方程要求出两个未知量是不可能的，即我们不可能利用引力表达式同时求出引力常数 G 和引力质量 m 两个未知量。一般地讲，一个方程解两个未知数，可以根据问题的意思先假设一个未知数的值，然

后再利用该方程求出另一个未知数。就像电量的定义式 $f=\frac{kq_1q_2}{r^2}$ 一样，先假设 $k=1$，然后就可以确定 q 的量纲。这样电量就有了确定的内涵和概念，但是并不是所有单位制都可以这样处理。这样处理可能产生一种新的物理量，即产生新的物理单位，甚至产生新的单位制。确定引力质量和引力常数不能像前者假设 $k=1$ 一样假设 $G=1$。因为这样，从引力质量的定义式 $F=\frac{Gm_1m_2}{rr^2}$ 和电量的定义式 $f=\frac{kq_1q_2}{r^2}$，可以得出 $m_1m_2=q_1q_2=fr^2$ 的结论，从而得出引力质量和电量的量纲完全相同的结论，甚至单位也可以设置为大小相同。同样，也不能假设 G 为其他无量纲的常数，如 $G=1/2$ 或 $G=3$ 等。因为这样引力质量和电量的量纲也完全相同，而其单位则成倍数关系。如果要假设 G 的值，必须将 G 设为有量纲的量。

还有一个解决办法可以确定引力常数 G 和引力质量 m_g，就是直接定义引力质量的量纲和单位，然后再确定 G 的值。事实上物理学正是这样解决的。

国际计量大会将一个铂铱合金圆柱体定义为一千克，称作千克质量原器。同时制作了四十个副件分送各国作为具体标准。1789 年，卡文迪许用扭称测出了引力常数 G 的值，圆满解决了引力公式中 m_g 和 G 的量纲和单位的确定问题。

这里将国际计量大会定义的铂铱合金圆柱体一千克理解为是引力质量 m_g，而非惯性质量 m_i 的单位，根据逻辑，天平平衡是根据天平两边与地心的距离相等，所受引力也相等，两边物体的引力质量相等，因此天平确定的是引力质量；又因为天平平衡时没有加速度产生，因此不能认为天平确定的是惯性质量。在引力场中用天平测量引力质量是非常方便的，这点和惯性质量的性质相反。在引力场中测量惯性质量，即在确定力的作用下测量受作用物体的加速度很不方便，在没有引力的欧氏空间中测量惯性质量非常方便，我国女航天员王亚平在 2013 年太空授课时，让大家感受到了这一结论。与之对应，在太空中测量物体的引力质量却很不方便。这从另一个角度说明了引力质量和惯性质量的属性完全不同。

根据库仑定律 $f=\frac{q_1q_2}{r^2}$ 建立的电量标准是确定的、完备的。与此相仿，根据牛顿第二定律和万有引力定律也可以建立起确定的、完备的惯性质量标准和引力质量标准。两者完全可以并行不悖。

我们可以将目前的质量实体标准约定成惯性质量标准，即铂铱合金圆柱体的惯性质量是1“千克”。当然，“千克”的副件以及任何惯性质量都不能用天平确定，只能利用牛顿第二定律确定。

下面我们根据引力公式确定引力质量标准，以说明引力质量和惯性质量不同。我们可以任意用一个确定大小的正方体金属作为引力质量标准，然后确定其量纲。根据公式 $F=\frac{Gm_1m_2}{r^2}$，说明 Gm_1m_2 共同的量纲为千克·米^3·秒$^{-2}$。即无论怎样设置，只要我们将 m_1、m_2 设置为相同的，Gm_1m_2 共同的量纲为千克·米^3·秒$^{-2}$也是可以的。例如，为了不产生引力质量和惯性质量相等的误解，我们可以将引力质量称作“引力荷”，符号用 μ 表示。这样万有引力公式就可以表示为 $F=\frac{Q\mu_1\mu_2}{r^2}$。式中的 Q 是引力常量，用 Q 表示说明它与 G 的量纲可以不同。现在我们确定引力常量 Q 的量纲。G 的量纲是米^3·千克$^{-1}$·秒$^{-2}$，我们就确定 Q 的量纲为米·千克$^{-1}$·秒$^{-2}$，比 G 的量纲中的长度少米^2，它的数值和 G 相同。“引力荷”的量纲为米·千克，它的单位当然必须另外叫一个名称，例如“荷”。即上述确定大小的正方体金属的引力荷为1荷。当然，引力荷的副件以及任何引力荷的测量都必须用天平或万有引力定律确定。

这样确定的“引力荷”量纲、单位的原理和现行的引力质量、电量的原理完全一样，不会引起物理理论和实践的混乱，同样可行。在这种情况下，如果将引力公式表示为 $f=\mu H$，其中 $H=\frac{QM}{r^2}$。难道还有人认为 H 是重力加速度，“引力荷”和惯性质量相等吗？

三、爱因斯坦关于引力质量和惯性质量相等的证明不成立

爱因斯坦根据公式：力＝惯性质量×加速度、力＝引力质量×引力场强度，得到关系式：加速度＝引力质量/惯性质量×引力场强度。

“如果正如我们从经验中所发现的那样，加速度是与物体的本性和状况无关的，而且在同一个引力场强度下，加速度总是一样的，那么引力质量与惯性质量之比对于一切物体而言也必然是一样的。适当地选取单位，我们就可以使这个比等于一”。上述证明的错误有三点。

1. 不能证明引力质量与惯性质量之比是无量纲

要使引力质量与惯性质量之比等于1，前提条件是必须引力质量与惯性质量有相同的量纲，并且同时必须是引力场强度与加速度有相同的量纲。但

是，上述推导不能说明引力场强度与加速度有相同的量纲。按照逻辑，即使“在同一个引力场强度下，加速度总是一样的，那么引力质量与惯性质量之比对于一切物体而言也必然是一样的”，也只能说明同一物体的引力质量与惯性质量之比值相同，而不能说明引力质量与惯性质量之比一定是无量纲的量。因为，加速度=引力质量/惯性质量 ×引力场强度。右边的量纲与左边相同，都是加速度的量纲。并且，引力场强度 $=\frac{Gm_g}{r^2}$，其中 m_g 是引力质量，其量纲未定，因此引力场强度的量纲也不确定，即不能认为引力场强度的量纲和加速度量纲相同。因此，等式“加速度＝引力质量/惯性质量 ×引力场强度”只能说明等式右边“引力质量/惯性质量×引力场强度”的综合量纲与左边的加速度量纲相同，而不能说明引力场强度的量纲与加速度相同，即不能说明引力质量与惯性质量的量纲相同。

2. “适当地选取单位，我们就可以使这个比等于 1”不成立

由于不能证明引力质量与惯性质量之比是无量纲的量，即使适当地选取单位，我们也不能使这个比等于 1。

3. 证明的原理是错误的

爱因斯坦的目的要证明引力质量和惯性质量相等，不是求两者在什么条件下相等。事实上，爱因斯坦是求解在量纲相等时引力质量和惯性质量相等的前提条件。

综上所述，爱因斯坦关于引力质量和惯性质量相等的证明不成立，不能在理论上证明引力质量和惯性质量相等。

第三节　实验不能证明引力质量和惯性质量相等

一、引文提出的实验原理不成立

引文提出的实验原理是：“在 m_g 和 m_i 的比值恒定，其加速度相同的情况下，引力质量和惯性质量相等。”在理论上该实验原理不成立。

首先举例说明。例如，所有电子在任何一个确定的电场中，得到的加速度相同，说明电子的质荷比都相同，这难道能说电子的惯性质量和电量相等吗？在更一般的情况下，对于某一带电量相同的同一类离子，它们在同一个电场中

得到的加速度也相同，这难道又能说该离子的惯性质量和电量相等吗？事实上，上一节关于引力荷的例子已经说明在 m_g 和 m_i 的比值恒定，其加速度相同的情况下，不能说明引力质量和惯性质量相等。

其次，理论上可以证明上述实验原理不成立。

命题：假设 m_g 和 m_i 的比值恒定，并且物体产生的加速度相同。在这样的条件下不能证明引力质量与惯性质量相等。

证明：假设 $m_g=km_i$，其中 k 是具有量纲的常量。类似光速 c、引力常数 G、普朗克常数 h。由于 k 是有量纲的常量，说明 m_g 和 m_i 的量纲不同。由于 m_i 的量纲由 $F=ma$ 唯一确定，因此只能调整 m_g 的量纲来满足 $m_g=km_i$ 的假设。根据前面的分析，Gm_1m_2 的量纲可以任意设置，只要它们共同的量纲为千克·米^3·秒$^{-2}$即可。现在设 G' 为新的引力常量，并且 $G'm_gM'$ 共同的量纲与 Gm_1M 共同的量纲相同，都是千克·米^3·秒$^{-2}$。于是引力公式可以表示为 $F=\frac{G'M'm_g}{r^2}$。该表示法和原来的表示法的形式完全相同。按照新的和旧的表示法，在地球表面同一物体 m_i 受到引力产生的加速度分别为：$a'=\frac{F}{m_i}=\frac{m_g}{m_i}\frac{G'M''}{r^2}$ 和 $a=\frac{F}{m_i}=\frac{m_1}{m_i}\frac{GM}{r^2}$。在上两式中，$m_g$ 与 m_i、G' 与 G、M' 与 M 的数值相同而量纲不同。根据假设，$G'm_gM'$ 共同的量纲与 Gm_1M 共同的量纲相同，数值也相同。则 $a'=a$。以上说明，在满足"m_g 和 m_i 的比值恒定"而量纲不同的条件下，物体产生的加速度仍然相同。因此引文设计的实验原理不成立。

证毕。

相反，如果同一物体在地球表面同一位置的重力加速度是恒定的，则可以证明该物体的引力质量和惯性质量的比值一定是恒定的。

根据引力定律和牛顿第二定律，物体在地球表面的重力加速度为 $g=\frac{m_g}{m_i}\frac{GM}{r^2}$，式中，根据假设，$g$ 是恒定的；G 为引力常数，M 为地球质量，r 为地球半径，都是确定的量，因此 $\frac{m_g}{m_i}$ 的比值是恒定的。

二、在没有证明引力质量与惯性质量相等的情况下，引力公式 $F=mg$ 中的 m 如果是引力质量，不能将 g 视为重力加速度，只能视为引力场强度

该表述与以下表述等价。在没有证明引力质量与惯性质量相等的情况下，

公式 $F=mg$ 中的 g 如果是重力加速度，只能将其中的 m 理解为惯性质量。

按照逻辑，牛顿的引力公式 $F=\frac{Gm_1m_2}{r^2}$ 表示的是引力。即使人为地将右边表示为 $m\cdot\frac{GM}{r^2}=mg$ 的形式，它本质上仍然是引力公式。因为其中的 m 在概念上是引力质量，而 $\frac{GM}{r^2}$ 在概念上是引力场强度，不是重力加速度，而引力场强度和重力加速度是两个完全不同的概念。一个是表征引力场性质的物理量，另一个是表征物体运动状态改变程度的物理量。在没有证明引力质量与惯性质量相同的前提下，不能认为两者的量纲相同，即不能认为引力场强度 $\frac{GM}{r^2}$ 与 g 具有加速度的量纲。在公式 $F=mg$ 中，如果 m 是惯性质量、g 是重力加速度，则 F 可以是引力，即在引力作用下惯性质量为 m 的物体产生的加速度为 g。这是在引力作用下物体遵守牛顿第二定律的具体体现。如果没有牛顿第二定律，将引力定律表示为 $F=mg$ 是没有意义的。

在没有证明引力质量与惯性质量相等的前提下将引力定律表示为 $F=mg$ 是逻辑错误和概念错误。在天平称重的实验中、在卡文迪许用扭秤测量引力常数的实验中，m 都是引力质量；而在各种力的作用下所有物体产生加速度的实验中的 m 都是惯性质量。

三、不能用实验证明引力质量与惯性质量相等的根本原因

我们在前一节已经论述了引力质量与惯性质量两者是两个完全不同的概念，在内涵上两者之间没有任何联系。根本不可能从理论上设计出证明引力质量与惯性质量相等的实验原理，因此也不能用实验证明引力质量与惯性质量相等。

第四节　引力质量和惯性质量相等公设

不能证明引力质量与惯性质量相等，就出现了若干矛盾。在物理学中，惯性质量作为七个基本单位之一，是一个常用的基础性概念。现在只定义了引力质量的单位，没有定义惯性质量的单位，所有导出单位都由七个基本单位导

出，如力的单位（牛顿）是由惯性质量单位和时间单位及长度单位导出的。

没有惯性质量的基本单位，就没有由惯性质量导出的导出单位。卡文迪许用扭秤测量引力常数 G 的值，其原理当然是测量两物体间的引力大小计算 G 的值。现在没有力的单位，怎么计量力的大小？特别是，力是力学中最重要、最基本的概念之一。

不能在理论上证明引力质量和惯性质量相等，实践上对现行物理学将产生非常严重的影响。

要解决上述问题和矛盾，就是承认公理：引力质量和惯性质量相等。

这个公理属于力学公理，设立此公设有很多优点。首先，与现有理论不矛盾，不必修改现行理论；其次，在地球表面测量惯性质量的操作难度大，远没有测量引力质量简便易行；第三，在理论上不能证明引力质量和惯性质量不等。不能证明两者相等与不能证明两者不等的逻辑相同，因此理论上没有后顾之忧。

第五节　等效原理不成立

等效原理是广义相对论的基础和核心，理论上是广义相对论的“公理”，但是等效原理不成立。其表述为加速运动和一个引力场等效，又被称为“弱等效原理”。在升降机中的观察者，不能判断升降机是做加速运动，还是处于引力场中。这是爱因斯坦提出“弱等效原理”的依据。

在非均匀引力场中，惯性力与引力不能完全抵消。如果把研究对象限定在足够小的邻域，就有可能使惯性力和引力完全抵消。为此，只要我们把注意力集中在场变化很小的空间和时间范围内，惯性力和引力就可以精确抵消。基于上述考虑，等效原理可这样表述：在任意引力场中的每一个时空点，有可能选择一个“局部惯性系”，使得在所讨论的那一点附近充分小的邻域内，自然规律的形式与在没有引力场存在时惯性系中的表现形式完全相同。该表述称为“强等效原理”。爱因斯坦认为“等效原理”的本质是“引力质量与惯性质量相等”。

前面已经阐明了无论理论上，还是实际上都不能证明引力质量与惯性质量相等，因此“等效原理”在本质上不成立。

一、“弱等效原理”不成立

1.“升降机实验”在逻辑上说明了引力与惯性力等效

升降机中的观察者在理论上不能判定自己与升降机地板之间的压力是引力还是惯性力。事实上这一等效性从牛顿第二定律 $f=ma$ 就可以看出，其中 f 可以是引力或其他力，ma 就是惯性力。理论上，惯性力与引力的大概念相同，都是力，因此可以等效，但是爱因斯坦却将惯性力与引力等效换为加速运动和引力场等效。

2.“升降机实验”不能证明加速运动与一个引力场等效

加速运动与引力场是两个完全不同的概念，“加速运动”的概念是运动，“引力场”的概念是场，两者风马牛不相及。加速运动中的速度、加速度、产生的位移等引力场没有相应概念与之对应；同样，引力场中的引力场强度、中心天体质量等物理量，加速运动也没有相应物理量与之对应。两者不能等效。

3. 欧氏空间中升降机的空间性质与引力场空间性质完全不同

第六章已经论述了在欧氏空间做加速运动不会改变空间性质，并且说明了欧氏空间的加速参照系中的光速同样为 c 。在第十章将看到，引力场中的光线相对于欧氏空间是弯曲的，光速的速率比欧氏空间的大。欧氏空间的加速参照系的空间性质与引力场不同。

4. 在广义相对论中，加速运动与引力场等效是单向的

广义相对论只能将欧氏空间中的加速运动等效为引力场，不能将引力场等效为欧氏空间中的加速运动。这样单向的“等效”是真正的等效吗？

5.“等效原理”与实践相悖

地球表面是一个引力场。按照“等效原理”，地球表面也是一个加速场，但是实践证明地球表面是一个优良的惯性参照系。按照相对论，惯性参照系的空间性质与引力场完全不同。

6.“等效原理”事实上是广义相对论的公理

虽说“等效原理”是广义相对论的公理，但等效原理不符合物理学公理的设置要求，仅是爱因斯坦的“一人谈”。

综上所述，“弱等效原理”不成立。

二、"强等效原理"不成立

1. "强等效原理"的内容不是"等效原理"

"强等效原理"的表述不是说明两个概念等效，即不是"等效原理"。该表述说的是"在任意引力场中的充分小的邻域内，自然规律的形式与在没有引力场存在时的表现形式相同"。与"弱等效原理"比较，从内容看该表述只有引力场而没有加速运动；从形式看，该表述倒像是相对性原理，在任意引力场中或没有引力场存在时的充分小的邻域内自然规律是不变量。

2. "强等效原理"不成立

（1）在充分小邻域引力场空间与欧氏空间仍然存在差别。根据数学极限理论，即使是在无限小，比充分小还要小的邻域内，曲线和直线仍然存在差别。只是，如果邻域越小，其差别或误差也越小。在逻辑上，强等效原理与下述命题等价。任何曲线在充分小的邻域内都可以看作直线，因此任何曲线都与直线等效。这个命题的荒谬性是显然的，为什么"强等效原理"用上一点"障眼法"后我们就模糊了呢？

（2）即使在充分小邻域内欧氏空间和引力场空间的自然规律形式完全相同，也没有任何实际意义。相对论并没有将这一原理从充分小邻域推广到宏观领域，而且理论上也无法将其推广到宏观领域。微观领域和宏观领域的自然规律完全不同，因此描述微观领域有专门的理论——量子力学。相对论讨论的是宏观领域而不是微观领域。另外，如果在充分小邻域内，欧氏空间和引力场空间的自然规律形式完全相同，为什么不可以用欧氏空间的自然规律形式表达引力场空间的自然规律呢？

（3）利用非欧空间中充分小邻域讨论问题的目的，是获得表示非欧空间内在性质的度规函数。这是利用充分小邻域的一个性质，可以近似看作欧氏空间，并且两点之间的距离与坐标系的选取无关。理论上可以求出非欧空间的度规函数，即非欧几何的度规函数。由于度规函数是在充分小邻域的非欧空间与欧氏空间比较得到的，作用是表达非欧空间与欧氏空间内禀性的差异。空间存在度规函数本身就说明该空间不是欧氏空间，理论上不能将自然定律从一个高斯坐标系变换到另一个高斯坐标系。

三、等效原理的逻辑混乱

强等效原理、弱等效原理和等效原理的本质概念不同，三种原理说的不是同一回事，其概念没有关联性。从其中一个原理不能推导出另一个原理，“等效原理”的逻辑混乱。

如果相对论必需一个等效原理，逻辑而言，只有加速运动和一个引力场等效才可以称作等效原理。因为狭义相对论仅讨论惯性运动一种运动，不能描述加速运动。如果没有弱等效原理，广义相对论同样不能描述加速运动。因此弱等效原理的理论作用是使广义相对论可以描述加速运动。

事实上，在广义相对论中，同样不存在加速运动。加速运动都被等效为引力场了。广义相对论是用几何方法研究运动，用数学方法研究物理。如果相对论对我们说，运动学与几何学等效，物理学与数学等效，我们可以相信吗?

逻辑而言，等效原理旨在用引力场空间的语言描述欧氏空间。如果这一观点成立，则逻辑上说明可以用黎曼几何的语言描述欧氏几何，甚至也可以描述罗巴切夫斯基几何。这显然不可能，因此“等效原理”不成立。

第十一章　光子在引力场中的运动

根据牛顿力学，若某一球形天体的质量为M，半径为r，当$R\geqslant r$时，某一质量为m的物体受到该天体的引力为：$f=\frac{GmM}{R^2}$。

如果某一星系或星系团的质量为M，半径为r，当某一质量为m的物体与其中心的距离$R>r$时，受到的引力同样为：$f=\frac{GmM}{R^2}$。在这两种情况下，中心天体都可以看作质量为M的一个点。

如果天体（含星系和星系团）内部质量分布均匀，当某一质量为m的物体与其中心的距离$R<r$时，受到的引力为：$f=\frac{GmM}{r^3}R$。

根据牛顿引力定律，上式说明，中心天体的半径只要不为0，即使是在引力场的中心，物体受到的引力就不可能无限大，这说明引力场没有引力奇点。

为了简便，后面讨论的引力场都满足条件$R\geqslant r$，不讨论$R<r$时的情况。

第一节　光子在引力场中的速度

1919年5月29日，英国天体物理学家爱丁顿领导的观测队，在非洲西部的普林西比岛拍摄了日全食时太阳附近的星空照片，第一次定量地证实了广义相对论关于光线弯曲的预言，爱因斯坦按照空间弯曲的观点解释了这一现象。

另一方面，如果将光看作粒子（光子），根据动力学理论，光线弯曲现象可以认为是光子在引力场中的速度发生了改变。这一观点可以得到什么结论，是否和实验吻合呢？下面按照这一思路讨论光子在引力场中的速度变化。

设有一束光从无限远的欧氏空间的P点，射向质量为M、半径为r的天体O产生的引力场空间，初始方向为PB，在引力作用下光线向引力场中心方向弯曲。在到达该天体表面的某点A时，光子的速度在M的引力作用下由c增加为C，并且与天体表面相切。根据万有引力定律，引力对光子从P到A所作的功为

$$\Delta E=\int_{\infty}^{r}\frac{G\mu M}{x^2}\mathrm{d}x=\frac{G\mu M}{r} \qquad (11-1)$$

其中，$\mu=2h/c^2$，为光子的质量，h为约化普朗克常数。

如图11－1，设光线从无限远处的P点射向天体O。如果没有天体O的引力，光线将一直沿着直线PB方向运动，现在由于天体的引力，光线的实际方向是沿着曲线PA前进，并且在A处与天体的表面相切。$OA=r$是天体O的半径。过A点做直线$AB\perp PB$交PB于B，过A点做$\odot O$的切线AD交PB于D。

在$\mathrm{Rt}\triangle ABD$中，若DB表示光线在原来欧氏空间中的光速c，即$DB=c$。BA表示光线在天体引力作用下速度的改变量v，即$BA=v$，则DA就是光线在A处的速度及方向，即$DA=C$。$\mathrm{Rt}\triangle ABD$就是光子的速度矢量三角形，光线到达A点时方向的改变量为$\alpha=\angle ADB$。另一方面，根据牛顿力学的动能公式，光子原来的能量为$E_0=\frac{1}{2}\mu\cdot c^2=h=DB$，光子增加的能量为$\Delta E=\frac{G\mu M}{r}=BA$。根据第五章光子的能量的分析，有$\Delta E=\frac{G\mu M}{r}=\frac{1}{2}\mu\cdot v^2$。$\triangle ABD$既是

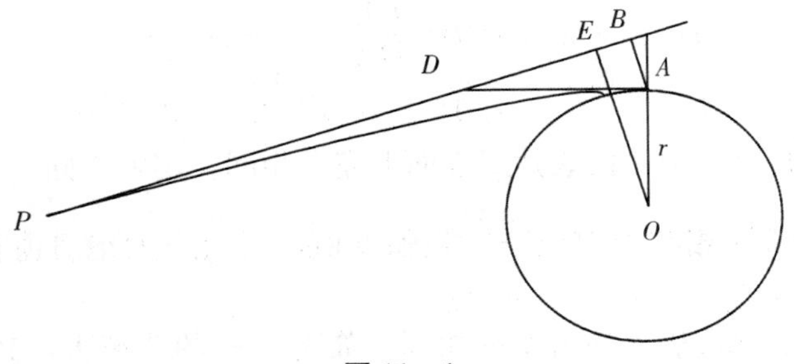

图 11－1

光子的速度三角形，又是能量三角形，因此有$\frac{\Delta E}{E_0}=\frac{v}{c}=\frac{BA}{DB}$。

$$v=BA=\frac{\Delta E}{E_0}\cdot c=\frac{G\mu M/r}{\frac{1}{2}\mu\cdot c^2}=\frac{2GM}{r\cdot c} \tag{11-2}$$

(11－2) 式代入 $\Delta E=\frac{1}{2}\mu v^2$，有

$$\Delta E=\frac{1}{2}\mu\cdot\left(\frac{2GM}{r\cdot c}\right)^2 \tag{11-3}$$

根据 (5－24) 式，光子在天体表面 A 处的能量为

$$\begin{aligned} E &=E_0+\Delta E \\ &=\frac{1}{2}\mu\cdot c^2+\frac{1}{2}\mu\cdot\left(\frac{2GM}{r\cdot c}\right)^2 \\ &=\frac{1}{2}\mu\cdot c^2\left[1+\left(\frac{2GM}{r\cdot c^2}\right)\right] \end{aligned} \tag{11-4}$$

因为
$$E=\frac{1}{2}\mu\cdot C^2$$

所以
$$C^2=c^2\left[1+\left(\frac{2GM}{r\cdot c^2}\right)^2\right]$$

$$C=c\cdot\sqrt{1+\left(\frac{2GM}{r\cdot c^2}\right)^2} \tag{11-5}$$

(11－5) 式就是光子在天体表面的速度公式。

在 Rt△ABD 中，知道了 DB、BA 和 DA 的值，就可以求出∠ADB 的值

所以
$$\text{tg}\,\alpha=\text{tg}\angle ADB=\frac{BA}{DB}=\frac{\frac{2GM}{rc}}{c}=\frac{2GM}{rc^2} \tag{11-6}$$

或

$$\cos\alpha=\cos\angle ADB=\frac{DB}{DA}=\frac{1}{\sqrt{1+\left(\frac{2GM}{r\cdot c^{2}}\right)^{2}}}\qquad(11-7)$$

（11－6）式与广义相对论的表达式表面上完全相同，实际不同。（11－6）式中的$\frac{2GM}{rc^2}$是正切值，相对论中的$\frac{2GM}{rc^2}$是弧度值。当$\frac{2GM}{rc^2}$的绝对值很小时，$\frac{2GM}{rc^2}$的正弦、正切、弧度表示的角度都相同。如果$\frac{2GM}{rc^2}$的值越大，其正弦、正切、弧度表示的角度的差异越大。其中，正切表示的角度最小，弧度表示的次之，正弦表示的角度最大。例如，若$\frac{2GM}{rc^2}=1$，正切表示的角度为45°，弧度表示的角度约57°，正弦表示的角度为90°。（11－6）式与广义相对论的表达式在内涵上有差别。

光线在引力场中弯曲是对称的，如果考虑到光线离开引力场时产生的弯曲，则弯曲的角度是（11－6）式的两倍，即

$$2\alpha=2\mathrm{tg}^{-1}\frac{2GM}{rc^{2}}\qquad(11-8)$$

代入太阳有关数据，有$2\alpha=1.75''$。这个结果与日全食时星光掠过太阳表面观察到的弯曲结果是一致的。

如果将天体表面的点R理解为引力空间中的任意一点，根据（11－5）式，引力场中任意一点R的光子速度为

$$C=c\cdot\sqrt{1+\left(\frac{2GM}{Rc^{2}}\right)^{2}}\qquad(11-9)$$

从无限远处的欧氏空间到该点，光线被引力场弯曲的角度为

$$\mathrm{tg}\,\alpha=\frac{2GM}{R\cdot c^{2}}\qquad(11-10)$$

分析结果证明了三点结论。

（1）光子是有质量的。

（2）光子是物质的运动形态，光子的能量是动能。

（3）光子质量与动能E的关系为$E=\frac{1}{2}\mu\cdot c^{2}=h$。

在《粒子与宇宙》一书中说：“广义相对论预测了引力作用引起的光的弯曲。基于牛顿观点的旧的引力理论也预测了这种现象，但广义相对论预测光弯

曲的程度要比旧理论的预测大出两倍，这是由时空的弯曲造成的。大质量天体会扭曲它们周围的空间，包括光束在内的所有物体的轨道都被弯曲了。这个效应已经通过多种方法得到了证实，其中一种方法是测量星体发出的光经过太阳附近时星体位置的改变。太阳的存在使得星体发出的光发生偏转，从而我们观察到星体位置的改变。得到的结果和广义相对论非常吻合。”

这一段引文，抬高了广义相对论，贬低了牛顿经典理论。从（11－6）式可以看出，经典理论得到的光线在引力场中的弯曲结果与广义相对论完全相同。引文称“广义相对论预测光弯曲的程度要比旧理论的预测大出两倍”，是由于相对论计算光子在引力场中的弯曲时，光子质量是根据相对论的质能公式 $E=mc^2$ 得到的，本文的光子质量根据牛顿力学的动能公式得到。由牛顿力学得到的光子质量是相对论光子质量的 2 倍。根据经典理论得到的结果（11－6）式完全与广义相对论的结果相同，不存在“广义相对论预测光弯曲的程度要比旧理论的预测大出两倍”，这也说明牛顿的经典理论是正确的。

上述光子在引力场中的运动的讨论结果说明，相对于欧氏空间而言，光线在引力场中是弯曲的。弯曲的原因完全是由于光子受到引力作用，其速率和方向发生了改变，不存在空间弯曲。

第二节　引力场的特征半径、相对强度和特征值

在公式（11－5）和（11－6）式中，$\frac{2GM}{c^2}$正是广义相对论中的史瓦西黑洞半径。令

$$R_T=\frac{2GM}{c^2} \tag{11-11}$$

其中 R_T 称作引力场特征半径，简称特征半径。特征半径和史瓦西黑洞半径相同，纯属巧合。这里将史瓦西半径称作特征半径，是因为它们的物理意义不同。史瓦西半径必须存在于史瓦西黑洞中，假如某天体不是史瓦西黑洞，它就没有史瓦西半径。引力场特征半径事实上并不存在，它纯粹是理论上的意义。其物理意义是指把质量为 M 的天体按$\frac{2GM}{C^2}$的方式压缩后得到的球体半径。从

此意义上讲，所有天体都存在“特征半径”。“特征半径”是代表引力场特征的一个物理量，仅同天体质量 M 有关。M 越大，R_T 也越大，引力场可以达到的绝对强度也越大。

假设天体是半径为 r 、密度为 ρ 的理想天体，则其质量为 $M=\frac{4}{3}\pi\cdot r^3\rho$，则（11－11）式可以表示为 $R_T=\frac{\frac{8}{3}\pi\cdot r^3\rho G}{c^2}$。这说明天体的特征半径与天体的半径的立方和天体的密度成正比。因此，一般而言，天体的特征半径大于 0 且没有上限。

将太阳的质量代入（11－11）式，得到太阳的特征半径为 $R_T=2\ 948.14\ \text{m}$。这表示如果太阳是一个黑洞，它的半径不到 3 km。说明恒星的特征半径一般都很小。

对引力场中任意一点 R，比值 $\frac{R_T}{R}=\frac{2GM}{Rc^2}$ 叫作引力场在 R 处的相对强度，简称引力场相对强度或相对强度。

假设天体半径为 r。当 $R=r$，即在天体的表面，$\frac{R_T}{r}$ 称作天体的最大引力场相对强度，表示在该引力场空间中能够到达的最大相对强度。因为在天体表面的引力场强度是引力场中的最大值。

根据（11－11）式，（11－6）式可以表示为

$$\text{tg}\ \alpha=\frac{R_T}{r} \tag{11-12}$$

（11－12）式有着非常明确的物理意义。光线在天体表面产生最大弯曲角度的正切等于该点的引力场相对强度。如果 M 确定，则 R_T 确定，则 r 越大，$\frac{R_T}{r}$ 的值越小，光线弯曲的角度越小；r 越小，$\frac{R_T}{r}$ 的值越大，光线弯曲的角度越大。

在（11－9）式 $C=c\cdot\sqrt{1+\left(\frac{2GM}{R\cdot c^2}\right)^2}$ 中，R 为引力场中任意一点 R 到引力场中心的距离。令

$$\beta_R=\sqrt{1+\left(\frac{2GM}{R\cdot c^2}\right)^2}$$

$$=\sqrt{1+\left(\frac{R_T}{R}\right)^2} \tag{11-13}$$

（11－13）式称作引力场 R 点的特征值，简称特征值。

从（11－13）式可以看出，对中心天体质量 M 确定的引力场，β 仅是一个与 R 有关的位置函数。当 $R=r$ 时，即 R 为天体半径时，令

$$\beta(r)=\beta_r \tag{11-14}$$

β_r 称作引力场特征值的最大值，就是在被考量的引力场空间 β 所能达到的最大值。

特别的，当 R 趋近于∞时，规定 $\beta=1$；因此 $\beta\geqslant1$。

根据（11－14）式，光子在天体表面的速度即（11－5）式可以表示为

$$C=c\beta_r \tag{11-15}$$

根据（11－15）式，显然从引力场外部入射到引力场中任意一点 R 处的光子速度为

$$C=c\beta_R \tag{11-16}$$

（11－16）式说明引力场 R 处特征值的物理意义是该点光子速度与欧氏空间中光速 c 的比值。

根据前面的推导，（11－16）式表示从无限远处的欧氏空间入射到引力场中任意一点 R 处的光子速度。如果在引力场中任意一点 R 处的原子产生辐射，其光子速度应该是多少呢？显然其速度仍然是 $C=c\beta_R$。因为如果其速度不是 $C=c\beta_R$，无论它比 $c\beta_R$ 大或小，在理论上都可制造成功第一类永动机。因此，根据能量守恒定律，在引力场中的原子产生的辐射，其速度只能是与外部入射到该原子处的速度相同，都是 $C=c\beta_R$。

（11－16）式说明以下四点。

（1）光子在引力场中的速度，与其方向无关，与其在哪里产生或从哪里来无关；只与其在引力场中的位置（R）有关，与中心天体的质量有关。

（2）光子在引力场中的速度与所在位置的引力场相对强度有关，即与中心天体的质量有关，相对强度越大光子速度也越大。

（3）R 越大，β 的值越小，光子在该点的速度越小；R 越小，β 的值越大，光子在该点的速度越大。

（4）引力场中光子速度只有下限 c，没有上限。

特别的，若天体为史瓦西黑洞，在史瓦西黑洞的表面，$r=\frac{2GM}{c^2}$，即天体

的特征半径。根据（11－16）式，在该处的特征值为

$$\beta(r)=\sqrt{2} \tag{11-17}$$

在史瓦西黑洞表面的光子速度为

$$C_r=\sqrt{2}\cdot c$$
$$=4.2426\times10^8\ (\mathrm{m}) \tag{11-18}$$

如果黑洞的实际半径小于史瓦西黑洞半径，则光子在黑洞表面的速度可以更大。在史瓦西黑洞的表面，根据（11－12）式，$\mathrm{tg}\,\alpha=1$，$\alpha=\frac{\pi}{4}$。因此光线在史瓦西黑洞表面的最大弯曲角度见图 11－2，其值为

$$2\alpha=2\times\frac{\pi}{4}=\frac{\pi}{2} \tag{11-19}$$

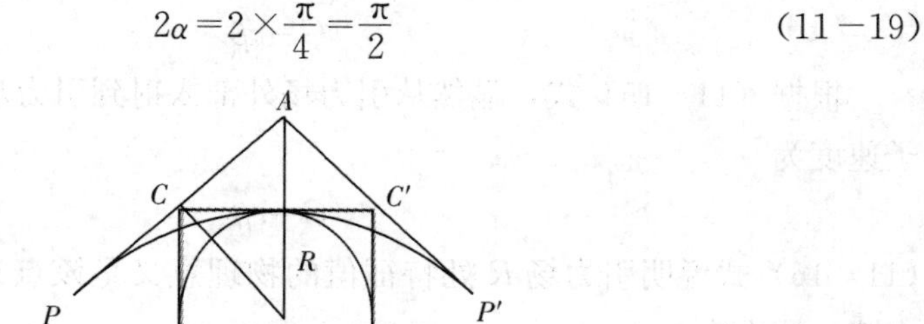

图 11－2

图中，OR 是史瓦西黑洞半径，PRP' 是光线掠过史瓦西黑洞表面的轨迹。$\angle PAO=\angle OAP'=\frac{\pi}{4}$。如果黑洞的实际半径小于史瓦西黑洞半径，则光线掠过黑洞表面产生的弯曲完全可以大于直角。

广义相对论将史瓦西黑洞半径处称作视界。意思是以视界为分水岭，我们只能观测到视界以外的信息，不能观测到视界以内的信息，包括光线。广义相对论将这一类天体称作黑洞。根据以上分析，说明光线事实上完全可以从黑洞内部射向外部，因为在黑洞表面的光子速度是$\sqrt{2}c$，而不是 c，因此黑洞不存在“视界”，即不存在广义相对论意义的“黑洞”。按照广义相对论，光线掠过天体表面产生的弯曲角度为 $\alpha=\frac{2GM}{r\cdot c^2}$，是弧度制。因此图 11－2 中 $\angle PAO=\angle OAP'\approx57°$。这同样说明不存在广义相对论意义的黑洞。由于历史原因，后

面将半径 $r \leqslant \frac{2GM}{c^2}$ 的天体仍称作黑洞。

根据现行理论，中子星的质量为太阳质量的 2 倍，半径为 10 km。中子星表面的 β_r 为

$$\beta_r = 1.161 \tag{11-20}$$

中子星表面的光子速度为

$$C = c\beta_r = 3.483 \times 10^5 \ (\text{km}) \tag{11-21}$$

中子星表面的光子速度比欧氏空间快 4.83×10^4 km。光线在中子星表面可以产生的最大弯曲角度为

$$2\alpha = 61°4' \tag{11-22}$$

以上三式说明中子星表面的引力场强度很大，可以和黑洞表面相比较，和黑洞表面差不多。

根据现行理论，白矮星的质量最大为太阳质量的 1.44 倍，半径为 10^3 km，白矮星表面的 β_r 值为

$$\beta_r = 1.000\ 009\ 017 \tag{11-23}$$

白矮星表面的光子速度为

$$C = c\beta_r = 3.000\ 027 \times 10^5 \ \text{km} \tag{11-24}$$

白矮星表面的光子速度仅比欧氏空间快 2.7 km。光线在白矮星表面产生的最大弯曲角度为

$$2\alpha = 29'12'' \tag{11-25}$$

以上数据说明白矮星表面的引力虽然很大，但是对光速的影响却不大。

特别的，在太阳表面的值为

$$\beta_r = 1 + 9 \times 10^{-12} \qquad 11-26)$$

太阳表面的光子速度为

$$C = c\beta_r = 3. \times 10^8 + 2.7 \times 10^{-3} \ (\text{m}) \tag{11-27}$$

在太阳表面的光子速度仅比欧氏空间快 2.7 cm。太阳表面的引力对光速的影响非常小，即对时空标准或时空计量的影响非常小，完全可以忽略。完全可以将太阳表面看作欧氏空间。

第三节　光线到天体的距离

在图 11－3 中，假设 PE 是光线没有受到引力场影响时的方向，即光线在欧氏空间时的初始方向。若 $OE \perp PE$，$OE = d$，其中 O 是天体的中心，则 d 称作光线到天体的距离，曲线 PB 是该光线受到引力场影响时的轨迹，B 是天体表面的一点。若天体的半径为 r，则 $OB = r$。第一节演绎了光子满足万有引力定律、能量守恒定律，光子速度满足矢量法则，光子具有质量，因此光子在保守场中满足角动量守恒。

根据牛顿力学，光子在无限远处的 P 点时相对于天体的角动量为 μcd，在 B 处的角动量为 $\mu \cdot C \cdot r = \mu \cdot c \cdot \beta_r \cdot r$。引力是保守力，在此情况下光子的角动量守恒，因此有

$$\mu \cdot cd = \mu \cdot c \cdot \beta_r \cdot r$$

即

$$d = \frac{\mu \cdot c \cdot \beta_r r}{\mu \cdot c} = r\beta_r \tag{11-28}$$

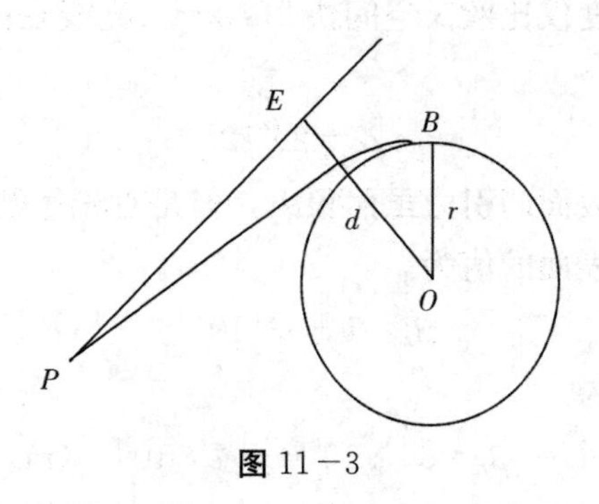

图 11－3

令

$$d_r = r\beta_r \tag{11-29}$$

(11－29) 式中的 d_r 是光线到天体的切距。称作切距是由于光线的实际轨迹与天体表面相切，如果不与天体表面相切，而是与天体相离或相交，则不能称作切距。这说明天体的切距是光线在引力场作用下，与天体表面相切时的初始方

向到天体中心的距离，如图 11－3 中的 OE。（11－29）式说明：第一，若天体的质量和半径确定，则该天体的切距也是确定的；第二，天体的切距是天体半径 r 的 β_r 倍。天体的切距表示所有与天体距离为切距的光线，都必然与天体的表面相切。切距是所有光线初始方向与天体距离的最小值。因此，切距也是一种临界距离，比切距小的光线距离都将落入天体。

入射到引力场中的光线，其结果与引力场中的天体是相离、相切或落入天体，由（11－29）式确定。

若：$d>d_r$，光线与天体相离；$d=d_r$，光线与天体相切；$d<d_r$，光线落入天体。

入射引力场的光线与引力场天体的相对关系由光线到天体的距离 d 唯一确定。

根据（11－29）式，我们可以得到

$$\begin{aligned} d_r &= r\beta_r \\ &= r\sqrt{1+\left(\frac{2GM}{r\cdot c^2}\right)^2} \\ &= \sqrt{r^2+r_T{}^2} \end{aligned} \qquad (11-30)$$

或者，

$$d_r{}^2 = r^2 + r_T{}^2 \qquad (11-31)$$

即天体的切距 d_r、半径 r、特征半径 r_T 组成一个直角三角形。其中切距 d_r 是直角三角形的斜边。说明天体的切距有非常重要的内涵。根据（11－31）式，黑洞的切距为：

$$d_r = \sqrt{2}\cdot r_T \qquad (11-32)$$

当光线与天体的距离为切距时，光线将在天体表面与天体相切，相切时与天体的距离为 r。当光线与黑洞的距离是切距时，光线将被黑洞引力拉到 r_T 的距离，这时光线被黑洞拉近的距离为

$$\Delta d = d_r - r_T = (\sqrt{2}-1)\ r_T \qquad (11-33)$$

被拉近的相对量为

$$\frac{\Delta d}{r_r} = \frac{\sqrt{2}-1}{\sqrt{2}} = 0.292\ 9 \qquad (11-34)$$

说明黑洞的引力场很强，光线被拉近了将近 0.3 的距离。假设中子星的质量为太阳质量的 2 倍，半径为 10 km，因此中子星的切距为

$$d_r = r \cdot \beta_r = 10 \times 1.161 = 11.61 \text{ (km)} \tag{11-35}$$

光线在这种情况下被中子星拉近的距离为

$$\Delta d = d_r - r = 1.61 \text{ (km)} \tag{11-36}$$

被拉近的相对量为

$$\frac{\Delta d}{d_r} = \frac{1.61}{11.61} = 0.1387 \tag{11-37}$$

说明中子星的引力场也非常强。

假设白矮星的质量为太阳质量 的 1.44 倍，半径为 10^3 km，白矮星的切距为

$$d_r = r \cdot \beta_r = 1.000\,009\,017 \times 10^3 \text{ (km)} \tag{11-38}$$

光线在这种情况下被白矮星拉近的距离为

$$\Delta d = d_r - r = 9.017\text{m} \tag{11-39}$$

被拉近的相对量为：

$$\frac{\Delta d}{d_r} = \frac{9.017}{1\,000\,009.017} = 9.017 \times 10^{-6} \tag{11-40}$$

说明白矮星的引力场相对于中子星和黑洞就比较弱了。

特别的，太阳的切距为：

$$\begin{aligned} d_r &= r \cdot \beta_r = 6.95 \times 10^5 \times (1 + 9 \times 10^{-12}) \\ &= 6.95 \times 10^8 + 6.255 \times 10^{-3} \text{ (m)} \end{aligned} \tag{11-41}$$

光线在这种情况下被太阳拉近的距离为：

$$\Delta d = d_r - r = 6.255 \times 10^{-3} \text{ (m)} \tag{11-42}$$

被拉近的绝对量仅为 6.255 mm，拉近的相对量在一般情况下完全可以忽略。这说明与中子星和黑洞相比，太阳的引力场就更弱。

入射到引力场中的星光最终是与引力场中心天体的表面相离、相切或落入天体，由星光最初的入射方向确定。如图 11－4，图中的 P 点是远处发光天体一束光的入射点，PB 是最初的入射方向，DA 是发光天体与引力场中心天体表面相切的方向。设光线在引力场中的最大弯曲角度为 α，α 由（11－12）式 $\operatorname{tg}\alpha = \frac{R_T}{r}$ 确定。当 $\angle ADB > \alpha$ 时，光线与天体表面相离；当 $\angle ADB = \alpha$ 时，光线与天体表面相切，这时天体中心到光线 PB 的距离就是该天体的切距 d_r；当 $\angle ADB < \alpha$ 时，光线落入天体。

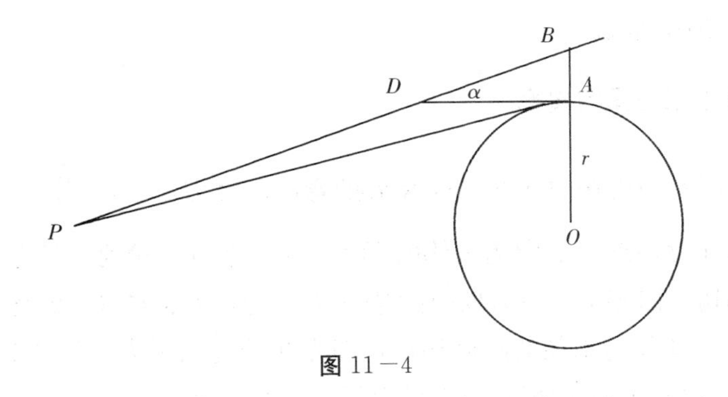

图 11－4

当光线与天体表面相离时，光线产生的弯曲、光子速度产生的变化一般很小，都可以忽略。

第四节　光线在引力场中任意一点的弯曲角度和引力场空间的曲率

一、光线在引力场中任意一点的弯曲角度

按照欧氏空间的标准，光线在引力场空间中是弯曲的。当光线与引力场中心天体的表面相切时，光线的弯曲达到极大值 $\alpha=\mathrm{tg}^{-1}\dfrac{R_{\mathrm{T}}}{r}$。光子在引力场中任意一点 R 的速度为 $C=c\beta_R$，R 越小，C 越大，光线距离引力场中心越近弯曲越厉害，到达天体表面时弯曲最厉害。光线在引力场中任意一点 R 的弯曲角度与 R 有什么联系，或者说有什么规律呢?

这个规律是存在的。天体的质量和半径没有确定的关系，即质量确定的天体，其半径可大可小。欲求光线在引力场中任意一点 R 处的弯曲角度，我们可以将 R 想象为该处就是天体的表面，R 就是天体的半径。在 R 处，总可以找到一条光线与想象的天体表面相切。该光线在引力场 R 处的弯曲角度为

$$\alpha=\mathrm{tg}^{-1}\frac{R_{\mathrm{T}}}{R} \tag{11－43}$$

需要注意的是 α 的物理意义，它不是光线仅仅在 R 一点的弯曲角度，而是光线从无限远处的欧氏空间入射到引力场 R 处时产生的弯曲总和。R 越小，对

弯曲角度的贡献越大。

二、引力场空间的曲率

由于光线在引力场中任意一点 R 处的弯曲角度为 $\alpha = \mathrm{tg}^{-1}\dfrac{R_T}{R}$，又由于可以将引力场中任意一点 R 想象为天体的半径，该点总可以找到一条光线与想象的天体表面相切。即光子在引力场中任意一点 R 处的速度方向，始终与以引力场中心为圆心、以 R 为半径的圆面相切，即光线始终以引力场中心为曲率中心。为此定义引力场空间的曲率：引力场中任意一点 R 处的曲率为

$$e = \frac{1}{R} \qquad (11-44)$$

（11－44）式说明引力场空间任意一点的曲率半径为该点到天体中心的距离 R。如图 11－5，光线轨迹在天体附近有含着天体的趋势，在光线两端有向天体方向弯曲的趋势称作光线向物质密度大的方向弯曲。

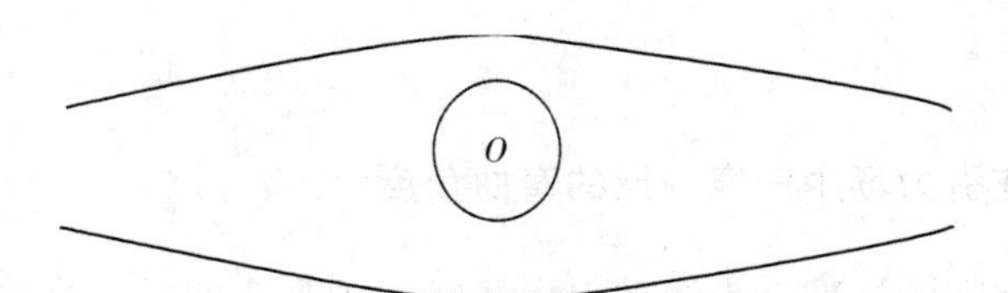

图 11－5　光线向物质密度大的方向弯曲

当光线向物质密度大的方向弯曲时，光线的曲率半径 R 与该点到引力场中心的距离 R 同方向。为此规定，当光线的曲率半径 R 与该点到引力场中心的距离 R 同方向时，曲率半径 $R>0$，即 $e>0$。

根据此规定，在 $R=r$ 处，即天体表面 $e=1/r$，引力场空间的曲率达到最大值；当 R 趋向无限大时，$e=0$ 。这就是欧氏空间的曲率。

上述定义说明引力场空间的曲率恒为正。

曲率的定义还说明在引力场中任意一点 R 处的曲率与引力场天体质量 M 无关，与具体的光线无关。

要说明的是，空间存在曲率不是表明空间弯曲。曲率的定义说明曲率的物理意义是按照欧氏空间的标准，表征光线在空间中任意一点处光线的弯曲程度和弯曲方向的一个物理量。

根据本章第一节的分析，光线在引力场中弯曲程度与引力场的相对位置有关，光线从天体中天方向入射到天体表面产生的弯曲为零；光线从恒星地平线方向入射到恒星表面产生的总弯曲最大，该弯曲是光线经过引力场中无限距离的累积效应，不是一个点产生的效应，这是在理解引力场空间中点的曲率时必须注意的。

第五节　小结

首先，光子具有恒定的质量，光子在引力场中遵从万有引力定律、牛顿运动定律、能量守恒定律和角动量守恒，光子速度满足矢量法则。这充分说明光子的本质是粒子，是质点。

其次，光线在引力场空间弯曲，是光的粒子性在引力场空间的宏观表现形式，完全是引力对光子质量作用的结果，与物体在引力场中运动轨迹是曲线的原因相同，不存在引力场空间是弯曲的。

再次，根据（11－43）式 $\alpha = \mathrm{tg}^{-1}\dfrac{R_{\mathrm{T}}}{R}$，说明离引力场中心的距离 R 越小，对光线产生弯曲的贡献越大；根据（11－9）式 $C = c \cdot \sqrt{1 + \left(\dfrac{2GM}{Rc^{2}}\right)^{2}}$，说明 R 越大，越趋向无限大，C 就趋近 c，光线的轨迹就趋近于一条欧氏空间意义的直线。直线是光线两端 R 越趋向无限大时的渐近线。光线在引力场中的轨迹不是抛物线，更不是椭圆线，而是欧氏空间意义的双曲线。

最后强调说明，本章涉及的所有概念和物理量都是欧氏空间，而不是引力场空间的概念和物理量。例如，本章的所有公式中的时空计量标准秒和米，仍是欧氏空间中的标准，这些公式都是根据欧氏空间的公式推导而来，并未对其中的时间和长度标准作相应的变换。又如，推导中运用了万有引力定律，而万有引力定律也是欧氏空间的表达式，牛顿提出万有引力定律时，还没有发现引力场空间的时空与欧氏空间的时空不同。再如前一条分析结论，引力场中光线轨迹是双曲线，也是欧氏空间的观点。对引力场空间的观察者而言，并不认同这一观点。

第十二章　引力场空间的性质

第一节　引力场空间的光速及时间速率和空间密度

在引力场中，光子速度是一个变量。那么，在引力场中的光速及时间速率和空间密度会发生怎样的改变呢?

光子在引力场中吸收引力能量使速度增加，在引力场中任意一点 R 处光子的速度为 $C=c\beta_R$。根据光的传播模型可以证明，假设某一线性传播单色光的某一光子，在某一时刻经过欧氏空间中的 P 点，经过时间间隔 t_1 后到达引力场空间中的 R_1 点，又经过时间间隔 t_2 后经过 R_2 点。则该单色光以后所有的光子，在经过 P 点后，在时间间隔 t_1 后必然到达引力场空间中的 R_1 点，在时间间隔 t_2 后必然经过 R_2 点。这说明，若单色光在单位时间内经过欧氏空间中的 P 点的光子数为 ω_0，则在相同时间内经过引力场空间中的 R_1、R_2 点的光子数同样为 ω_0。若单色光在欧氏空间的频率为 ω_0，若引力场空间中的频率为 ω，则有

$$\omega=\omega_0 \tag{12-1}$$

(12－1) 式说明单色光在引力场空间中传播有两个特点，一是欧氏空间中的单色光入射到引力场空间中的频率不变；二是欧氏空间中的单色光入射到引力场空间中的光子数不变。光辐射的这两个特点说明光在引力场空间传播同样遵守光子数量守恒，也是光子质量守恒，它揭示了光子的本质是物质。

现在按照欧氏空间中秒和米的定义，分析引力场空间中秒和米的实际值。为了叙述方便，我们用 t_0 和 l_0 代表欧氏空间的秒的时长及米的长度。在引力场中秒和米相应的值用 T_0 和 L_0 代表。

根据光子在引力场中的运动，可以发现在引力场中秒的时长同在欧氏空间中完全相同，即在引力场中的时间速率同在欧氏空间中完全相同。

$$T_0=t_0 \tag{12-2}$$

这可以从两个方面说明。

一方面，十一章已经说明，公式中的时空计量标准均是欧氏空间的标准，（11－15）式 $C=c\beta(R)$ 表示的物理意义是，在欧氏空间中一秒钟的时间间隔内，光子速度从欧氏空间中 c 增加为在引力场中 R 点的 $c\beta$。速度增加的物理意义表示在相同的单位时间内走的路程增加。并且，公式 $C=c\beta(R)$ 是根据欧氏空间的公式推导演绎的。这意味着，在引力场中秒的时长同欧氏空间完全一样，因此 $T_0=t_0$

另一方面，（12－1）式说明在引力场中，与欧氏空间相同时长（一秒）内，光的频率与欧氏空间相同。按照秒的定义，这意味着，对现行定义时间标准秒专用的单色光而言，该单色光在相同时间（一秒）内引力场中含有的波动周期数和在欧氏空间中含有的波动周期数相同。按照现行的时间标准“秒”的定义，引力场空间的时间标准与欧氏空间相同，因此 $T_0=t_0$。说明引力场空间中的时间速率与在欧氏空间中的时间速率完全相同。

现在分析引力场空间中米的实际长度。现行米的长度是根据“欧氏空间中光在相同时间内走的路程也相同”这一原理定义的。按照该定义，光在欧氏空间中运行一米距离的时间间隔内，在引力场空间运行的距离就是引力场空间中的“米”的实际长度。根据这一思路，我们分析 L_0 和 l_0 的关系。设光在引力场中用 Δt 的时间走了 ΔL 的距离，光在欧氏空间中用 Δt 的时间内走了 Δl 的距离。由于 Δl 和 ΔL 都是光在相同时间 Δt 内走的距离，因此，虽然 Δl 和 ΔL 的实际长度可能不同，但是，按照“米”的定义，两者包含的基本长度单位米的数值（读数）完全相同。即 $\dfrac{\Delta l}{l_0}=\dfrac{\Delta L}{L_0}$。按照现行“米”的定义，在相同的时间内，光线在欧氏空间和引力场空间传播的距离相同。在单位时间内，光在欧氏空间传播的距离为 c，在引力场空间传播的距离为 C，上式变成 $\dfrac{c}{l_0}=\dfrac{C}{L_0}$。说明在欧氏空间和引力场空间中，光速包含的“米”数量相同。或者说，欧氏空间和引力场空间的光速相同。这个结论也说明了光速 c 和长度标准“米”是循环定义。另一方面，根据上式有

$$\frac{L_0}{l_0}=\frac{\Delta L}{\Delta l}=\frac{\Delta L/\Delta t}{\Delta l/\Delta t}=\frac{C}{c}=\frac{c\beta}{c}=\beta_R$$

所以

$$\frac{L_0}{l_0}=\frac{C}{c}=\beta_R \tag{12-3}$$

式中的 $\dfrac{L_0}{l_0}$ 正是空间密度的表达式。说明：

第一，引力场空间的密度比欧氏空间的密度小。第二，由于引力场特征值β_R是一个与位置R有关的变量，因此引力场空间的空间密度$\frac{L_0}{l_0}=\beta$也是一个与位置R有关的变量，它们都随R的减小而减小。第三，引力场空间的空间密度仅是一个位置函数，与方向无关。

根据（12-3）式，有

$$L_0=\beta_R l_0 \tag{12-4}$$

说明引力场空间中长度标准（米）实际上比欧氏空间中长度标准米长。并且引力场空间的长度标准L_0也是一个与位置R有关的变量，它们都随R的减小而增长。同样，引力场空间的长度标准L_0的长度与方向无关。

根据（12-4）式，同一根棍子，在引力场空间对其长度计量的值（读数）比在欧氏空间的计量值小。其本质是在引力场空间中棍子的长度并没有变化，只是长度的计量标准变大了。

现在分析β的取值范围。由于$\beta=\sqrt{1+\left(\frac{2GM}{Rc^2}\right)^2}$，对一般恒星而言，其特征半径$r_T$都不大，例如太阳的$r_T$不到3 km。公式中$R$的取值范围为$r\sim\infty$，$r$为天体半径。当$R$从$\infty$变化到$r$时，$\beta$的值相应地从1变化到1.000 000 000 009。对一般恒星而言，即使R的值从∞变化到r，β值的变化率还不到10^{-10}，特征值的变化是非常微小的。虽然按照欧氏空间定义确定的引力场中长度基本单位“米”是一个变量，但是其变化率非常小。

当天体为白矮星、中子星或黑洞时，β的值相对大一些。在黑洞表面，$\beta=\sqrt{2}$。即按照现行“米”的定义，在黑洞表面处1米的实际长度是欧氏空间中1米长度的$\sqrt{2}$倍。

在引力场空间中，米的标准是否需要作相应修改呢？不必！

一是现行“米”标准的测定和使用非常方便；二是现行标准在一般的引力场空间中相差很小，完全可以忽略；三是如果产生的误差不能忽略，可以根据具体问题按照实际情况将结果改正过来，这比修改标准简单、方便；四是如果引力场空间与欧氏空间的时空标准相同，引力场空间与欧氏空间中的物理公式有相同形式；五是另外制定引力场空间的长度标准很难，因为引力场空间找不到一个不变的标准。

因此在一般情况下，我们仍然应该将引力场空间中的光速视为c，虽然实际上大于c。

现在分析光在引力场空间中的波长变化。

若在欧氏空间中的某一参照系 S，有一频率、波长为 ω_0、λ_0 的单色光，即 $c=\omega_0\lambda_0$，入射到某一中心天体与该参照系 S 相对静止的引力场。则在引力场中任意一点 R 的光速为 $C=\omega\times\lambda$。由于 $c=\omega_0\lambda_0$、$\omega=\omega_0$，因此有

$$\lambda=\frac{C}{c}\lambda_0=\lambda_0\beta \tag{12-5}$$

（12－5）式说明四点：

第一，光波在引力场中的波长是一个含有特征值的变量，或者说引力场中的波长是位置的函数。它的图像与光波在引力场中的速度相似，即光波在引力场中的波长仅与其位置有关。离天体越远，波长越短，越接近欧氏空间中的波长；离天体越近，波长被引力场拉得越长。

第二，理论而言，由于波长具有一定长度，在引力场中的不同位置，波长被引力拉长或压缩的比例也是不同的。

第三，波长在引力场中有下限 λ_0，没有上限。

第四，波长与在引力场中的方向无关。

第二节　引力场中光子的能量

根据牛顿力学，物体的质量与运动无关，也与引力场无关。光子在引力场与欧氏空间中的质量相同，都是 $\mu=\frac{2h}{c^2}$。由于引力场中心天体的电磁辐射会造成天体的质量损失，引力场的强度一般会随着时间的流逝而变小。

例：地球对太阳辐射的吸收率为 $1.34\times10^3\ \mathrm{W/m^2}$，求太阳由于辐射引起的质量损失率。太阳质量现在约为 2.0×10^{30} kg。

解：假定太阳的辐射各向同性，则太阳的总辐射率为单位时间内通过一个以地球与太阳平均距离 1.49×10^{11} m 为半径 r 的球面辐射。

$$\begin{aligned}E&=1.34\times10^3\times4\pi\ (1.49\times10^{11})^2\\&=3.92\times10^{26}\ (\mathrm{W})\end{aligned}$$

因为

$$E=\frac{1}{2}mc^2$$

所以 $$\Delta m=\frac{2E}{c^2}=8.72\times10^9\ (\mathrm{kg/s})$$

太阳每秒损失约 8.72 百万吨质量，太阳质量在一年的损失率为

$$L=\frac{8.72\times10^9\times86\ 400\times365.242\ 2}{2.0\times10^{30}}$$

$$=1.37\times10^{-13}$$

如果太阳一直按照现在辐射的规模不变，将在万亿年燃烧殆尽。地球绕日公转的速度为 $v=\sqrt{\frac{GM}{r}}$。太阳的质量因辐射而减小，地球绕日公转的速度也会随着时间的推移而减小，即一年的时间会逐渐变长。另一方面，地球自转会因为潮汐作用而变慢。这说明由“世界时”确定的年、月、日、秒都是不准确的。同样理由，双星系统也会由于辐射而损失轨道能量，使旋转速度变小。光子具有质量，恒星由于辐射产生质量损失是必然结果。虽然辐射引起的质量的相对损失率很小，但是时间的积累会使这一效应显著。

在引力场中光子吸收引力能使能量增加，能量增加的形式是速度增加，由欧氏空间中的 c 增加为引力场中的 C。根据（11－4）式，光子在引力场中任意一点 R 处的动能为

$$E=\frac{1}{2}\mu\cdot C^2=\frac{1}{2}\mu\cdot c^2\left[1+\left(\frac{2GM}{Rc^2}\right)^2\right]=\frac{1}{2}\mu\cdot c^2\beta^2 \tag{12-6}$$

设光子在欧氏空间的能量为 $E_0=\frac{1}{2}\mu\cdot c^2$，可以求出

$$E=E_0\beta^2 \tag{12-7}$$

前面已经说明，对一般恒星而言，β 的值和 1 的差别很小，对一般恒星而言 E 和 E_0 的差别也很小。

设光子在引力场中的能量增加值为 $\Delta E=E-E_0$，根据（12－6）式有

$$\Delta E=\frac{1}{2}\mu\cdot c^2\beta^2-\frac{1}{2}\mu\cdot c^2=\frac{1}{2}\mu\cdot c^2\times\left(\frac{r_T}{R}\right)^2=E_0\left(\frac{r_T}{R}\right)^2 \tag{12-8}$$

在黑洞表面，$\frac{r_T}{R}=1$，$\Delta E=E_0$，光子能量增加 1 倍。若光子从引力场中的 R_1 运行至 R_2，能量的改变量为

$$\Delta E'=E_2-E_1=E_0 r_T^2\left(\frac{1}{R_2^2}-\frac{1}{R_1^2}\right) \tag{12-9}$$

在相同情况下，光速或光子速度改变量为

$$\Delta C=C_2-C_1=c\ (\beta_2-\beta_1) \tag{12-10}$$

在相同情况下，光的波长改变量为

$$\Delta\lambda=\lambda_2-\lambda_1=\lambda_0(\beta_2-\beta_1) \qquad (12-11)$$

式中 λ_0 为单色光在欧氏空间中光源与引力中心天体相对静止时的波长。

上述分析说明在引力场中，光子速度将随着引力场相对强度的改变而改变，光子满足能量守恒定律，并且光子数量也守恒。

以上对光子能量的分析还说明，光子在引力场中任意一点 R 处的能量，是一个仅与 R 位置有关的位置函数，与光子从哪里来到哪里去无关，与光子的路径无关。可以将（12－8）式 ΔE 称作引力场在 P（R）点的位能；（12－9）式 $\Delta E'$ 称作 R_1 与 R_2 两点的位能差。

第三节　关于相对论中与引力场有关的几个问题

一、引力场时空弯曲问题

相对论认为，按照经典理论，光子在引力场中弯曲的理论值只有观察值的一半，另一半是空间弯曲造成的。根据经典理论，光线在引力场中的弯曲表达式与相对论完全相同。相对论根据经典理论得到的理论值只有观察值一半，原因是光子的质量是按照相对论理论计算得到，而按照经典理论计算得到的质量是相对论质量的两倍，其结果与观察值完全吻合。这说明光线在引力场中弯曲，完全是光子受到引力作用的结果。与在欧氏空间比较而言，我们可以认为引力场空间的光线是弯曲的，但引力场空间不是弯曲的，因为光线弯曲是受到引力作用的结果。另外，在引力场空间的时间速率与欧氏空间完全相同，说明引力场空间同样不存在时间弯曲问题。因此相对论关于“引力场时空弯曲”的观点歉妥。

二、关于引力红移问题

广义相对论认为在引力场中光线吸收引力能致使能量增加，并认为能量增加的形式是频率增加。反之，光如果从引力场中射出，频率将降低，即向红端移动，相对论将这一观点称作“引力红移”。“引力红移”不成立。

1．“引力红移”的理论来源不正确

在爱因斯坦的《狭义与广义相对论浅说》中，引力红移是从一个旋转系统相对于旋转中心（相当于惯性系）的关系推导出来的。这个旋转系统是一个匀加速系统，按照等效原理它等效一个引力场，从而推导出了引力场中存在引力红移。在第十章中我们已经论述了“等效原理”不成立，因此“引力红移”在理论上不成立。

2. “引力红移”不符合能量守恒定律和质量守恒

按照相对论，在引力场中，光子由于引力作功而增加的能量由（11－1）式 $\Delta E=\frac{G\mu \cdot M}{R}$确定。其中 $\mu=\frac{h\omega_0}{c^2}$，这是相对论质能公式，$\omega_0$ 为光线在欧氏空间的频率。如果这些能量全部用于频率的改变，假设改变后的频率为 ω，则有

$$\frac{GMh\omega_0}{Rc^2}=(\omega-\omega_0)\ h$$

$$Z=\frac{\omega_0-\omega}{\omega_0}=-\frac{GM}{Rc^2}$$

其中 Z 为引力红移。这个公式就是广义相对论的引力红移公式。引力红移公式的推导说明，光线吸收的引力能量已经全部转化为频率的增加。按照广义相对论，光线在引力场中会产生弯曲。爱因斯坦认为“光线弯曲只有在光的传播速度随位置而改变时才能发生”，即速度改变必然伴随着能量变化，而能量变化当然是由于引力作功。并且，引力所作的全部功产生的光线弯曲只有一半，另一半是引力场空间弯曲产生的。相对论的引力红移公式说明引力作功的能量已经全部用于频率改变，另一方面又认为引力作功的能量全部作用于光线弯曲。光线在引力场中弯曲是实验证明了的，因此引力红移不符合能量守恒定律。

按照相对论的“引力红移”理论，引力作功意味着光的能量增加和频率增加，还意味着光子的质量增加了。说明“引力红移”观点的质量也不守恒。

3. “引力红移”缺乏实验支持

据报道，亚当斯 1924 年对天狼伴星的观测证实了存在“引力红移”现象。以后更多类似的实验也证实了引力红移存在，其误差大约在 1%。他们的实验方法都是通过观测求出天体的质量和半径，然后利用引力红移公式计算引力红移的值，再与理论值比较。所谓理论值，是按照广义相对论推导的“引力红移精确解”。这是用相对论的引力红移理论验正引力红移，犯了逻辑上的错误，因此这些实验都不能证明存在引力红移。

有人认为穆斯堡尔效应证明了“引力红移”，事实上穆斯堡尔效应同样没有证明存在“引力红移”。广义相对论中的“引力红移”有两个要点：一是光线离开（或靠近）引力场时，其频率会向红端（或紫端）移动；二是原子吸收

的或发出的光的频率与该原子所处在引力场的势有关。这第二个要点的意思就是不管光线是从哪里来的，它的频率只与当时位置的引力势有关。如果光线从引力势大的位置射向引力势小的位置，其频率将变小。如果欲在另一处用一原子吸收该光线，可以不必人为调节原子的频率或速度。引力势会“自动”将光线的频率调节为原子在该处的吸收频率。在穆斯堡尔实验中，不必人为震动发射装置给发出的光线以频率补偿，但穆斯堡尔实验却给予了频率补偿，完全是画蛇添足，这也说明发射的与接收的不是同一谱线。穆斯堡尔实验人为震动发射装置的做法本质上是给发出的光线光源以速度补偿，造成多普勒效应。

4. 实验证明在介质中光的频率不变，只是波长变短，符合对称性原理

引力场中光的频率不变，波长变长的观点也符合对称性原理，而引力红移的观点不符合对称性原理。

逻辑而言，只有在同一引力场中引力势不同的两位置观测到同一谱线的频率不同，并且观测到这两个频率的值满足“引力红移”公式，才能认为验正了引力红移。

三、广义相对论意义的黑洞不存在

1. 光线可以从黑洞射出

相对论认为光线不能从黑洞的视界射出，一是引力场空间弯曲。黑洞空间弯曲的曲率非常大，任何可能射出的光线都将被“弯曲”回去。二是黑洞的“逃逸速度”大于等于光速，因此光线不能射出黑洞。

从能量守恒的角度说明光子可以从黑洞内部射出，“逃逸速度”的本质是能量守恒。某一天体表面的逃逸速度，实质就是物体从无限远处的欧氏空间到达该天体表面时获得的速度。以黑洞表面的逃逸速度为例。物体 m 从无限远处的欧氏空间到达黑洞表面时获得的动能为 $\Delta E=\frac{GmM}{R_T}=\frac{GMm}{2GM}\times c^2=\frac{1}{2}mc^2$。即物体以接近为 0 的初速度，到达黑洞表面时的速度为光速。根据能量守恒定律，物体在黑洞表面的初速度只要大于光速就可以逃出黑洞的引力范围，这就是逃逸速度的物理意义。物体的初速度大于逃逸速度都可以逃出黑洞，难道光还不能够吗？光子在黑洞表面的速度为$\sqrt{2}c$，完全大于光速 c。另外，逃逸速度的意义是指逃出天体的引力范围，即可以到达无限远处天体引力可以忽略的地方，而不是指物体逃出天体表面或黑洞的视界。因此，按照逃逸速度的观点，

光完全可以逃出黑洞的视界。再有，按照“逃逸速度”判断光辐射不能逃出黑洞视界的观点不符合狭义相对论的“光速不变原理”，光完全可以逃出黑洞表面。只是，一般认为黑洞是死亡天体，其亮度很差，其视亮度更差。在这个意义上可以称作黑洞。

2. 黑洞没有时空奇点

根据宇宙学原理，我们的宇宙在星系尺度以上是均匀的，各向同性的，我们可以将宇宙看作一个物质密度均匀的球。宇宙的总质量据估算约为 1.513×10^{57} g，含暗物质不含暗能量。由此可以计算出宇宙的特征半径为

$$R_{\mathrm{T}}=\frac{2GM}{c^2}=2.37\times10^{11}\ (\mathrm{ly}) \tag{12-12}$$

就是2370亿光年。如果只考虑宇宙中的一般物质，不包括暗物质，暗物质的质量为一般物质的6倍，有

$$R'_{\mathrm{T}}=3.39\times10^{10}\ (\mathrm{ly}) \tag{12-13}$$

即339亿光年。是否搞错了，哪里有这么大的特征半径？没错，因为特征半径仅与质量成正比。如果天体的物质密度确定，只要超过一定质量，该天体的特征半径就可以大于实际半径。我们现在观测到的最远天体约137亿光年，这是该天体在137亿年前的位置。假设该天体与我们的退行速度为光速，则现在该天体与我们的距离为274亿光年。逻辑上讲，274亿光年就是我们的宇宙现在可能的最大半径，并且它仅有一般物质宇宙特征半径的80%。如此推论，我们的宇宙完全就是相对论意义上的黑洞。在宇宙的最外层，由于到宇宙中心的距离还只有宇宙特征半径的80%，其引力场强度比黑洞视界处大得多。即我们的宇宙现在也是一个超强的黑洞。说明如果存在黑洞，则黑洞可以是致密的，也可以是非致密的。

根据宇宙大爆炸模型，我们宇宙的半径 R 是一个与宇宙年龄有关的函数。在一定的宇宙年龄内，宇宙年龄越小，宇宙半径越小；宇宙年龄越大，宇宙半径越大。这说明在宇宙大爆炸之初，宇宙本身就是一个黑洞，一个相对半径最小的黑洞。宇宙半径随着宇宙年龄的增加而增加，并没有表现出黑洞时空奇点的性质，因为爆炸物质照样冲出了黑洞表面这个相对论所谓的空间奇点。

在宇宙大爆炸之初的“宇宙球”那样的超级黑洞内，速度近似为零的物质都可以冲出黑洞表面，为什么一般的黑洞不可以爆发，反而存在空间奇点呢？

黑洞同样不存在时间奇点。相对论认为引力场中光的频率比欧氏空间高，

光在一秒钟所包含的周期时长比欧氏空间短，引力场空间的时间速率慢，并且在黑洞视界处的时间速率为0。时间速率为0的物理意义是什么？按照时间秒的定义，时间速率为0表示黑洞中的光速为无限大，甚至所有物质的速度都是无限大，完成有限距离需要的时间为0。这是不正确的，是违反物理学常识、违反哲学的。

3. 不存在密度无限大的黑洞

按照广义相对论，黑洞的物质密度都非常大，比中子星的密度都大，甚至无限大。

相对论认为在宇宙爆炸之初的大小仅有原子那样大，称为“原子火球”。没有事实证明物质可以无限压缩。逻辑而言，到目前为止，我们只能认为宇宙中密度最大的物质态是中子态。广义相对论认为存在比中子态密度更大的超密态，既没有依据，也没有说明，所以说观点不正确。根据牛顿的引力理论，在宇宙的最外层处宇宙总物质的引力最大，但是其引力场强度也是有限的；在宇宙内部引力场强度小于外层。这说明引力场中没有引力奇点，即不存在强度无限大的引力场。不存在强度无限大的引力场说明物质密度不可能无限大。另外，（12－12）式说明我们现在的整个宇宙都是相对论意义的黑洞。

第四节 从欧氏空间看引力场空间的性质

站在不同的立场观察，引力场空间的性质不同。本节是观察者站在欧氏空间的立场，与欧氏空间比较得到的引力场空间性质。

（1）在引力场与欧氏空间中的时间标准秒时长完全相同。引力场空间与欧氏空间中的时间速率完全相同，即引力场空间与欧氏空间的时间一样是绝对时间。

（2）在引力场中，长度标准“米”比欧氏空间中的长度标准“米”长，即引力场空间的空间密度比欧氏空间的密度小。在引力场中，长度标准“米”和空间密度都是引力场的位置函数，并且都与方向无关。

（3）引力场空间是各向异性的，是以天体为中心的球形结构。

（4）在引力场与欧氏空间中光的频率相同，不存在“引力红移”。在引力场中波长为$\lambda=\lambda_0\beta_R$。引力场空间中光速和光子速度相同，都是$C=c\beta$。

(5) 在引力场中光子具有一般粒子的所有特性，具有质量，满足万有引力定律、牛顿运动定律、质量（数量）守恒、能量守恒、动量守恒、角动量守恒。光线在引力场中弯曲的根本原因是光子受到引力场引力的作用。

(6) 引力场具有正曲率，即光线向天体中心方向弯曲。

(7) 引力场空间中光线是弯曲的，欧氏几何的第五公设在引力场空间的任意平面中不成立。

现在根据引力场空间的性质，分析地球表面为什么是优良的欧氏空间。

在地球表面，重力加速度约为 $9.8\ m/s^2$，对人类生产生活的影响非常大，地球引力场的作用根本不能忽略。地球表面的重力加速度虽然很大，但在本质上却只是动力学中的一个物理量，不涉及引力场时空性质，不是涉及时空学的物理量。动力学中，在涉及地球引力时，我们可以将其视为其他力处理。涉及引力场时空性质的，是地球的特征半径和地球表面的引力场相对强度，以及地球表面的特征值。地球的特征半径为 $R_T=8.855\times10^{-3}\ m$，地球表面的引力场相对强度为$\frac{r_T}{r}=1.388\times10^{-9}$，地球表面的特征值为 $\beta_r=1+1\times10^{-18}$。说明地球表面的引力场相对强度非常小，对光线造成的弯曲完全可以忽略；地球表面的特征值更小，对光速的速率产生的影响更小。地球表面与引力场有关物理量对光速产生的影响非常小，对地球表面的空间性质产生的影响非常小，完全可以忽略。事实上，在人类的生产、生活和科学实践中确实是将其影响忽略了的。

第十三章　非欧空间简介和宇宙的时空模型

第一章介绍了引力场空间与黎曼几何对应，引力场空间亦称作黎曼空间；介质空间与罗巴切夫斯基几何对应，介质空间亦称作罗巴切夫斯基空间；引力场空间和介质空间统称非欧空间。本章将分析它们为什么是对应的以及它们的空间性质。

第一节　从引力场空间看其性质

本节讨论引力场空间的性质，是观察者站在引力场空间的立场得到的结论。

一、时空学五条基本公理在引力场空间同样成立

1. 光速不变公理在引力场空间同样成立

在引力场空间中单色光的频率不变，即单色光的频率与引力场强度无关，引力场空间“秒”的时长与引力场强度无关。光速和米是循环定义，在引力场中的米同样是光速 C 的长度的 1/299 794 258。按照现行米的定义，引力场空间的观察者认为引力场空间的米的长度不变，与欧氏空间相同，没有区别。引力场空间的光速与欧氏空间有相同的值，即在引力场空间的光源本征参照系中的光速恒有 $C=c$，因此光速不变公理在引力场空间成立。

2. 在引力场空间中时空的均匀性公理成立

光速和“米”是循环定义。引力场空间的观察者认为，光线在引力场空间的长度标准“米”与欧氏空间相同，波长也与欧氏空间的相同，是不变的，即引力场空间的“米”和波长都与引力场强度无关。在引力场中时空学基本公理二“在光源的本征参照系中，单色光的波长与其时空位置无关”成立。引力场空间中光速不变公理和时空的均匀性公理成立，说明引力场空间的观察者认为，引力场空间同样是均匀的、绝对的、各向同性的。

3. “直线公理”在引力场中同样成立

相对论认为“引力场空间光线是弯曲的”，并通过对日全食时经过太阳附近的星光进行观察得到证实。该结论事实上是欧氏空间的观察者站在欧氏空间的立场，将欧氏空间的光线作为直线标准，与引力场空间的光线相比较得到的。换言之，“引力场空间光线是弯曲的”仅仅是欧氏空间观察者的观点。与此相反，引力场中的观察者认为由光线定义的“直线公理”在引力场同样成立。

（1）引力场中的观察者只能认为引力场中的光线轨迹是直的。假设引力场中的光线是弯曲的，那么，他们观察到的都是如“哈哈镜”一般的假像。引力场空间的光线（光明）对他们没有任何意义，这与引力场空间是漆黑的结果

相同。

（2）引力场中的观察者必须认为引力场中的光线轨迹是直的。引力场中的观察者必须了解世界，也必须观察、测量。须知，引力场空间中的任何物理量，不能在欧氏空间获得，只能依靠引力场空间中的观察者在引力场中观测得到，这就必须要观察、测量的标准和工具——直线，即平直的光线。引力场中的观察者无法将欧氏空间的光线拿过来作为引力场空间的标准，并且，宇宙中不存在绝对没有引力的欧氏空间。

（3）在引力场空间中的观察者，不可能将欧氏空间的直线作为理论标准，然后在实际的观察测量中扣除误差。引力场空间的观察者，没有任何方法可以测量引力场中任何一段光线的弯曲程度，或者确定引力场两点之间若干条线中最短的一条。在引力场空间，如果数学和物理学不能比较线段的长短，不能比较曲线的弯曲程度，这将是数学之殇、物理学之殇，也是哲学之殇。

（4）根据欧氏几何的第五公设，我们可以认为欧氏平面是平直的，但是欧氏几何的第五公设是公理而不是定理。同样，黎曼几何的第五公设也是公理而非定理。如果引力场空间的观察者提出引力场空间的光线是直的，欧氏空间的光线是曲的观点，在逻辑上、理论上与欧氏空间的观察者认为引力场空间的光线是弯曲的完全相同。欧氏空间的观察者根本没有理由辩驳。

由前面内容可知，在观念上不能认为光线在欧氏空间是平直的，在引力场空间是弯曲的。只能认为引力场空间的光线轨迹也是平直的。引力场中的光线轨迹同样符合直线的定义，“直线公理”在引力场中同样成立。“直线公理”在引力场中成立，说明观念上引力场空间同样应该是平直的。

上与下、前与后、早与迟、长与短，甚至香与臭、苦与甜等概念及它们的中性，都不是宇宙中的客观实在，都是相对概念，都是人类的主观观念。同样的逻辑，空间的平直性也不是宇宙中的客观实在，它也是人类的主观观念。这些主观概念，只要自洽，并且结论与实践相符就是正确的。

在引力场空间中，由于光线同样是直线，因此，垂直、平行、直角、平角、周角与欧氏空间的内涵相同，引力场空间与欧氏空间中的“形”有相同的内涵。

4. 时空学基本公理四和公理五在引力场空间同样成立

时空学基本公理“时空绝对性公理”“时空维数公理”本身与时空的内禀性和外延性都无关，因此在引力场空间都成立。

二、"王氏相对性原理"在引力场空间同样成立

由于时空学的前五条公理在引力场空间都成立，可以认为引力场空间的性质与欧氏空间完全相同。因此"王氏相对性原理"在引力场空间同样成立，并且引力场空间中的物理学与欧氏空间有相同的形式和内容。

例如，引力场空间中的距离公式为$L=ct$，同样是利用光速计量空间距离。根据该公式，立刻就可以推导出引力场空间中的速度公式为$v=\frac{L}{t}$或$v=\frac{dL}{dt}$，相对运动的距离公式为$L=vt$；可以推导出引力场空间加速度公式为$a=\frac{v^2}{2L}$或$a=\frac{d^2r}{dt^2}$，相对加速运动公式$v_t{}^2-v_0{}^2=2aL$。也可以推导出其他运动学、力学公式，其形式和内容与欧氏空间完全相同。如引力场空间的多普勒公式、光速公式、光行差公式多普勒红移公式、牛顿运动定律和万有引力定律以及其他物理学定律与欧氏空间有相同的形式和内容。

由于引力场空间中时间和距离的单位秒和米，与欧氏空间有相同的内涵和大小，由这两个物理量衍生的物理量，如速度、加速度、频率等物理量与欧氏空间有相同的内涵和大小。引力场空间中的光速与欧氏空间的光速有完全相同的值和内涵，并且与引力场强度无关。当然，其他与光速无关的物理量，如质量等也与引力场大小无关。由这两类物理量衍生的物理量，如力、质量等也与引力场无关。换言之，引力场空间中的物理量与欧氏空间的物理量不仅内涵相同，单位大小相同，并且都是本征值。

还要说明的是，在引力场空间，由于引力不能忽略，存在若干由引力引起的特殊物理现象。例如在引力场中，物体围绕中心天体旋转的轨迹是椭圆。引力场空间不存在匀速圆周运动；若某平面中两条光线同时垂直于另一条光线，则这两条光线必在无限远处相交，等等。这些特有物理现象的内在规律，由引力场空间中特有的物理学内容表征。

"王氏相对性原理"在引力场空间同样成立。

三、黎曼几何对应的自然空间是引力场空间

如果在引力场中心天体表面附近任意AB两点，发射一条光线将两点连接起来，则根据直线的定义，AB是引力场空间中的一条直线。在AB两点所在的同一平面，各发射一条光线与直线AB垂直（如图13－1所示）。

根据欧几里得几何，在同一平面内，直线 DD'、CC' 垂直于同一直线 AB，AD、BC 是平行线。由于在引力场空间的平直性的意义不同，从图 13－1 可以看出，直线 DD'、CC' 虽然垂直于同一直线，却可能在有限的距离内相交，至少在无限远处必然相交。它说明，在引力场空间的任意平面内，过直线外一点不能作一条直线与已知直线平行，这就是黎曼几何第五公设的一种表述形式。在图 13－1 中，如果假设直线 AD、BC 相交于 C 点（如图 13－2 所示），根据已知，由于 AC、BC 都垂直于 AB，因此 $\angle A+\angle B=180°$，因此 $\angle A+\angle B+\angle C>180°$。在本质上，由于引力场中的直线是两头向引力场方向弯曲，中间向引力小的方向凸出，因此三角形 ABC 的内角和大于 180°。在这个例子中，如果引力场非常强，直线 AB、BC、CA 可以弯曲（按欧氏空间的观点）得更厉害，$\angle C$ 的值可以接近 180°，三角形内角和可以接近 360°。引力场中三角形内角和大于 180°，小于 360°，这就是黎曼几何第五公设的另一种表述形式。因此引力场空间的任意平面满足黎曼几何的第五公设，引力场空间是黎曼几何对应的自然空间。引力场空间的任意平面满足黎曼几何的第五公设说明：将引力场空间的光线轨迹定义为直线正确。

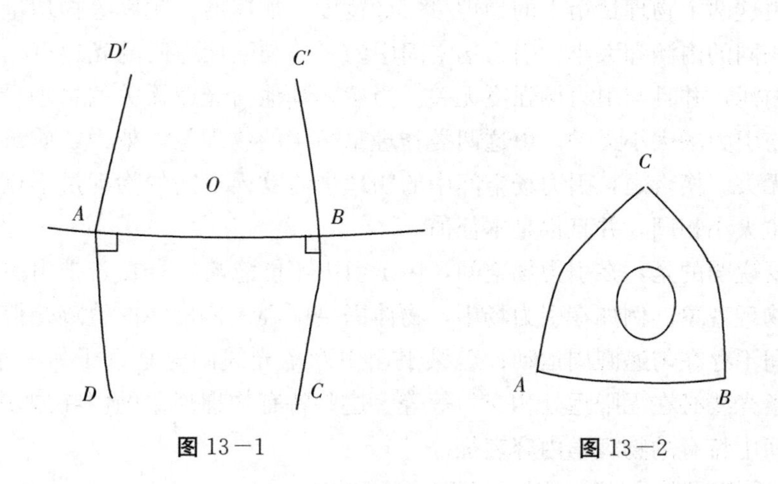

图 13－1　　图 13－2

如果引力场空间中的平面面积越小或离中心天体越远，其性质越接近欧氏平面；平面如果可以与天体越近，其面积可以与天体的截面积比较，其黎曼平面的性质越显著。

在黎曼几何中，有一个表征黎曼平面空间性质内禀性的常数，这个常数越大，黎曼平面的空间性质越接近欧氏平面；越小，其黎曼空间性质越显著。上述分析说明，表征黎曼平面内禀性的常数实际就是平面到引力中心的距离 R。上述分析还说明，黎曼几何分析讨论的不是整个引力场空间，而是将引力场空间的所有平面分割为无限多个 R 近似不变的二维子空间，事实上罗巴切夫斯基几何与此也类似。

以上的分析说明，在引力场空间中的观察者看来，引力场空间的性质与欧氏空间完全相同，空间同样是平直的。仅是空间中任意平面的性质稍有不同，欧氏平面满足欧氏几何的第五公设，引力场平面满足黎曼几何的第五公设。第五公设不同，说明空间的内禀性不同；其他性质相同，说明空间的外延性相同。这也说明黎曼几何与物理的引力场空间对应。引力场空间的本质是欧氏空间和引力场叠加而成的空间。

第二节　介质空间简介

一、“介质空间”的内涵和光在其中的传播

介质空间是“时空学概论”首次提出的，一种独立的空间概念。说它是独立的，是因为欧氏空间和引力场空间都不能包含它，即它的空间性质和欧氏空间、引力场空间不同。介质空间有多种形式，本文的介质空间特指在地球表面，当湿度和温度都比较大，光在其中的传播被称为负折射。这样性质的空间称作介质空间。其他天体上类似的空间形式，如其他行星表面，主序星、红巨星表面的日冕、日珥层空间等也称作介质空间。

所谓负折射，就是光的折射方向与正折射方向相反。光的正折射方向，是光向物质密度大的方向弯曲，如引力场空间。负折射就是光向物质密度小的方向弯曲（如图 13－3 所示）。

图 13－3 是光在地球表面的大气中传播的示意图，黑色实线是地球表面。虚线是与地球表面平行的介质等密度线。O 是天体中心，P 是光线轨迹的顶点，R 是 PO 的距离。

图 13－3 说明在天体表面大气层中，由于天体引力的影响，越下层大气密度越大，越向上大气密度越小。光线向引力场中心的反方向，或物质密度小的方向弯曲。与引力场空间中的光线弯曲方向相反。由于光线向物质密度大方向弯曲的曲率被定义为正，因此在这种空间环境中的曲率定义为负。

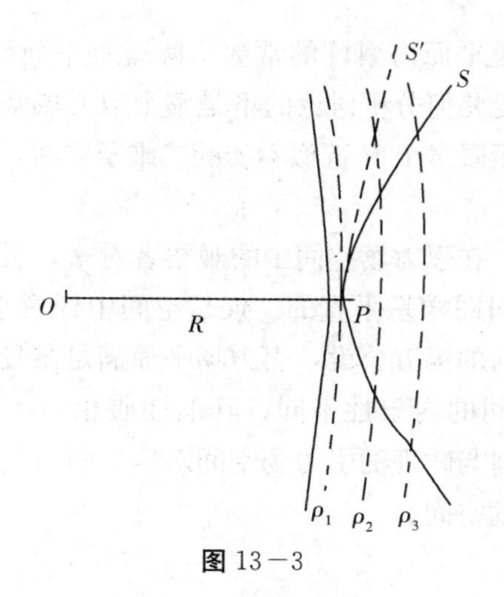

图 13－3

根据图 13－3，这时可以观察到地平线附近的恒星，若 S 是恒星的实际位置，则它的视位置 S' 应该在实际位置的下方，更接近地平线。与在引力场空间的视位置相反。

二、介质空间的性质

1. 与欧氏空间、引力场空间比较

若观察者站在欧氏空间的立场，将介质空间与欧氏空间比较，可以得到以下结论。

在介质空间与欧氏空间中，时间速率相同，即秒的时长相同；光速在介质空间中比欧氏空间的小，频率相同，波长比欧氏空间的短。按照米的定义，同样是光速 c 的 1/299 794 258，读数与欧氏空间完全相同，但是实际长度却比欧氏空间短，介质密度越大，“米”的实际长度越短。介质空间比欧氏空间的空间密度大，且不是常量，与空间位置有关。在介质空间中，光速小于欧氏空间中的光速 c，并且不是常量，与空间位置有关。在介质空间中，光波的频率不变，而波长变短。在介质空间中，光线向物质密度小的方向弯曲，与引力场空间中的弯曲方向相反，因此介质空间中的曲率为负。介质空间是各向异性的。

2. 介质空间中的观察者的观点

若观察者站在介质空间的立场，不与其他空间比较，可以得到以下结论。

（1）第一章提出的时空学五条基本公理在介质空间同样成立。

（2）在介质空间与欧氏空间中的时空标准秒和米相同。只是在介质空间中我们必须将 1983 年第 17 届国际计量大会作出的现行米的定义作修改。

米：是光在 1/299 794 258 秒的时间间隔内行程的长度。

与原来的定义相比，表述减少了“在真空”三个字，以符合、满足介质空间的实际环境。根据该定义，则介质空间中的光速不变，始终为 c。同样，物理量的本征值与欧氏空间有相同的概念和相同的值。

(3) 由于介质空间中“米”的长度始终是光速 c 的 1/299 794 258，并且介质空间的观察者没有欧氏空间的直线作为标准，不能判断介质空间的“直线”是弯曲的，因此介质空间是各向同性的，空间是平直的。

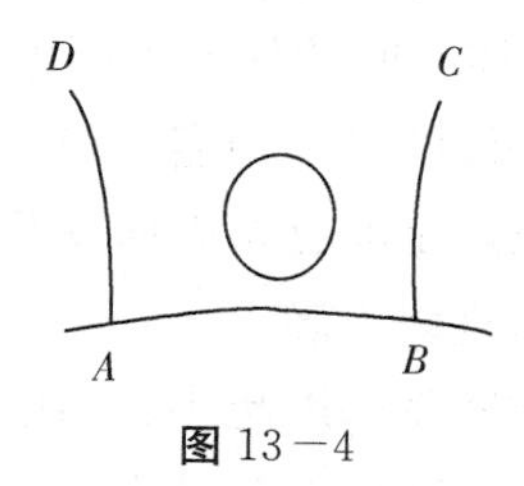

图 13－4

(4) 介质空间就是罗巴切夫斯基几何对应的自然空间。如果在介质空间中心天体表面外，任意 AB 两点发射一条光线将两点连接起来，则 AB 是介质空间中的一条直线。在 AB 两点所在的同一平面向中心天体方向各发射一条光线 AD、BC 与直线 AB 垂直（如图 13－4 所示），根据前面的分析，介质空间中的光线将向介质密度小的方向弯曲，无论从哪一个方向延长 AD 和 BC，它们都不会相交。根据假设，AD、BC 在同一平面内，AD 与 BC 是平行线。

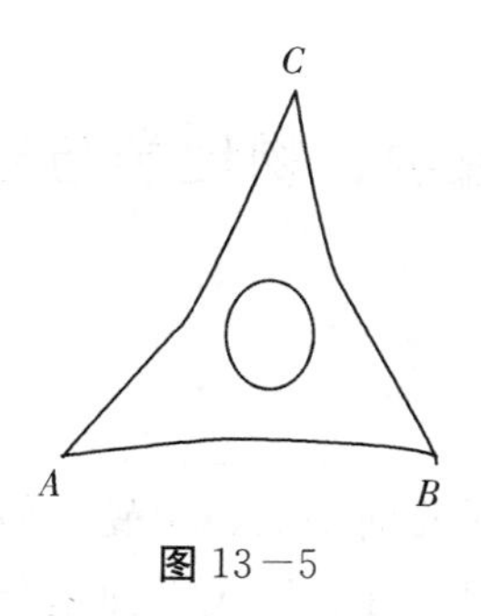

图 13－5

在图 13－4 中，如果固定直线 AD 和 B 点，在 AD 和 B 点确定的平面内，

过 B 点不断改变直线 BC 的方向，可以确定，无论 C 点向左右哪个方向摆动，只要 BC 改变的角度不大，则 BC 都不会与 AD 相交。按照平行线的定义，在一个平面内，两条永不相交的直线就是平行线。它说明，在介质空间任意平面内，过直线外一点可以作无限多条直线与已知直线平行。这是罗巴切夫斯基几何第五公设的一种表述形式。在图 13－5 中，将直线 AD、BC 的 C、D 端互相靠拢，假设相交于 C 点。在本质上，由于介质空间中的光线（直线）是两头向引力场强度小，即介质密度小的方向弯曲，中间向引力场强度大，即介质密度大的方向凹，三角形 ABC 的内角和小于 180°。在这个例子中，如果介质密度变化很大，直线 AB、BC、CA 可以弯曲得更厉害，三角形 ABC 的内角和与 180°的差值更大。因此，在介质空间的任意平面中三角形内角和小于 180°。这就是罗巴切夫斯基几何第五公设的另一种表述形式。介质空间的任意平面满足罗巴切夫斯基几何的第五公设，是罗巴切夫斯基几何对应的自然空间。说明在介质空间中将光线轨迹定义为直线正确。

如果介质空间平面的介质密度梯度越小、离中心天体越远，其性质越接近欧氏平面；平面中的介质密度的梯度如果越大，离中心天体越近，其罗巴切夫斯基几何平面的性质越显著。

在介质空间中，介质密度不同，光的折射率一般不是常数。介质密度的梯度产生的光线弯曲效果远比引力场梯度产生的大，因此在沙漠、在海面上，当温差比较大时，空气密度差异增大，可以出现在欧氏空间和引力场空间不可能出现的海市蜃楼现象。

在介质空间，时空学的第六条公理即“王氏相对性原理”同样成立。介质空间的本质是欧氏空间和介质场叠加而成的空间。

第三节　数学、物理学与空间的关系

一、数学与空间的关系

不同的第五公设说明欧氏几何平面、黎曼几何平面、罗氏几何平面具有不同的内禀性，欧氏平面、黎曼平面、罗氏平面是分别与欧氏空间、引力场空间和介质空间对应的几何空间。

数学平面空间的各向同性：若数学的任意二维空间中相同长度的线段有相

同的数值，与在空间中的位置和方向无关，则该数学平面空间称作是各向同性的。数学空间的各向同性也称作“数学空间的均匀性”。

上述定义可以得到一个推论：各向同性的数学空间中，数轴上的单位长度“1”与在空间中的位置和方向无关。

根据数学空间各向同性的定义说明，欧氏几何、黎曼几何、罗氏几何平面都是各向同性的。三种几何平面中，坐标系数轴上的单位“1”，都与在空间中的位置和方向无关。即欧氏几何、黎曼几何、罗氏几何中的数和数轴有相同的内涵，互相等价。

另外，在欧氏几何、黎曼几何、罗氏几何中直线、直角、平角、周角、垂直、平行等概念都有相同的内涵。在欧氏几何、黎曼几何、罗氏几何中的“形”有相同的内涵。三种几何中的直角坐标系、极坐标系有相同的内涵，互相等价，黎曼几何、罗氏几何中虽然没有圆形，但是这两种几何中同样存在球面坐标。

数学是研究数和形的科学。在欧氏几何、黎曼几何、罗氏几何中数和形的概念相同，因此数学内涵相同，它们直线的概念相同，在逻辑上我们必须认为三者的数学空间都是平直的。

度规函数的物理意义：在黎曼平面或罗氏平面任一足够小的邻域内，总能找到一个欧几里得坐标系（x，y），使坐标为（x，y）与（$x+\mathrm{d}x$，$y+\mathrm{d}y$）两点的距离 ds 满足勾股定理 $\mathrm{d}s^2=\mathrm{d}x^2+\mathrm{d}y^2$。如果我们选择其他任意坐标系（$x'$，$y'$），坐标系（$x$，$y$）和（$x'$，$y'$）的关系由函数 $x=x$（x'，y'）和 $y=y$（x'，y'）确定。于是，点（x'，y'）与点（$x'+\mathrm{d}x'$，$y+\mathrm{d}y'$）之间的距离为 $\mathrm{d}s^2=g_{11}\mathrm{d}x'^2+2g_{12}\mathrm{d}x'\mathrm{d}y'+g_{22}\mathrm{d}y'^2$。其中，$g_{11}$、$g_{12}$、$g_{22}$ 高斯称作度规函数。它表征了观察者的立场，从本质上讲，度规函数就是观察者站在欧氏平面的立场，将欧氏平面作为标准与非欧平面比较，得到两者的内禀性的差异。

与上述论述相仿。在欧氏平面任一足够小的邻域内，总能找到一个黎曼或罗氏坐标系（x'，y'）。使坐标为（x'，y'）与（$x'+\mathrm{d}x'$，$y'+\mathrm{d}y'$）两点的距离 $\mathrm{d}s$ 满足勾股定理。在黎曼几何或罗氏几何中勾股定理同样成立，并且在足够小的邻域内黎曼平面或罗氏平面中的三角形内角和都已经趋于 180°，与欧氏平面的三角形完全没有区别，

$$\mathrm{d}s^2=\mathrm{d}x'^2+\mathrm{d}y'^2。$$

如果我们选择欧氏坐标系（x，y），坐标系（x，y）和（x'，y'）的关系由函数 $x'=x'$（x，y）和 $y'=y'$（x，y）确定。于是，点（x，y）与点（$x+\mathrm{d}x$，

$y+dy$）之间的距离为 $ds^2=g'_{11}dx^2+2g'_{12}dxdy+g'_{22}dy^2$。其中，$g'_{11}$、$g'_{12}$、$g'_{22}$ 称作欧氏平面对非欧平面的逆度规函数。它同样表征了观察者的立场。逆度规函数就是站在非欧平面的立场，将非欧平面作为标准与欧氏平面比较，得到两者的内禀性关系。度规函数与逆度规函数有相似性，它们满足对称性原理。

以上分析说明，三种几何平面的不同仅是内禀性不同。如果观察者站在各自所在空间的立场，三种空间都是平直的、均匀的。

另一方面，欧氏几何、黎曼几何、罗氏几何是用相同的数学概念研究对应平面的数学性质。即是用相同的几何概念研究欧氏、黎曼、罗氏数学平面性质的几何学。三种几何学本身与数学空间的类型无关，即数学本身与数学空间的类型无关。

物理的欧氏空间、引力场空间和介质空间分别与欧氏几何、黎曼几何、罗氏几何对应，说明物理的欧氏空间、引力场空间和介质空间的任意平面性质分别满足欧氏几何、黎曼几何、罗氏几何。数学本身同样与物理空间类型无关。

二、物理学与物理空间的关系

上面的分析说明欧氏空间、引力场空间和介质空间的不同，仅仅是由空间中相应的，第五公设界定的“一维空间、二维空间的内禀性不同”，在本质上就是“空间的平直性不同”。不同空间的平直性由相应的第五公设定义，好比第五公设不同不会引起不同的平面几何之间的混乱和矛盾一样，不同空间的平直性内涵不同，同样不会引起不同空间之间的混乱和矛盾。在三维空间中，一、二维空间的内禀性不能表现出来，即三种空间的外延性完全相同。时空学的六条公理在引力场空间和介质空间成立，说明引力场空间和介质空间中的观察者同样认为引力场空间和介质空间同样是各向同性的，是平直的、绝对的。欧氏空间的物理学命题在引力场空间和介质空间同样成立，欧氏空间的物理学与引力场空间和介质空间物理学具有相同的内容和内涵，即物理学与空间类型无关。

另一方面，所有物理现象都是三维物理空间中的现象，物理学是研究物理现象的科学，是三维物理空间中的科学。前面已经分析说明，非欧空间与欧氏空间的不同仅一维、二维空间的内禀性不同，在三维空间的外延性完全相同。因此三维物理空间类型的不同对物理学的影响，比二维平面类型的不同对几何学的影响小得多。

三种几何的不同仅仅是平面空间中存在的图形有所不同。有的有圆、有平行线、有相似形，有的没有；与几何学相仿，在物理的三种空间中，不同的仅仅是物理现象的不同。有的空间中有声学现象、气象现象，有的空间没有这些现象。例如，力学、电磁学、量子力学、热力学等都与空间类型无关。与空间有关的是，介质空间存在声学、气象学、特殊光学等，而欧氏空间、引力场空间没有这些现象。

还需要说明一点，在时空学中，对介质空间而言，没有必要求如（11－5）式一样与欧氏空间的光速比较大小的公式、如（11－6）式一样与欧氏空间的光线比较弯曲的公式。在实践上，对非欧空间，我们同样应该认为光速为 c，光线是直线。对光的传播是"正折射"的介质空间同样如此。一句话，物理学与空间类型无关。

事实上，地球表面就是三种空间的复合体，但人类在几千年的实践中都将其当作欧氏空间处理的。

以上分析还从理论上说明，光速在不同类型空间中的表现差异，已经被几何学的第五公设以公理化的形式消除（平直化）了，这说明几何学的第五公设还有很重要的时空学意义和认识论（哲学）意义。

第五公设是欧氏、罗氏、黎曼几何的分水岭，光速在空间中的不同表现是欧氏空间、引力场空间和介质空间的分水岭。物理学概念的光速在空间中的不同表现形态与几何中的第五公设对应，是三种第五公设各不相同的物理本质。根据光速在不同空间具有不同的形态可以理解这个本质。

（1）宇宙中不存在实体的直线，只有光在空间中的轨迹才能在观念上称作直线。在确定的空间中，不能用任何方法检测某一条光线的轨迹是否是欧氏几何意义上的直线。

（2）在非欧空间中不能认为光线是弯曲的。否则，在非欧空间中光线揭示的任何信息都是虚假的，这与非欧空间没有光线，一片漆黑没有区别。另一方面，如果承认在非欧空间中光线是弯曲的，则在非欧空间中不能测量任何一条光线的弯曲程度，因为非欧空间中不存在欧氏空间的标准光线。

（3）在非欧空间中的观察者认为任何一条光线都是直线，只是，这些直线构成的平面的性质与欧氏平面不同，其性质满足对应的第五公设。

三、数学和物理空间都是平直的、各向同性的

这个结论说明数学和物理学中数和形的概念相同，这是可以将物理学问题抽象为数学问题的前提条件。

第四节　宇宙的时空模型

一、三种空间的存在形式

根据第一章中有关空间的定义，物理宇宙空间可以分为欧氏空间、介质空间和引力场空间三种类型。三种空间可以是宇宙中空间性质完全不同的区域，是独立的空间。另一方面，这三种空间好比地球表面的平原、丘陵、山地等地形一样，是相对的，不是绝对的，它们之间没有明确的界限，甚至可以互相交织在一起。事实上，人类赖以生存、不可须臾离开的"母亲空间"——地球表面就是三种空间的复合体。

首先，地球引力场和介质密度对光速产生的影响，一般情况下都可以忽略，地球表面就是欧氏空间，因此人类首先发现了欧氏几何；其次，由于地球引力场的存在使空气能够吸附在地球表面，使人类和其他生物能够稳定地生活在地球表面，因此地球表面又是引力场空间；再次，由于浓厚的大气层的存在，表现出或晴空万里，或阴雨连绵，或电闪雷鸣，或和风细雨，或东边日出西边雨，或西方雨霁东方虹等天气现象，因此地球表面又是介质空间，可以说，气象学就是介质空间中特有的物理学。在地球表面，根据我们讨论的问题不同，可以将地球表面看作欧氏空间，或引力场空间，或介质空间。这三种空间的形式是主观的。当考量的问题与引力和介质密度无关时，可以认为空间是欧氏空间；当考量的问题与引力有关时，可以认为空间是引力场空间；当考量的问题与介质密度有关时，可以认为空间是介质空间。空间是客观的、绝对的，但空间的三种类型是主观的、相对的。

有人认为宇宙空间满足欧氏几何，原子之间的空间满足罗巴切夫斯基几何，地球表面特别是航海时满足黎曼几何，这些观点是错误的。航海时是满足球面几何而不是满足黎曼几何。球面几何与黎曼几何完全是两种不同的几何学。球面几何是实体几何，非常直观。宇宙中存在与球面几何对应的二维面——球面；黎曼几何与罗氏几何相对抽象，宇宙中不存在与之对应的实体平面。仅在小范围存在与欧氏几何对应的实体平面，若是在大范围，则三种几何都没有对应的实体平面。球面几何没有直线概念，只有短程线概念，只有欧氏、罗氏和黎曼几何中才有直线概念，直线的内涵是线性光的轨迹。短程线不具有直线概念的内涵。例如，地球上的赤道、经线等只能是球面几何中的短程线，与直线完全是两个不同的概念。在罗巴切夫斯基平面和黎曼平面中两点之间的最短线是直线。

或问：在地球表面，当光的传播是“正折射”，不满足介质空间“负折射”的条件是什么类型的空间?

答曰：刚才已经说明，宇宙中时空是客观的，空间类型的划分是主观的。将空间分为三种类型是为了与数学中的欧氏和非欧三种几何空间对应。事实上宇宙的空间类型复杂得多。例如，球面是与三种几何空间独立的弯曲空间，人类主观划分的三种物理空间没有与之对应的。同样，三种物理空间也没有与“正折射”的介质空间对应的。如果一定要一个空间与之对应，可以将正折射的介质空间看作黎曼空间，即引力场空间。因为，这时的介质空间虽然光速比欧氏空间小，但是它满足“正折射”，即光的弯曲方向与引力场空间相同。这正与黎曼几何的第五公设一致，而第五公设不反映光速的大小，与光速无关。

二、宇宙的时空模型

（1）时空是客观的，它们都独立存在于人的意识之外。

（2）时空是连续的，时空没有断点和奇点。

（3）时间和空间相对独立、相辅相成。两者共同表征物体的存在形式，不能须臾分开，如影随形。

（4）时间和空间不对称。在内涵上空间比时间复杂很多。

（5）时间是完全绝对的。完全绝对的内涵是时间速率在所有空间都完全相同。空间也是绝对的，因为空间中的点是绝对的、不动的。另外，三类空间的密度都是均匀的，即均匀性相同也说明空间是绝对的。

（6）物理学宇宙空间可以主观分为欧氏空间、介质空间、引力场空间三种类型。它们分别与欧氏几何、罗巴切夫斯基几何、黎曼几何对应。三种空间是相对的，理论上没有理由认为哪一种空间更优越。三种几何中不同的第五公设，分别与三种物理空间中不同的光速形式对应。在欧氏空间中光速为 c，空间曲率为 0；介质空间中的实际光速与欧氏空间比较小于 c，空间曲率小于 0；引力场空间中的实际光速与欧氏空间比较大于 c，空间曲率大于 0 。三种物理空间中不同的光速形式，保证了空间中任意平面的性质满足对应几何的性质。

（7）六条时空学公理在三类空间都成立，即在整个宇宙空间都成立。

（8）空间类型和空间的性质与空间中物体的运动无关。

(9) 三种物理空间不同仅仅是一、二维空间的内禀性不同，其在三维空间的外延性完全相同。如果以欧氏空间的内禀性作标准，即以欧氏空间的内禀性作对称轴，介质空间和黎曼几何空间的内禀性是对称的。对三维空间而言，三种物理空间之间没有严格界限，三种类型的空间可以统一于同一空间区域，例如地球表面。

(10) 严格地说，理想的欧氏空间在内涵上是空无一物的空间，包括没有介质。只有在这样的空间中，光的轨迹才是严格的欧氏几何意义的直线。但是，在宇宙中不存在这样的空间。按照认识论的观点，物理学中的欧氏空间只能是并且必然是介质和引力场对光速的影响可以忽略的空间。

由于引力场空间和介质空间是欧氏空间叠加一个引力场或介质场，因此宇宙空间本质上是欧氏空间。

(11) 欧氏空间、引力场空间和介质空间都是平直的，宇宙空间也都是均匀、平直的。将空间，包括时间理解为弯曲的既没有理论意义，也没有实际意义。

三种空间的平直是相对而言，它们分别在欧氏几何、黎曼几何和罗氏几何第五公设的意义上平直。

时间和空间相对独立是时空绝对性的必然表现，物体的宏与微、距离的远与近；速度的快与慢，加速度的大与小；时间的长与短；线的直与曲，面凸与凹，这些相对性概念虽然没有绝对的或统一的标准，但是在时空的基本概念、基本性质明晰以后，这些概念的内涵是准确的、明晰的。

由于物理学宇宙的时空是绝对的、客观的，因此哲学宇宙的时空也是绝对的、客观的。

第四篇　宇宙学

篇首语

我们的宇宙是真实的、客观的、可知的、脉动的、经典的、绝对的！

第十四章　宇宙学基础

宇宙学：用整体的方法研究宇宙结构、宇宙演化的科学。

在中国古代，关于宇宙的结构主要有三派学说，即盖天说、浑天说和宣夜说。盖天说认为大地是平坦的，天像一把伞覆盖着大地；浑天说认为天地具有蛋状结构，地在中心，天在周围；宣夜说则认为天是无限而空虚的，星辰就悬浮在空虚之中。

在古代希腊和罗马，从公元前六世纪到公元一世纪，关于宇宙的构造和本原有过许多学说。如毕达哥拉斯学派的中心火焰说，设想宇宙中心有一团大火焰；赫拉克利特的日心说；柏拉图的正多面体宇宙结构模型等。进入中世纪后，宇宙学被纳入经院哲学体系，地心说占据正统的地位。直到十六世纪哥白尼提出了日心说。到十七世纪，牛顿开辟了以力学方法研究宇宙学的途径，建立了经典宇宙学。二十世纪以来，在大量的天文观测资料和现代物理学的基础上，产生了现代天文学。

现代宇宙学是现代天文学的分支学科。宇宙学基础指宇宙的基本模型和基本理论。

第一节　宇宙学原理和宇宙的基本模型

在现代的天文观测中，随着观察距离的拓展，发现越来越多与银河系同一个等级的星系。它们有大有小，最小的矮星系由约百万颗恒星组成，最大的超巨星系中恒星多达几万亿颗，星系的线度平均约为 10^5 光年。相邻的星系，可以根据其紧密程度联合为星系团，其线度约为 10^7 光年。银河系与周围星系构成的星系团称作本星系团。有些星系团还可以联合组成超星系团，其线度约为 10^8 光年。现代的天文观测表明星系内的物质分布不均匀，宇宙中星系的分布却比较均匀。星系团的分布更均匀。如果以 10^8 光年作为宇观尺度，宇宙中的物质分布完全是均匀的。宇宙学认为下述原理成立。

宇宙学原理：在宇观尺度上任何时刻，三维宇宙空间的物质分布都是均匀的。

根据宇宙学原理可以得到三点结论。

第一，在宇观尺度上可以将宇宙看作物质密度相同的一个理想球体，其引力场是理想引力场（对称的球型引力场）。这一结论与宇宙大爆炸模型相符。

第二，假设宇宙物质的平均密度为 ρ_0、宇宙的半径为 r，则与宇宙中心距离为 R 的地方，质量为 m 的物体，受到宇宙总的引力为 $f=\frac{\frac{4}{3}\pi R^3\rho_0 Gm}{r^3}R$。即宇宙存在质量中心，并且物质受宇宙总物质的引力和到宇宙质量中心的距离成正比。

第三，在任何时刻，宇观尺度上三维宇宙空间的物质分布是均匀的。这里强调的是“在任何时刻”。由于光速的有限性，我们在任何时刻观测到的宇宙都是不同时期宇宙中部分天体的集合。因此只能概指“在任何时刻”“宇宙空间的物质分布都是均匀的”，而不能说仅在某一时期宇宙空间的物质分布是均匀的。

宇宙学原理的这三点结论，事实上提出了宇宙的基本模型是一个在大尺度上物质分布均匀的球状结构。需要强调说明，“宇宙学原理”事实上是宇宙学的公理，所有宇宙学的结论必须与其相容。

除了上述宇宙学原理得到的宇宙模型的三条性质，根据第十三章的结论，还可以得到一条性质：宇宙空间是各向同性的，与宇宙的空间类型无关。

有的学者，根据宇宙物质在大尺度上分布均匀，认为宇宙各向同性，这一观点不成立。不能根据宇宙物质在大尺度上分布均匀得到宇宙是各向同性的结论。各向同性是指空间中不同位置的点的光速各向同性。不是指宇宙空间中星系团的密度相同，按照广义相对论，只要空间存在引力，例如星系内部，光线是弯曲的，空间就不是各向同性的。

还有学者认为，宇宙是各向同性的，没有中心，宇宙物质分布均匀，并且目前宇宙正在加速膨胀。膨胀的宇宙就好比一个正在膨胀的气球，由于各向同性，宇宙气球的每一点都可以认为是中心，因此宇宙没有中心。这个比喻不正确，结论也是错的。其实对正在膨胀的气球而言，理论上我们在任何时候都可以找到它的中心，无论是几何中心还是质量中心。逻辑而言，该命题的前提条件和结论没有必然联系，没有因果关系。

第二节　不同类型的空间在宇宙中的存在形式和分布

在第一章中，我们将引力场空间与介质空间分别定义为其中的引力场或介质密度对光速影响不能忽略的空间。怎样才称得上不能忽略呢？宇宙中哪些区域是欧氏空间、引力场空间或介质空间呢？

一、引力场空间

在引力场中，按照引力场观察者的观点，光速同样为 c，与欧氏空间完全相同；按照欧氏空间观察者的观点，在引力场空间中光速公式为 $C=c\sqrt{1+\left(\frac{2GM}{RC^2}\right)^2}$，并且与引力场强度有关。按此来计算引力场中的距离时，且不说这个积分十分繁杂，还必须知道天体的质量和到天体的距离。如果按照引力场观察者观点处理，则这个问题变得十分简单。为此，我们分析一下由此产生的误差。太阳是主星序中的中等恒星，很有代表性，在此以太阳为例。

根据公式 $C=c\sqrt{1+\left(\frac{2GM}{RC^2}\right)^2}=c\beta_R$，太阳表面的值为 $\beta_r=1.000\ 000\ 000\ 009=1+9\times10^{-12}$，太阳表面的光速和光子速度均为 $3.000\ 000\ 000\ 027\times10^8$ m，仅比欧氏空间中的光速快 0.002 7 m；地球表面的 β 值小于 $1+10^{-18}$。因此，在地球表面的光速与引力为零时的欧氏空间可以认为完全一样。现在我们分析日地距离。如果光在日地之间运行的速度都是太阳表面的光速 $3.000\ 000\ 000\ 027\times10^8$ m，太阳光从太阳表面运行到地球表面需要 500 s。由此得到日地距离为：$R=3.000\ 000\ 000\ 027\times10^8\times500=1.5\times10^{11}+1.35$（m）。如果光在日地之间运行的速度都是地球表面的光速 3.0×10^8 m，太阳光从太阳表面运行到地球表面需要 500 s。由此得到日地距离为：$R'=1.5\times10^{11}$（m）。两种结果仅相差 1.35 m，相对误差小于 10^{-11}。如果按照实际的 C 值计算，其误差更小。这个精度不但在天文学中达不到，在其他测量中一般也达不到。第十一章已经分析了在太阳表面附近空间光线弯曲可以达到的最大值为 1.75″，一般情况下，光线在太阳系中产生的弯曲均小于这个值。再有，太阳引力场的最大拉距仅 6.255 mm（见第十一章第三节）。就是星光掠过太阳表面时，与没有太阳引力场时相比较，仅偏离原来的轨迹 6 mm 多一点，这实际上也是在无限远距离偏离的长度。这说明，光线在太阳的引力场中产生的绝对弯曲和相对弯曲都非常小。

综合上述两个方面的情况，可以得到一个结论：太阳引力场对光速的影响非常小。太阳引力场对时空性质的影响非常小，在一般情况下可以忽略。太阳表面以外的空间符合欧氏空间的定义，即太阳表面以外的空间在一般情况下可以认为是欧氏空间。这个结论有没有代表性，有没有普遍意义呢？

现在分析一下日地范围内的物质密度，代入有关数据，日地范围内物质的平均密度 $P_s=\frac{4}{3}\frac{M_s}{\pi R^3}=1.49$（g/m³）。

我们可以在网上查得宇宙的总质量，含暗物质据估算约为 1.513×10^{57} g，这是可以查到的最大值。宇宙直径为150亿～200亿光年，按150亿光年计算，宇宙的平均物质密度为：$\rho=\frac{1.513\times10^{57}}{4/3\pi\ (7.5\times10^{25})}=8.562\times10^{-22}$（g/m³）。这个宇宙的平均物质密度是最大估算值，和日地范围内物质的平均密度相比，相差21个数量级。根据观测，目前宇宙中可以看见的物质密度约为 10^{-25} g/m³；即使加上暗物质，其密度也不会超过目前宇宙的临界密度 3×10^{-23} g/m³。日地之间的物质平均密度有很重要的代表性，首先它和宇宙的平均物质密度相差很大；其次太阳属于赫罗图中的主序星，且属于中等大小的恒星。宇宙空间的平均物质密度远达不到日地空间的平均物质密度。日地空间中引力场对光速的影响可以忽略，宇宙空间中的引力对光速的影响更小。因此，宇宙中绝大部分空间都可以视为欧氏空间。因此，在一般情况下仅白矮星、中子星和黑洞表面附近的空间性质可以视为引力场空间。那么，距离白矮星、中子星和黑洞多远才是欧氏空间呢？如果以太阳表面的引力场相对强度作为欧氏空间和引力场空间的分水岭，只要白矮星、中子星和黑洞表面的附近空间中，某一位置的引力场相对强度小于太阳表面的引力场相对强度，该位置以外的空间就是欧氏空间，该位置以内的空间就是引力场空间。

设 M 为某引力场中心天体的质量，R 为该引力场与太阳表面的引力场相对强度相等的位置，M_s 为太阳的质量，r 为太阳半径。有

$$\frac{2GM}{Rc^2}=\frac{2GM_s}{rc^2}$$

$$R=\frac{M}{M_s}r \tag{14-1}$$

（14－1）式说明 R 和太阳半径成正比，和中心天体与太阳的相对质量成正比。

根据现行理论，中子星的质量上限为太阳质量的2倍。在距离中子星中心

两倍太阳半径处，即约 1.39×10^6 km 的地方是欧氏空间和引力场空间的分水岭。白矮星的质量上限为太阳质量的 1.44 倍。在距离白矮星中心 1.44 倍太阳半径处，即约 1.00×10^6 km 的地方是欧氏空间和引力场空间的分水岭。如果以 10 倍太阳质量为黑洞质量，则在距离黑洞中心 10 倍太阳半径的地方是欧氏空间和引力场空间的分水岭。

二、介质空间

根据第十三章分析知道，具有一定气态介质密度的引力场空间可以视为介质空间。一般而言，行星表面空间是介质空间；太阳上含有丰富的氢和氦，在高温下许多物质也呈气态。太阳表面可以视为介质空间，推而广之所有恒星表面也可以视为介质空间；另外，估计白矮星、中子星、黑洞表面也存在大气，并且其密度的梯度更大，因此白矮星、中子星、黑洞表面也可以视为介质空间。由于卫星的质量一般都比较小，表面留不住大气，卫星表面不能视为介质空间。介质空间一般都与欧氏空间或引力场空间重叠。在具体问题中当光速对时空的影响不能忽略时，这时的时空性质主要表现为介质空间。

三、欧氏空间

除了上述两个类型的空间区域外，宇宙空间的其他区域都是欧氏空间。与太阳最近的恒星是半人马座的比邻星，距离约 4.3 光年。太阳系和比邻星系的中间是引力场近似为 0 的广阔空间，都是欧氏空间。从太阳系的这一空间构成知道，每一个白矮星、中子星及黑洞所占的引力场空间范围很小，这些引力场空间外面的欧氏空间比例或者范围都大得多。

在目前的宇宙中，白矮星、中子星及黑洞在大型天体中所占比例很小，即使在宇宙老化后所有大型天体都老化为白矮星或中子星、黑洞，引力场空间所占比例也很小，绝大部分仍然是欧氏空间。在整个宇宙空间中，欧氏空间占据了绝大部分，对应的百分比至少在八个“9”以上，如果将整个宇宙空间视为欧氏空间，其纯度比地球上任何纯净物质都高，因此，宇宙中的引力场空间和介质空间基本上都可以忽略。

事实上，白矮星表面的引力场相对强度为 $4.246\,6 \times 10^{-3}$，特征函数为 1.000 009 017，二者均取上限，绝对值都不是很大。在多数情况下，也可以将白矮星表面附近的空间视为欧氏空间，甚至某些情况下，还可以将中子星和黑洞表面附近的空间视为欧氏空间，比如在单纯分析物体的受力时。

最后强调三点。

(1) 上述关于空间类型的区域划分，是在忽略宇宙总物质产生的引力场，仅强调中心天体产生的引力场的情况下得到的结论。如果考虑到宇宙总物质产生的引力场，结论会大相径庭。第十二章我们已经分析了宇宙总物质产生的引力场是非常大的，其黑洞的特征半径为339亿光年。并且，越接近宇宙边缘，引力场强度越大；越接近宇宙中心，引力场强度越小。因此，如果考虑到宇宙总物质产生的影响，一般情况下其引力场不能忽略。在宇宙表面，其引力场强度可以超过黑洞视界很多。但是在宇宙内部，宇宙总物质产生的引力场与中心天体产生的引力场，其结构完全不同。

(2) 在必须划分空间类型时，总的原则是具体问题具体分析。如果讨论的问题精度要求比较高，则在不同的问题中地球表面可以属于三种空间性质的一种。

(3) 第十三章分析说明，在天文学、宇宙学中没有必要将宇宙空间划分为三种类型，可以将整个宇宙空间都看作欧氏空间，都是均匀的、各向同性的，并且刚才的计算分析说明，这样产生的误差非常小。

第三节　完善天球坐标系和建立宇宙空间结构图

一、天球坐标系与一般坐标系的区别

在运动学中，我们考量物体运动设置的坐标系，实际是从物理空间抽象出来建立的，具有数学意义的坐标系。在这样的坐标系中，坐标轴的方向、距离都是确定的、不变的。问题的条件都是假设已知的。这样的坐标系除在地面外，宇宙空间并不存在，因此是“理想坐标系”，这样的坐标系一般只能处理理论问题，不能处理实际问题。在天球坐标系中，坐标轴的方向、极点、天体之间的距离都是动态的，所有已知条件都必须依靠测量获得。物理学宇宙是动态的，其中所有天体都在运动。要考量宇宙中天体的运动或宇宙整体的运动，“理想坐标系”已不能胜任，非天球坐标系不可。

二、完善天球坐标系

第七章介绍了赤道和黄道天球参照系。它是古今中外人类发现、建立的共

同科学工具，但是它只有方向坐标（经纬度），没有径向（距离）坐标，特别是天体与天体之间没有实际的空间距离概念，仅仅是二维坐标系，还不够完善不能满足实际的需要。究其原因，是因为完善天球参照系的理论条件不具备。根据相对论，时间和空间都是相对的。即使在同一个引力场中，时间流逝的速率和空间密度都不同。在欧氏空间的各个参照系中，由于彼此的速度各不相同，时空计量标准也各不相同，根本无法统一，不可能建立径向的距离坐标，按照相对论，甚至经纬度坐标也不能建立。根据前面分析我们知道：一是伽利略变换是正确的；二是不同性质的空间都是各向同性的，可以视为欧氏空间。这两点说明完善天球参照系的条件已经完全具备。完善天球坐标系就是建立三维天球坐标系。主要是建立径向坐标，建立各个方向坐标轴上的坐标点。第七章已经介绍了计量天体到太阳和地球距离的方法，即建立径向坐标的方法，这些方法是近现代天文工作者共同努力的结果。只是由于相对论的缘故，这些方法不能公开摆到桌面上，只能暗中潜行，现在应该为其正名。

根据第七章的方法，理论上我们可以计量任意一个天体到太阳或地球的距离。这样我们就可以将该天体视为在这个方向坐标轴上的一个确定点。这样的“点”确定得越多，天球坐标系的坐标轴就越完善，越精确。

由于可分辨的恒星距离我们都很近，一般只有几十光年，最多上千光年。这个尺度连银河系都不能量度，因此将天球坐标系的径向距离扩展到整个宇宙空间已经刻不容缓，即必须将所有星系与我们的距离确定。

三、建立宇宙空间结构图

宇宙中有非常多的星系，几十个星系可以组成一个星系团；若干星系团可以组成超星系团。建立以星系、星系团和超星系团为中心内容的宇宙空间结构图，既是完善天球径向坐标的需要，也是现代天文工作的必然。

建立宇宙空间结构图，就是分别建立星系表、星系团表和超星系团表（以下简称“三表”）。三表包括以下内容：

（1）现在天球上的视位置；

（2）可以认证出来的元素光谱线；

（3）由该谱线产生的频移；

（4）由星系的“自行”计算出星系的光行差；

（5）由频移和光行差计算出的横向速度和视向速度；

（6）相对于地球的加速度（假设存在）；

（7）视位置到地球的距离；

（8）扣除光行差后，现在天球上的实际位置；

（9）星系的特征、大小（半径）、质量、亮度、视亮度；

（10）自身的组成；

（11）其他。

必须强调的是，对现代天文学和宇宙学而言，三表的实际意义与理论意义比星表的意义大得多，工作量也大得多。我们应该重视三表的建设。最好国际上有一个专门机构专司其职，专门管理、审查、审定三表的工作。

第四节　牛顿力学是现代宇宙学的理论工具和基础

光速不变的发现叩开了现代天文学的大门，宇宙大爆炸的发现掀启了现代宇宙学的序幕，而牛顿力学刚提出就在天文学研究上获得突破，宇宙中无处不在的引力说明牛顿力学必然是现代宇宙学的理论工具和基础。第五章和第八章已经说明了牛顿力学是正确的、精准的、完整的，以后牛顿力学必然会在宇宙学中发挥其基础理论作用、重要工具作用。

第五节　多普勒公式和光行差公式是宇宙学的重要工具

在晴朗的夜晚，除了偶尔划破天空的流星，我们看到的星空都非常宁静，但是，多普勒效应和光行差告诉人们看到的完全是假象。星空中所有星云状天体相对于我们的运动速度，都比银河系内的天体相对于我们的速度大，有的甚至超过光速；可观测到的爆炸都比地球上所有核弹爆炸的威力大；任何“天籁”的分贝都超过地球上最大的雷声，虽然所有天籁之音都没有空气传播，但是有其他介质传播。因此，多普勒公式和光行差公式是研究宇宙学不可或缺的理论工具。

一、关于多普勒公式

（1）目前，业界奉行的是相对论多普勒频移公式。笔者在本书第五篇论述了洛伦兹变换和狭义相对论不成立，因此相对论的多普勒频移公式理论上不成立，并且相对速度越大误差越大，由相对论多普勒频移公式得到的宇宙加速膨胀结论不成立。

（2）经典的多普勒频移公式 $\omega=\frac{c-v}{c}\omega'$ 是一个近似公式，仅在相对速度较小时近似成立。天体与我们的距离较大时，相对速度一般也很大，甚至超过光速，在宇宙学中一般不能用误差较大的经典的多普勒频移公式。

（3）宇宙中只存在多普勒红移，没有宇宙学红移和引力红移。按照相对论观点，红移分多普勒红移、宇宙学红移和引力红移。第十二章已经论述了引力红移不存在。宇宙学红移是相对论根据宇宙在膨胀，宇宙的时空也在膨胀理论推导而得的。宇宙学红移是表达宇宙时空膨胀的一个物理量。宇宙膨胀与宇宙的时空膨胀是两个完全不同的概念，我们没有任何证据证明宇宙的时空在膨胀，就像地球上存在爆炸不能认为时空在膨胀一样。如果将宇宙红移理解为宇宙膨胀就是宇宙星系之间相对距离增加的结果，说明宇宙红移就是多普勒红移。事实上，宇宙大爆炸未发现之前并未发现存在宇宙红移，而宇宙大爆炸仅仅是根据多普勒红移发现的。哈勃定律中的退行速度仅根据多普勒红移而无宇宙红移。这些都说明不存在宇宙学红移。

二、关于光行差公式

光行差公式与多普勒公式是姐妹公式，两者共同揭示天体与我们的相对速度：多普勒公式揭示天体与我们的纵向速度，光行差公式揭示天体与我们的横向速度。由于宇宙演化的特征，天体距离我们越远多普勒效应越显著，光行差效应越不明显。在实际应用方面，光行差只能在银河系内从恒星的自行上表现出来。相信随着三表的建立，远距离天体的光行差一定可以表现出来，进而宇宙演化是否存在角动量也可以发现。

三、多普勒公式和光行差公式在宇宙中普遍成立

按照相对论，多普勒公式和光行差公式在宇宙的其他空间中只是形式相同而内容不同。根据“王氏相对性原理”和第十三章非欧空间的分析，多普勒公式和光行差公式在宇宙中普遍成立，并且形式和内容完全相同，与空间类型无关。

第十五章　宇宙大爆炸和宇宙膨胀

宇宙演化从古至今有许多模型（学说）。康德等人认为，银河和星云状的恒星结合，集聚成有限大小的岛宇宙，像银河系这样的岛宇宙分布在广阔无垠的空间，构成所谓大宇宙。拉普拉斯则认为，宇宙最初存在许多星云，大星云在运动中将小星云俘获，逐渐形成星系，星云中心的物质将周围的物质俘获，逐渐形成恒星，于是形成现在的宇宙。这两个学说分别是古代和近代较有影响和代表性的。在现代，业界比较认可的则是大爆炸演化说，即认为目前的宇宙是在一百多亿年前由一个火球爆炸产生。这一观点一是能够自洽地解释观察到的天文现象；二是这些观察到的天文现象与现代物理理论相符；三是根据宇宙大爆炸学说有的预言已经被证实。宇宙大爆炸被普遍认为是比较标准的宇宙演化模型。本章及以后几章都将根据时空学的观点分析讨论该模型。

第一节　宇宙大爆炸

大爆炸理论是目前关于宇宙形成的最有影响的一种学说。大爆炸理论诞生于 20 世纪 20 年代，美国天文学家哈勃总结出星系谱线红移与星系同地球之间的距离成正比的规律。他指出：如果认为谱线红移是多普勒效应的结果，则意味着河外星系都在离开我们向远方退行，而且距离越远的星系远离我们的速度越快。这正是一幅宇宙膨胀的图像。1932 年，勒梅特首次提出了现代宇宙大爆炸理论，整个宇宙最初聚集在一个“原始原子”中，后来发生了大爆炸，碎片向四面八方散开，形成了我们的宇宙。20 世纪 40 年代，美籍俄裔天体物理学家伽莫夫第一次将广义相对论融入到宇宙理论中，提出了热大爆炸宇宙学模型——宇宙开始于高温、高密度的原始物质，最初的温度超过几十亿摄氏度，随着温度的继续下降，宇宙开始膨胀。

20 世纪 50 年代以后，人们开始广泛注意这个理论，发现该理论得到以下观测事实的支持。

1. 星系距离越远退行速度越大

1929 年，天文学家埃德温·哈勃研究了维斯托·斯里弗的观测。他注意到，远星系的颜色比近星系的要稍红些。哈勃仔细测量了这种红化，并作了一张图。最后发现，这种红化是系统性的，星系离我们越远，它就显得越红。遥远星系的红化意味着它们的光波波长已稍微变长了，在仔细测定许多星系光谱中特征谱线的位置后，哈勃证实了这个效应。他认为，光波变长是由于宇宙正在膨胀的结果。

哈勃的这个重大发现奠定了现代宇宙学的基础，但是哈勃的发现并不意味着宇宙初期就是原始火球爆炸产生的，宇宙大爆炸理论还有以下几点观测事实得到确认。

2. 宇宙轻元素丰度

20 世纪 40 年代末，为了解释宇宙中的氦丰度非常大，难以用恒星内部的核合成理论说明，Gamow 提出了元素的宇宙学起源理论。在宇宙早期，存在大量自由电子，从中子和质子形成氘核开始，接连不断的中子被俘获形成各种元素。1950 年，Hayashi 指出核合成过程中中子—质子平衡的重要作用，这样宇宙核合成只能生成几种轻元素。这就是轻元素的宇宙合成说，通常称为大爆炸核合成理论。这个理论有一个重要推论：随着宇宙因为膨胀而降温，离子终将成为原子，退耦的光子将形成一个当今温度为 5 K 的微波背景辐射 CMBR，它属于黑体辐射谱。1965 年人们观测到 3 K CMBR，1989 年 COBE 卫星的测量证实了 CMBR 的性质，与标准大爆炸模型理论的预言全面相符，没有任何别的理论能够同时解释这些观测到的特征。这样人们终于相信，宇宙的确曾经热到 4 000 K 以上，使得宇宙在更早期时发生过核合成，成了不可避免的推论。

核合成仅产生几种轻的原子核。核合成耗尽中子后留下的是质子，即氢，它是宇宙中最丰富的元素。合成产额最高的是氦，它的丰度用氦的总质量和重子物质总质量之比来描述。按照宇宙大爆炸模型，宇宙刚开始时的温度非常高，原始火球中存在的基本粒子只能生成氢元素。由于温度很高，氢开始向氦聚变。与此同时，宇宙不断地膨胀，温度逐渐下降，当温度下降到氢聚变为氦的点火温度以下时，聚变停止。此时氢、氦的比例即固定下来。根据计算，此时氢的比例为 75%，氦的比例为 25%。这是根据宇宙大爆炸的演化模型得到的理论值，实际结果又是怎样的呢？通过天文学界对恒星、星系的观测，得出了同样的比值。特别要提出的是氦比值。观察不同的恒星，氦含量大多是30%左右。氦的来源有两个，恒星内部的聚变和大爆炸初期的聚变；但星际气体和恒星本身的氦含量都是30%，除了大爆炸学说，其他学说无法解释这么多的氦从何而来，因为仅仅凭恒星内部聚变反应无法产生这么多的氦。同样，观测到的氘、氦3、锂7的元素丰度比也与大爆炸模型的理论值吻合。这是宇宙大爆炸理论的成功，因为计算结果与实验结果吻合得相当好，近似还有锂的比值，也与计算相符。这就是大爆炸理论的第二个证据——元素丰度比。

3. 3 K宇宙微波背景辐射

早在20世纪40年代末，大爆炸宇宙论的鼻祖伽莫夫认为，我们的宇宙正沐浴在早期高温宇宙的残余辐射中，其温度约为6 K。正如一个火炉虽然不再有火了，但还可以冒一点热气。1964年，美国贝尔电话公司年轻的工程师彭齐亚斯和威尔逊，在调试巨大的喇叭形天线时，意外地接收到一种无线电干扰噪声，各个方向上信号的强度都一样，而且历时数月。难道是仪器本身有毛病，或者是栖息在天线上的鸽子引起的？他们把天线拆开重新组装，依然接收到那种无法解释的噪声。这种噪声的波长是在微波波段，对应于有效温度为3.5 K的黑体辐射出的电磁波。分析后认为，这种噪声肯定不是来自人造卫星，也不可能来自太阳、银河系或某个河外星系射电源，因为在转动天线时，噪声强度始终不变。后来，经过进一步测量和计算，得出该噪声的辐射温度是2.7 K，称之为3 K宇宙微波背景辐射。这一发现，使许多从事大爆炸宇宙论研究的科学家获得了极大的鼓舞。因为彭齐亚斯和威尔逊等人的观测竟与理论预言的温度如此接近，这是对宇宙大爆炸论的一个非常有力的支持，是继1929年哈勃发现星系谱线红移后的又一个重大天文发现。

宇宙微波背景辐射的发现，为观测宇宙开辟了一个新领域，也为各种宇宙模型提供了一个新的观测约束，因此被列为20世纪60年代天文学四大发现之一。彭齐亚斯和威尔逊于1978年获得了诺贝尔物理学奖。瑞典科学院在颁奖决定中指出，该发现使人们能够获得很久以前，宇宙创生时期所发生的宇宙过程信息。

4. 大尺度结构和星系演化

现代观测结果共同显示，在大爆炸后十亿年，最初的一批星系和类星体诞生。从那以后更大的结构，如星系团和超星系团开始形成。由于恒星族群不断衰老和演化，人们所观测到的、距离遥远的星系和那些距离较近的星系非常不同。此外，即使距离上相近，相对较晚形成的星系也和那些在大爆炸之后较早形成的星系存在较大差异。这些观测结果都和宇宙的稳恒态理论强烈抵触，而对恒星形成、星系和类星体分布，以及大尺度结构的观测，则通过大爆炸理论与宇宙结构形成的计算模拟结果符合得很好。这样，大尺度结构和星系演化成为了宇宙大爆炸理论新的支持证据。

以上四种观测证据被称作“大爆炸理论的四大支柱”，宇宙大爆炸理论得到业界的普遍承认。

第二节　宇宙膨胀和哈勃定律

宇宙大爆炸之后，到以后的漫长时期，宇宙是怎样演化的呢？如果天体在宇宙大爆炸时获得的能量，没有因为摆脱引力的束缚而消耗殆尽，则宇宙将继续膨胀；反之，宇宙将收缩。哈勃定律为我们描述了一幅宇宙膨胀的图景。

在哈勃定律之前，苏联数学家弗里德曼于 1922 年首次论证了宇宙随时间不断膨胀的可能性，从而对爱因斯坦的静态宇宙观念提出了挑战。比利时主教、天文学家勒梅特在弗里德曼工作的基础上，经过 5 年的潜心研究，于 1927 年提出均匀各向同性的膨胀宇宙模型。在这一模型中，遥远天体的红移，即退行运动起因于宇宙 膨胀，勒梅特还预言红移的大小应该与天体的距离成正比。介于 20 世纪 20 年代的通讯技术和学术交流远不如现在发达，大洋彼岸的哈勃对弗里德曼和勒梅特的理论一无所知。1929 年著名的天文学家埃德温·哈勃第一次提出了宇宙膨胀的观点。

早在 1912 年，施里弗就得到了“星云”的光谱，结果表明许多光谱都具有多普勒红移，表明这些星云在朝远离我们的方向运动。随后人们知道，这些星云实际上是类似银河系一样的星系。自河外星系本质之谜被揭开之后，人类对宇宙的认识从银河系扩展到了广袤的星系世界，一些天文学家开始把注意力转向星系。从 20 世纪 20 年代后期起，哈勃利用当时世界上最大的威尔逊山天文台 2.5 m 口径的望远镜，全力从事星系的实测和研究工作，测定星系的视向速度、估计星系的距离，前者需要对星系进行光谱观测，后者则必须找到合适的、能用于测定星系距离的标距天体或标距关系。哈勃开展上述两项工作的目的，是试图探求星系视向速度与距离之间是否存在某种关系。这项观测研究非常细致又极为枯燥，他在相当长的一段时间内投入了自己的全部精力。与现代设备相比，20 世纪 20 年代的观测条件很简陋，2.5 m 口径望远镜不仅操纵起来颇为费力，而且不时会出现故障。星云状星系是非常暗的光源，为了拍摄到它们的光谱，往往需要曝光达几十分钟乃至数小时之久，其间还必须保持对目标星系跟踪的准确性。为获取尽可能清晰的星系光谱，哈勃甚至不得不用自己的肩膀顶起巨大的镜筒。功夫不负有心人，经过几年的努力工作，到 1929 年他获得了 40 多个星系的光谱，结果发现这些光谱都表现出普遍性的谱线红移。如果这是缘于星系视向运动而引起的多普勒红移，则说明所有的样本星系都在做远离地球的运动，且速度很大。这与银河系中恒星的运动情况截然不同。银河系的恒星光谱既有红移，也有蓝移，表明有的恒星在靠近地球，有的在远离地球。不仅如此，由位移值反映出的星系运动速度远远大于恒星，前者可高达每秒数百、上千公里，甚至更大，而后者通常仅为每秒几公里或数十公里。在设法合理地估计了星系的距离之后，哈勃惊讶地发现，样本中距离地球越远的星系，其谱线红移越大，且星系的视向退行速度与星系的距离之间可表述为简单的正比例函数关系

$$v=H_0 r \tag{15-1}$$

其中 H_0 称为哈勃常数。这就是著名的哈勃定律。哈勃于 1929 年 3 月首次发表了研究结果，尽管取得了 46 个星系视向速度资料，其中仅有 24 个确定了距离，且样本星系的视向速度最高不超过 1 200 km/s。实际上当时哈勃所导出的星系速度－距离关系并不十分明晰，个别星系对关系式 $v=H_0\times r$ 的弥散比较大。后来他与另一位天文学家赫马森合作，又获得了 50 个星系的光谱观测资料，其中最大的视向速度已接近 2 万 km/s。在两人于 1931 年根据新资料发表的论文中，星系的速度－距离关系得到进一步确认，且更为清晰。1948 年，他们测得长蛇星系团的退行速度已高达 6 万 km/s，而速度－距离关系依然成立。在哈勃定律中，H_0 是恒量，是退行速度 v 与星系之间的距离 R 的比例常数。现在测得的值为

$$H_0\approx 50\sim 100\ (\text{km/s}\cdot\text{Mpc}) \tag{15-2}$$

即与太阳系相距 10^6 pc，约 3×10^6 光年的星系，退行速度为 50～100 km/s。发生宇宙大爆炸，宇宙纪年开始；而后宇宙冷却，凝聚成目前的状态。如果将 H_0 值估算成观测值的下限，物质间距从最初的 $R=0$，经 T_0 时间膨胀到现在 $R=1$ Mpc 可以对应 $v=50$ km/s，则得：

$$T_0=\frac{R}{v}=\frac{1}{H}\approx 2\times 10^{10}\ \text{(a)} \tag{15-3}$$

a是年的SI单位制符号，这就是宇宙年龄的估算值，也称为哈勃时间。如果以星系退行速度的上限为光速，地球人可以观察到的宇宙最大距离为

$$R_{\max}=\frac{c}{H}=cT_0=2\times 10^{10}\ \text{(ly)} \tag{15-4}$$

$R_{\max}$称为宇宙半径的估算值。如果认为星系的实际退行速度v超过光速c，则人们可以观测到的宇宙最大距离更大。

近年来，有关哈勃常数的推算误差率在逐渐减小。卡内基科学学会天文台天文学家温迪·弗里德曼等人在美国期刊《天体物理学杂志》上报告说，根据观测结果推算，哈勃常数为74.3加减2.1 km/(s·Mpc)。由近期测定的哈勃常数$H_0=73$ km/(s·Mpc)，可以推算出宇宙年龄的上限为137亿年。这是目前业内比较认可的一个数据。不过有报道称，2006年8月一项新的研究结果是宇宙的年龄应为158亿年，可见对此仍然存在争议。

哈勃定律揭示宇宙在不断膨胀，这种膨胀是整个宇宙的膨胀。在宇宙中任何一点的观测者都会看到完全一样的膨胀，从任何一个星系来看，一切星系都以它为中心向四面散开，越远的星系间彼此散开的速度越大。

第三节　哈勃定律的时空学解释

哈勃定律也可以根据时空学结论解释。根据宇宙大爆炸演化模型，我们可以认为宇宙爆炸的所有衍生物都是从爆炸开始时，从爆炸中心以$v=0$的初速度、以巨大的加速度向四面八方快速扩散。爆炸方程可以简单表示如下

$$v=H\ (r) \tag{15-5}$$

其中v是天体相对于爆炸中心在相当一段时间内的平均膨胀速度，H表示某种函数关系，自变量r是天体到宇宙爆炸中心，即宇宙中心的距离。按照爆炸模型，H是增函数，即r越大v越大。否则，爆炸和扩散就没有区别了。还要强调，方程中的物理量，都是同一宇宙时间的物理量。图15-1是宇宙大爆炸后某一时刻的示意图。假设有A、B两星系，在该时刻与大爆炸中心O的距离分别为r_1、r_2。根据（15-5）式，它们相对于O点的退行速度分别为

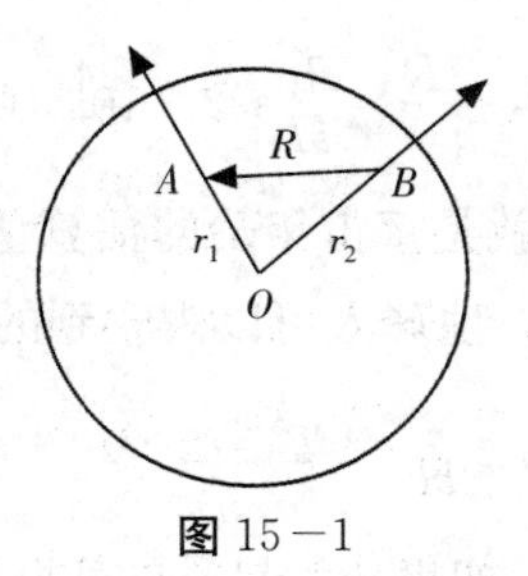

图 15－1

$$v_1 = H(r_1)$$
$$v_2 = H(r_2)。$$

则星系 AB 之间的速度为

$$v = v_2 - v_1 = H(r_2) - H(r_1) \tag{15-6}$$

如果公式（15－5）是正比例函数，即如果 H 是 r 与 v 的比例常数，则公式（15－6）可以表示为

$$v = Hr_2 - Hr_1 = H(r_2 - r_1) \tag{15-7}$$

根据（15－7）式，说明任意两天体 AB 之间的相对速度是互相背离的（$r_2 - r_1$ 是距离，一定大于 0）。（15－7）式就是哈勃定律的另一种形式。其中 v 就是任意两个星系或星系团之间相互背离的相对速度，就是哈勃定律中的“退行速度”，H 就是“哈勃常数 H_0”，$r_2 - r_1$ 就是天体之间的相对距离。同样要强调，方程式（15－7）中的物理量也必须是同一宇宙时间的物理量。公式（15－5）和图 15－1 虽然简单，但是意义却非常重要。它说明了哈勃定律即公式（15－1）的内涵和本质，宇宙膨胀是有心膨胀，是相对于宇宙爆炸中心的膨胀。这个中心，就是宇宙刚爆炸时原始宇宙火球对应的空间位置。逻辑而言，根据爆炸的实际，现在这个位置上可以存在对应的天体，也可以不存在对应天体，是一个确定的空间位置。（15－7）式说明，哈勃定律中的 r，并不一定是天体与太阳之间的距离，它可以是任意两个天体之间的距离。这是宇宙膨胀的本质特征。

现在对哈勃定律提出两点看法。

一、哈勃定律的核心是“星系之间的距离 *R* 越大，其退行速度 *v* 也越大”

我们可以将这一观点称为“哈勃原理”。哈勃原理是有观测事实支持的，并且与宇宙轻元素丰度、3 K 宇宙微波背景辐射、大尺度结构和星系演化形成了对宇宙大爆炸演化理论的证据链，因此哈勃原理是正确的。

二、哈勃定律的数学表达式 $v=H_0r$ 的局限性

我们将这一公式称为“哈勃公式”。哈勃公式是天文学中唯一的描述天体退行速度和天体距离的公式，在实践中具有不可替代的作用。在解读和应用哈勃公式时，必须注意三点。

1. 哈勃公式仅是在中等宇宙距离范围得到的经验公式

哈勃发现，“远星系的颜色比近星系的要稍红些，这种红化是系统性的，星系离我们越远，它就显得越红”。这一段话事实上表示哈勃公式是仅在 1 亿光年至 60 亿光年的中等宇宙距离范围内得到的经验公式，并且有相当程度的弥散，不是纯粹的线性方程。例如，与我们的平均距离约 1 亿光年的室女座超星系团中颜色变蓝（紫移）的星系就有好几个；银河系中的恒星，有的是红移，有的是紫移。由于星系紫移与宇宙膨胀的概念完全相反，说明哈勃公式在我们所在的室女座超星系团，包括银河系中不成立。或者说哈勃公式在距离现在约 1 亿年的近现代宇宙范围内不成立。又如，限于当时的技术条件，哈勃无法对距离非常远，如 60 亿光年以外的星系进行观测，因为星系中的恒星由于太远而无法辨认。观测远距离星系必须观测其中的 Ia 型超新星，而观测 Ia 型超新星是近年才可能的事，在哈勃时期观测 Ia 型超新星在理论和技术上都不可能。另外，由于光速的有限性，距离不同的天体又意味着宇宙年龄不同。哈勃公式仅说明退行速度只与距离有关而与时间无关，根据哈勃公式说明宇宙是匀速膨胀，与时间无关。

哈勃公式仅是在中等宇宙距离范围得到的经验公式。我们只能认为哈勃公式在中等宇宙距离范围成立；在近距离不成立；在远距离范围是否成立必须继续验正。另一方面，哈勃公式揭示宇宙是匀速膨胀说明哈勃公式仅在宇宙的同一时期成立，即仅在距离不是很大的范围内成立，同样说明仅在中等宇宙距离范围成立。

2. 对宇宙年龄差别大的星系，即距离差别大的星系哈勃公式必然不成立

根据宇宙学原理，宇宙在任何时刻在宇观尺度上物质分布都是均匀的，由此可以认为哈勃公式在宇宙年龄的任一时刻任何距离都成立。另一方面，根据宇宙大爆炸模型，在爆炸刚开始时，爆炸衍生物退行速度最大，以后由于引力作用，必然是减速膨胀，退行速度随着时间的推移而减小。就是说，在宇宙早

期，哈勃常数 H 最大，以后随着时间的推移而减小，到现在最小。换言之，哈勃公式是对所有星系的现在关系而言。如果按照不同的时期，星系的退行速度与到爆炸中心的距离 R 存在关系式

$$v=H\left(\frac{1}{R}\right) \tag{15-8}$$

其中，H 是增函数，因此 v 和 R 的关系是减函数。并且 R 是一个与时间有关的量，对同一星系而言，R 越大，其宇宙年龄越大。根据宇宙大爆炸模型，对不同时期星系 v 和 R 的关系，不能用相同的哈勃公式表示，只能用（15－8）的形式表示。如果一定要用哈勃公式表示不同距离星系 v、R 之间的关系，则哈勃公式仅对相对变化不大的 R 成立；若用哈勃公式表示不同宇宙年龄（即 R）星系的 v、R 关系，则必然有 R 越大，哈勃常数 H 越大的趋势。并且，R 越大，H 变化也越大；R 越小，H 变化也越小。

哈勃公式对 1 亿光年到 60 亿光年的星系都基本成立，不是说明哈勃公式普遍成立吗?

哈勃常数并不是真正意义的常数，而是一个范围或一个区间。如（15－2）式认为 $H_0\approx 50\sim 100$ km/(s · Mpc)。它的图形本身不是一条直线，而是一条带状区域。现在有机构认为 H 的精确值为 $H_0=73$ km/（s · Mpc），事实上这也是一个平均值或近似值，并且 R 越小，H 变化越小。对于 60 亿光年特别是 100 亿光年以上的星系，H 的变化更加显著。另外，还有非常重要的一点，就是哈勃公式依据的多普勒红移公式是一个错误的相对论公式：$Z+1=\sqrt{\frac{c+v}{c-v}}$。按照多普勒红移公式 $Z+1=\sqrt{\frac{c+v}{c-v}}$，$v$ 的值必须小于 c。这对哈勃公式的适用范围事实上作了钝化处理，使其适用范围更广。正确的红移公式应该是多普勒红移公式 $Z=\frac{v}{c}$，按照这个公式，退行速度与红移 Z 成正比，可以大于光速 c。

因此“对宇宙年龄差别大的星系，即距离差别大的星系哈勃常数不变的哈勃公式必然不成立”。

3. 哈勃公式的成立有必然性和有限性

哈勃公式是根据相对论的多普勒红移公式 $Z+1=\sqrt{\frac{c+v}{c-v}}$ 和亮度测距公式 $m-M=5\lg r-5$ 得到的 v 与 r 的经验公式。相对论多普勒红移公式和亮度测距

公式都不是线性的。一般而言，由这两个公式表征出来的 v 与 r 的关系必然不是线性的。只是，无论 v 与 r 两者关系多么复杂，其图形表示的曲线多么弯曲，我们都可以将其图像分割为若干可以近似看作直线的小区间，则每个区间的 v 和 r 的关系都可以用常数值 H 不同的正比例关系表示。即在每个区间哈勃公式都成立，只是各个区间的哈勃常数不同，各个区间的哈勃常数有随着距离 r 的增大而增大的趋势。因此在距离非常大时（例如 100 亿光年以外）如果哈勃常数不变，哈勃公式一定不成立。

哈勃公式在一定范围成立是必然的，在不同的距离范围，哈勃常数不同也是必然的，它不是理论演绎的结果，而是经验公式。这是在运用时必须注意的。

第四节 宇宙加速膨胀的观点不成立

目前，天文学界有一种观点，认为宇宙膨胀不但没有因为引力作用而减速，反而在 60 亿年前由于暗能量的作用而加速。以下是这一观点：

“2011 年度诺贝尔物理学奖由索尔·佩尔穆特 、布赖恩·P. 施密特和亚当·G. 里斯分享，以表彰他们观测 Ia 型超新星，并发现宇宙在加速膨胀。通过诺贝尔官方网站发布的 2011 年诺贝尔奖面向公众的新闻稿，我们可以了解到这一奖项的成果。为什么说宇宙在加速膨胀，又是谁在加速宇宙膨胀。

“佩尔穆特等人利用高科技发明光敏数码成像传感器 CCD 来观测‘超新星’，并测量它的‘红移’速度和亮度。这个过程相当艰难，但科学家们最终得出了惊人但却相同的结果。他们发现了大约 50 颗遥远的‘超新星’，发现高红移的超新星比他们原来预期的要暗。于是他们最终得出结论，宇宙膨胀不是减速，而是加速。

“宇宙膨胀不仅正在加速，而且已经偷偷加速了几十亿年。这种加速如今被认为是由某种‘暗能量’驱动的。这种‘暗能量’起初只占宇宙的一小部分，但随着宇宙物质在宇宙膨胀过程中逐渐被稀释，这种暗能量如今已超过了宇宙成分总含量的 70%。它的本质却仍然是谜，或许仍是当今物理学面临的最大谜题。

“英美天文学家在华盛顿举行新闻发布会宣布，他们借助美国宇航局‘钱德拉’X射线天文望远镜的观测结果，找到了宇宙在距今60亿年前开始加速膨胀的新证据。”

另外，根据 https://en.wikipedia.org/wiki/Accelerating_universe 报道，由 Friedmann 方程给出：$H^2=\left(\frac{\dot{a}}{a}\right)^2=\frac{8\pi G}{3}\rho-\frac{Kc^2}{R^2a^2}$。这个方程也可写成：$3\frac{\ddot{a}}{a}=-4\pi G(\rho+3p)=-4\pi G(1+3w)\rho$。关于超新星标准烛光给出的宇宙尺度，它与光谱红移的关系是：$a(t)=\frac{1}{1+z}$。我们附近低红移（$z<0.1$）星系的观测的确可以解释为一个减速膨胀的平直宇宙。如果我们将此结果按 Friedmann 方程外推，就可算出高红移（$0.16<z<0.6$）超新星当年爆炸时离我们的距离。可是这样推算出来的距离比观测到的实际距离小10%～15%，这是理论没有解释的一个谜。

由于光速不变，我们可以从距离推算出超新星爆炸的时间，所以距离加多普勒红移可给出宇宙尺度随时间变化的曲线，将此数据代入 Friedmann 方程，就可算出宇宙膨胀的加速度。结果是 $w<-1/3$，加速度大于零。

以上报道，事实上是索尔·佩尔穆特、布赖恩·P. 施密特和亚当·G. 里斯两个小组根据对Ia型超新星的观测，得到宇宙加速膨胀的这个结论的根本性理由。

对于他们的观测，本人由衷地赞许和敬佩，但是对其宇宙加速膨胀的结论却不敢苟同。

一、宇宙加速膨胀的理由不成立

根据宇宙大爆炸的模型和现代天文观测，宇宙在大爆炸后一百多亿年的时间内，从近似一个点膨胀为半径一百多亿光年，说明宇宙的最大平均膨胀速度，即宇宙外层的平均膨胀速度超过光速 c。我们周围星系之间的多普勒频移有红移、紫移，说明宇宙膨胀到了现代时期，其平均膨胀速度为零。因此总体而言，宇宙是减速膨胀。即在宇宙早期，膨胀速度快，退行速度快；随着宇宙年龄的增大，退行速度变小；到现在退行速度为零。

两个小组观察到距离大的星系或宇宙年龄小的星系的退行速度大，与哈勃公式不成正比，其原因正如前面分析的，哈勃公式不是理论推导，而是经验公式，本身也是近似的，在整个宇宙范围内不是线性的，特别是在近距离和超远距离范围内。另一方面，宇宙年龄小的星系退行速度大，年龄大的星系退行速度小。从时间上看不正说明宇宙是减速膨胀吗？为什么看到方程结果中加速度大于零，不从时间上比较，仅从距离上比较就教条地认为是加速膨胀呢？

两个观察小组仅凭没有得到验证的相对论 Friedmann 方程和一个经验的哈勃公式，不解读其成立的条件和范围，不顾及加速膨胀的结论与宇宙学原理和宇宙大爆炸模型的矛盾，所得出的结论不具有合理性，更不具有唯一性。因此宇宙加速膨胀的理由不成立。

二、宇宙加速膨胀的结论与天文观测不符

如果宇宙在 60 亿年前开始加速膨胀，并且至今仍在加速膨胀。说明 60 亿年前，即相距我们 60 亿光年距离的星系相对于宇宙中心的膨胀速度最小。因此在本星系团范围内的退行速度应该大于 60 亿光年星系的退行速度，但是，事实上本星系团范围内的平均退行速度不大，有几个星系之间还是紫移。可以认为本星系团范围内的平均退行速度为 0，即认为宇宙到现在已经停止膨胀了。专家们也承认：我们附近低红移（$z<0.1$）星系的观测的确可以解释为一个减速膨胀的平直宇宙。

宇宙在 60 亿年前加速膨胀的结论与天文观测不符。

三、“暗能量是宇宙加速膨胀的驱动”是无稽之谈

宇宙加速膨胀的说法被创造出来后，这个说法当然应该有一个主角，这个主角就是“暗能量”。然而，暗能量之说是无稽之谈。

我们知道，太阳的中心温度大约 2 亿 ℃，表面温度 6 000 ℃，其色温度对应的是黄光。有的蓝色恒星，其中心温度和表面温度更高。这样高的温度，都与恒星自身的引力达到平衡，没有产生排斥和互相退行的加速度，说明假设存在暗能量，按照星系团之间这么远的距离，其温度应该高于 200 亿 ℃，并且亮度应该比恒星更亮。

如果宇宙在加速膨胀，说明暗能量应该均匀地充斥于整个宇宙，即太阳系、银河系都应该存在，而不是隐藏在某一未知的“鬼域”。

根据物理原则，任何结论都必须符合实践。理论上能够证明该结论，可以称为“定理”；如果理论上不能证明该结论，但是在实践中该观点总是正确的，可以称为“定律”或“原理”；如果某一物理观点不是从实践中产生，

则该观点什么也不是，没有任何价值。人类在几千年生产生活和科学实验中从来没有发现什么不以物质为载体的暗能量，也没有任何理论认为宇宙中存在暗能量，并揭示暗能量与物质的关系，更没有发现暗能量可以对物质产生排斥力。“暗能量说”缺乏合理性、唯一性、实践性，是违反物理原则的无稽之谈。

第十六章　宇宙的年龄、大小、形状和中心

第一节　宇宙的年龄和大小

宇宙有没有大小？当然有。逻辑而言，只要宇宙不是无限大，宇宙就有边界、有大小。那么，宇宙有多大呢？逻辑而言，如果宇宙模型不同，在相同的情况下，宇宙大小也是不同的，宇宙大小与其演化模型有关。以下以宇宙大爆炸模型为基础，讨论宇宙的大小。

根据宇宙大爆炸模型，逻辑上宇宙应该是一个球型或准球型。虽然其实际形状可能与球型相去甚远，例如像蟹状星云那样。这并不影响我们将球型结构作为宇宙模型，并且宇宙的球型结构模型与宇宙学原理是相容的。下面介绍一种简单但是很实用的计算宇宙大小的方法。

假设宇宙结构是一个球型，那么，以我们的地球或太阳为中心，以360°的立体角观测宇宙，寻找各个方向最远的星系。一般而言，每一个方向都应该存在一个最远的星系，按照哈勃原理，就是红移最大的星系。将每个方向一个局域天区内的最远的星系比较，可以发现每一个局域天区都有一个或几个距离最远的星系。这个最大值就是该方向离我们最远的星系。各个方向最远星系就是我们的宇宙表面的星系。这些宇宙表面星系中，一定存在一个离我们最远的，

理论而言，地球到这个最远星系就是宇宙直径的一部分。其反方向就是直径的另一部分。如果宇宙是标准的球型结构，该反方向存在一个宇宙表面星系，其与地球的距离是所有宇宙表面星系的极小值。如果不是标准球型，该反方向最远星系的距离则可能不是极小值。

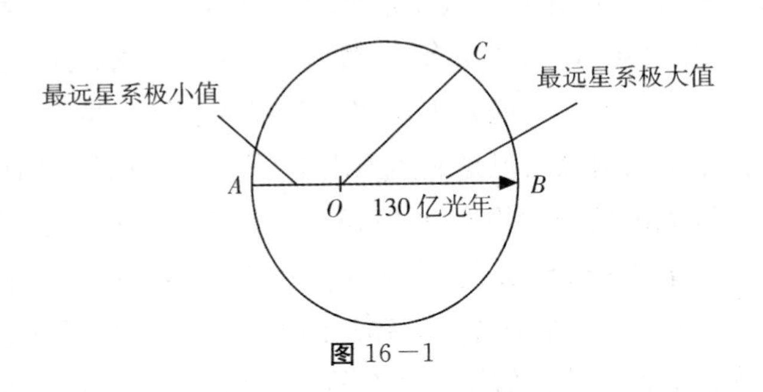

图 16－1

如图 16－1，假设 O 点是地球或太阳。OC 是地球到该方向最远星系的距离。OB 是 OA、OC 等各个方向 360°立体角最远星系的最大值，OB 反方向是最远星系的最小值 OA，则 AB 就是球型宇宙中通过地球的一条直径，图 16－1 就是通过这条直径的任意一个截面图。我们就可以根据图 16－1 和宇宙大爆炸的二级模型，假设根据该模型可以确定大爆炸中物质的离散速度求出宇宙的大小。

据报道，近年美国天文学家发现了人类目前所知道的距离地球最远的星系“埃布尔 2218”，距离地球达 130 亿光年。如图 16－1，假设 B 点就是“埃布尔 2218”星系，OB＝130 亿光年。以此估算宇宙的大小和年龄，“埃布尔 2218”星系离地球 130 亿光年，说明“埃布尔 2218”星系与地球的距离已经是 130 亿光年。大爆炸时地球与“埃布尔 2218”星系是在一起的，需要多少时间地球与“埃布尔 2218”星系的距离才能达到 130 亿光年呢？这个问题当然与宇宙大爆炸物质的离散速度有直接关系。为了便于比较，也为了使我们对在绝对时空的条件下退行速度以怎样的方式影响宇宙时空的大小有一个感性认识，下面分三种方案讨论。

一、第一种方案

假设“埃布尔 2218”星系相对于太阳的平均退行速度为 $v=0.8c$。按照这个速度需要多少时间才能达到 130 亿光年的距离呢？显然，$t_1=130/0.8\approx165$

（亿年）。即按照这个方案，宇宙现在的的年龄为 T_1＝165＋130＝295（亿年）。现在确定宇宙的大小。“埃布尔 2218”星系 130 亿年前和太阳或地球的距离是 130 亿光年。该时刻到现在这 130 亿年“埃布尔 2218”星系与太阳的距离又能增加多少呢？假设在这 130 亿年“埃布尔 2218”星系相对于太阳的退行速度仍然为 0.8c，即最近这 130 亿年“埃布尔 2218”星系与太阳之间增加的距离为：130×0.8＝104（亿光年），则“埃布尔 2218”星系与太阳目前的距离为：OB＝130＋104＝234（亿光年）。这并不是宇宙现在的直径。虽然“埃布尔 2218”星系可以认为是宇宙的边缘，但是显然太阳不是宇宙的边缘。因此计算宇宙的直径，还必须计算太阳到与“埃布尔 2218”星系反方向的宇宙边缘星系的距离，即将图 16－1 中的 OA 计算在内。OA 的距离是多少呢？这里所谓指“OA 的距离”，是太阳目前和该方向最远天体的距离。由于我们手里没有任何数据和资料可以参考，为此，我们假设目前在地球上可以观测到 OA 方向的最远天体 A 的距离是 80 亿光年。80 亿年前 A 点离地球的距离为 80 亿光年，在至今 80 亿年内，OA 的距离可以增加多少呢？要搞清楚这个问题，必须明确 A 点相对于地球的退行速度是多少，即明确 OA 这 80 亿光年这段距离是多少时间完成的。根据前面假设加上分析得到的结论，宇宙目前年龄为 295 亿年，80 亿年前的宇宙年龄就是 295－80＝215（亿年）。即 OA 这 80 亿光年距离是从宇宙大爆炸开始经过 215 亿年的时间完成的。假设 80 亿年前到现在期间 A 点的退行速度和前 215 亿年相同，于是我们可以按照正比例关系计算 A 点在这 80 亿年里与我们的距离增加多少。A 点 215 亿年走了 80 亿光年，80 亿年可以走多少距离呢？$\frac{89}{215}=\frac{x}{80}$，$x\approx30$（亿光年）。$OA$ 目前的距离为 OA＝80＋30＝110（亿光年），因此，按照第一种方案，宇宙目前的直径为：$AB=OA+OB$＝234＋110＝344（亿光年）。或者说按照第一种方案，宇宙的年龄为 295 亿年，经过地球（太阳）的一条直径的长度为 344 亿光年。

二、第二种方案

假设“埃布尔 2218”星系相对于地球的退行速度为 $v=c$。按照这个速度需要多少时间才能达到 130 亿光年的距离呢？显然：t_2＝130/c＝130（亿年）。即按照这个方案，宇宙现在的年龄为：T_2＝130＋130＝260（亿年）。比较前一种方案，宇宙年龄减少了 35 亿年。在这种方案下，OB 的距离，“埃布尔 2218”

星系 130 亿年前和我们的距离是 130 亿光年。该时刻到现在这 130 亿年与地球的距离又能增加多少呢？假设这 130 亿年 B 点的退行速度和前 130 亿年相同，即这 130 亿年“埃布尔 2218”星系的退行速度仍然是 $v=c$。因此“埃布尔 2218”星系在这 130 亿年与地球增加的距离为：$130\times c=130$（亿光年），“埃布尔 2218”星系与地球目前的距离为：$OB=130+130=260$（亿光年）。接下来看看在这种方案下 OA 的距离。同样，我们假设目前在地球上可以观测到 OA 方向最远天体 A 的距离是 80 亿光年。说明 A 点在 80 亿年前与地球的距离就是 80 亿光年。这 80 亿光年的距离星系 A 运行了多少时间呢？现在的宇宙年龄是 260 亿年，因此 80 亿年前宇宙年龄是 $260-80=180$（亿年），说明 80 亿光年的距离是 A 点运行了 180 亿年的结果。与前面假设相同，假设 A 点在后面这 80 亿年的退行速度与前 180 亿年相同。按照正比例关系，A 点 180 亿年走了 80 亿光年，80 亿年能够走多少距离呢？$\frac{89}{189}=\frac{x}{80}$，$x\approx35.6$（亿光年）。因此，$OA$ 目前的距离为 $OA=80+35.6=115.6$（亿光年）。按照第二种方案，宇宙的年龄为 260 亿年，目前的直径为 $AB=OA+OB=260+115.6=375.6$（亿光年）。

三、第三种方案

据说目前观测到类星体的最大红移为 4～5，假设“埃布尔 2218”星系相对于地球的退行速度为 $v=4c$。按照这个速度需要多少时间才能达到 130 亿光年的距离呢？显然，$t_3=130/4=32.5$（亿年）。即按照这个方案，宇宙的年龄为：$T_3=32.5+130=162.5$（亿年）。先分析 OB 的距离，“埃布尔 2218”星系 130 亿年前和我们的距离是 130 亿光年。该时刻到现在这 130 亿年与地球的距离又能增加多少呢？假设这 130 亿年“埃布尔 2218”星系的平均退行速度在引力作用下已经衰减为 $v=c$。“埃布尔 2218”星系在这 130 亿年与地球增加的距离为：$130\times1\approx130$（亿光年），“埃布尔 2218”星系与地球目前的距离为：$OB=130+130=260$（亿光年）。

现在计算在这种方案下 OA 的距离。同样，我们假设现在在地球上可以观测到 OA 方向的最远天体 A 的距离是 80 亿光年。说明 A 点在 80 亿年前与地球的距离就是 80 亿光年。这 80 亿光年的距离 A 点运行了多少时间呢？现在的宇宙年龄是 162.5 亿年，80 亿年前宇宙年龄是 $162.5-80=82.5$（亿年），说明

80 亿光年的距离是 A 点运行了 82.5 亿年的结果。A 点 82.5 亿年的平均退行速度约为 $v=c$。那么，A 现在之前的 80 亿年的平均退行速度是多少？假设这 80 亿年较前 82.5 亿年的平均退行速度衰减了一半，为 $v=0.5c$ 。则这 80 亿年退行距离为 $0.5\times80=40$（亿光年），OA 目前的距离为：$OA=80+40=120$（亿光年）。按照第三种方案，宇宙的年龄为 162.5 亿年，目前的最大直径为：$AB=OA+OB=260+120=380$（亿光年）。

为了更加直观地比较这三种方案的结果，现在将这三种方案的结果列于表 16－1 中。

表 16－1　宇宙大小的三种方案的比较表

方案	退行速度 v	宇宙年龄/亿年	OB 距离/亿光年	OA 距离/亿光年	AB 距离/亿光年
1	$0.8c$	295	234	110	344
2	c	260	260	115.6	375.6
3	$4c$	162.5	260	120	380

其中第三种方案的后期退行速度作了适度调整，前两种未作调整。

从该表可以看出平均退行速度越小，宇宙年龄越大，宇宙直径越小；平均退行速度越大，宇宙年龄越小，宇宙直径越大。

目前有的观点认为宇宙年龄是 137 亿年，与上面三种方案中的宇宙年龄都相去甚远。逻辑而言，用哈勃公式计算宇宙年龄没有理论依据。按照上面计算宇宙年龄和大小的办法，如果将“埃布尔 2218”星系的退行速度提高到 $5c$，则宇宙年龄可以降到 156 亿年；如果退行速度提高到 $10c$，则宇宙年龄可以降到 143 亿年，勉强接近 137 亿年。

上述三种方案，都是在假设有关天体的平均退行速度确定并且不变的情况下得到的，仅对第三种方案的后期退行速度作了适度调整。确定不同天体在不同的宇宙年龄中的退行速度，对确定宇宙的年龄和大小至关重要，而确定天体在不同的宇宙年龄或不同位置的退行速度，需要确定宇宙大爆炸的二级模型。研究宇宙大小的这三种方案，纯粹是为抛砖引玉，提供一种计算宇宙大小的方法，没有任何数据依据，但是笔者还是比较倾向于第三种方案，因为它比较接近目前天文观察中的实际。如果将不同宇宙年龄、不同位置的退行速度细化，可以更加接近天文观察实际。在今后工作中，我们可以根据观测结果作出符合实际的假设，即根据观测结果作出宇宙大爆炸的二级模型，以确定宇宙的退行速度，从而确定宇宙的大小。

第二节　宇宙的形状

根据宇宙大爆炸模型，宇宙应是球形。但是，实际上爆炸的形状千差万别，可以是梨形、苹果形，甚至是蟹形、虾形。宇宙究竟是什么形，事实上我们完全可以通过观测确定。测量宇宙的形状，可以根据图 16－1 的方法确定。就是在地球上，向天空的任意一个方向通过观测确定一个该方向最远的天体，并用上一节的方法确定该天体与地球之间现在的距离。我们可以对天空 360°的立体角都作同样的观测。根据第十三章对非欧空间的分析，宇宙三种时空类型都是平直的，我们可以认为整个宇宙空间都是欧氏空间。在完成对天空 360°的立体角各个方向最远天体的测量以后，并且假设这些最远天体是连续的，即假设它们布满了球形宇宙的表面，两个方向接近的最远天体相对于我们的距离差别不大，于是我们可以根据欧几里得几何学确定宇宙的三维形状了。这样得到的仅仅是目前观测到的球形宇宙表面星系在不同时间的影像集合。还必须根据不同星系的退行速度推算它现在的位置，才能够得到现在宇宙的形状。

上述测量宇宙形状的方法是理论上的，实际上可能非常困难，有若干方向可能根本无法测定，但这是测量宇宙形状的唯一方法，没有捷径。没有几百年上千年，几十代人的努力是不行的。另外，如果宇宙存在围绕中心旋转的角速度，则宇宙现在的形状不应该是标准的球形，而应该是以角速度所在平面为最大直径，与该平面垂直、其直径稍短形成的扁球形。这个扁球形比银河系的铁饼形应该圆一点，因为它的相对角速度应该比银河系旋转的角速度可能小些。

第三节　宇宙的中心

第十四章说明了宇宙膨胀是“有心”膨胀，膨胀又说明宇宙不是静止的。在任意确定时刻，宇宙中所有物质都有确定的位置，即在任意时刻宇宙大小都是确定的，宇宙中心也是确定的。下面我们讨论宇宙现在的中心。

在第一节“宇宙的年龄和大小”中，我们已经假设测定了宇宙的一条直径

AB 的距离。现在，我们根据 AB 的距离确定宇宙的中心。

按照第二个方案，AB 现在的距离为 375.6 亿光年，其中 OA 现在为 115.6 亿光年，OB 现在为 260 亿光年。假设 AB 现在的中点为 P 点，即可以理解为宇宙现在的中心是 P 点。于是，很容易确定宇宙现在的半径为：$PA=AB/2=375.6/2=187.8$（亿光年），其中，OA 为 115.6 亿光年。因此，地球现在与宇宙中心 P 的距离为：$OP=187.8-115.6=72.2$（亿光年）。这个距离是现在的距离，P 点现在发出的光需要 72.25 亿年以后我们才可以观察到。我们现在观察到的 P 点的光是什么时候发出的呢？或者说我们现在观测到的 P 点对应天体是哪一位置呢？宇宙中心 P 点现在与我们的距离为 72.2 亿光年，这段距离是 P 点在宇宙目前年龄 260 亿年时间内完成的，因此 P 点相对于我们的退行速度为 v，则 $v=72.2c/260=0.28c$。假设我们现在接受到的 P 点的光是 t 亿年前发出的，说明该时刻，P 点一方面以 $0.28c$ 的速度相对于地球退行，另一方面 P 点发出的光又以光速 c 射向地球，两者用 t 亿年的时间同时到达地球和 P 点现在的位置。因此，$t=72.2/(c+0.28c)=56.7$（亿年）。

这说明我们现在接收到的 P 点的光是 56.7 亿年前发出的。现在观察到 OB 方向与我们的距离是 56.7 亿光年的对应星系，就是宇宙的中心，它现在与我们的距离为 72.2 亿光年。根据现在的观测，应该怎样确定 P 点对应的是哪一个星系呢？由于该星系相对于我们的退行速度为 $0.28c$，根据多普勒红移公式（4－3）$z=(\lambda-\lambda_0)/\lambda_0=v/c$，我们只要找出该方向红移为 $z=0.28$ 对应的星系，它就是宇宙中心对应的 P 点。最好的办法是，直接利用光度测距法测出这个方向距离我们为 56.7 亿光年的星系。

如果我们根据本章第二节的方法已经观察确定了宇宙的形状，我们还可以确定与 AB 垂直，并且互相垂直的另外两条宇宙直径长度。其交点实际上是宇宙的几何中心。根据宇宙的形状，我们理论上还可以确定宇宙的物理中心或质量中心。如果宇宙是标准的球形，则这两个中心是重合的；如果与球形差别不大，两个中心的距离也不远；如果与球形差别很大，两个中心的距离相差就很远。

以上是根据第二种方案确定的宇宙中心。按照第一、第三种方案，同样可以确定相应的宇宙中心。

第四节 宇宙坐标系

确定了宇宙的中心和形状，我们就可以建立以宇宙中心为原点的宇宙坐标系。这个坐标系既可以是直角坐标系，也可以是球面坐标系，并且是满足欧几里得几何的坐标系。宇宙坐标系也可以由天球坐标系平移和旋转得到。由于建立宇宙坐标系纯粹是数学工作，理论上非常简单而实际上又很复杂，这里不作讨论。

宇宙坐标系有很多优点，第一，对宇宙演化非常直观；第二，可以更容易地发现宇宙演化的特征；第三，可以由宇宙演化特征推导出更一般的结论；第四可以利用质量中心或几何中心特有的特点得到一些结论。

例如，利用宇宙坐标系比天球坐标系更容易发现宇宙的膨胀速度及其变化，可以更容易地发现宇宙演化中是否存在角动量。又如，宇宙爆炸前的动量为零，爆炸后的任何时刻，宇宙的总动量仍然为零。当然，这是相对于宇宙的质量中心才具有的特点。因为是中心，还可以利用其对称性获得一些结论。

第五节 宇宙的角动量——稳定的天象与循环的天象

角动量守恒是推演宇宙演化的一个重要依据。根据现行理论，天体即使坍缩为黑洞，黑洞中的角动量仍然守恒。如果在产生当前宇宙的原始火球中存在角动量，则现在的宇宙也应该存在角动量；反之则没有。如果公式（15－1）和公式（15－3）正确，那我们就可以得到“宇宙大爆炸模型中的角动量为零”的结论。也存在特殊情况，与（15－1）式中的径向速度相比，当天体相对于宇宙中心的角速度很小，或与天体的径向动量相比，天体的角动量很小时，就意味着我们现在宇宙中的星系存在围绕宇宙中心的角动量，只是目前没有发现。由于角动量只能依靠观测天体的自行或光行差才能发现，并且天体与我们的距离越远，自行越难发现，大距离天体的自行一般需要几千年，甚至上万年才能发现。我们现在的宇宙是否存在角动量目前不能得出结论。

在图16－2中，若有一星系 P 在宇宙年龄的某时刻 t 到大爆炸中心 O 点的距离为 r，AB 两星系在同一时刻到 O 点的距离分别为 r_1、r_2。根据（15－1）

式，星系 P 及星系 AB 分别与大爆炸中心 O 点的相对速度为

$$v_P = Hr \tag{16-1}$$

$$v_1 = Hr_1$$

$$v_2 = Hr_2 \tag{16-2}$$

星系 A，B，P 之间的相对速度分别为

$$v_{PA} = H(r_1 - r) \tag{16-3}$$

$$v_{PB} = H(r_2 - r) \tag{16-4}$$

$$v_{AB} = H(r_2 - r_1) \tag{16-5}$$

以上三式可以组成两个三角形：$\Delta v_{PA} v_{PB} v_{AB}$ 和 $\Delta(r_1 - r)(r_2 - r)(r_2 - r_1)$。由于是同一宇宙年龄的数据，并且假设 r_1、r_2、r 的大小差别不大，因此满足前面分析的哈勃公式成立条件。根据哈勃公式，H 是常数，因此这两个三角形相似。

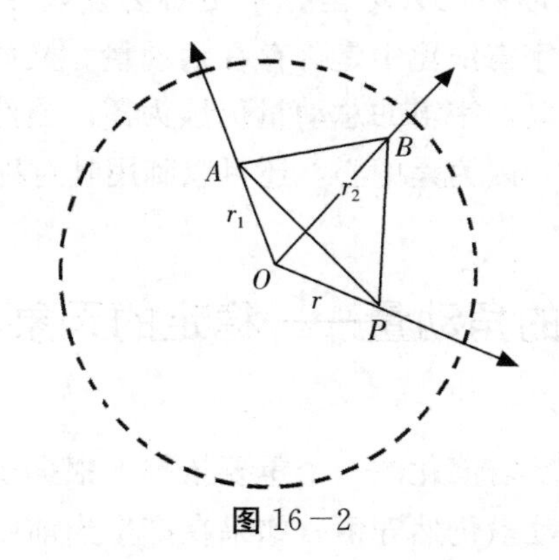

图 16－2

假设，经过时间 Δt，三星系相对于 O 点的速度增加值分别为 Δv_1，Δv_2 和 Δv_P，由此造成的三星系的距离增加值分别为 Δd_A，Δd_B 和 Δd_P，相对速度的增加值分别为 ΔV_{AB}、ΔV_{BP}、ΔV_{PA}。同样满足哈勃公式成立条件，则后面两个增量三角形是相似三角形，并且与（15－3）式、（15－4）式和（15－5）式组成的三角形相似。我们还可以得到以下方程

$$v_{PA} + \Delta V_{PA} = H(r_P - r_1 + \Delta d_B) \tag{16-6}$$

$$v_{PB} + \Delta V_{BP} = H(r_2 - r_P + \Delta d_A) \tag{16-7}$$

$$v_{AB} + \Delta V_{AB} = H(r_1 - r_2 + \Delta d_P) \tag{16-8}$$

根据哈勃公式，（16－6）式、（16－7）式和（16－8）式中的距离组成的

$\Delta(r_P-r_1+\Delta d_B)(r_2-r_P+\Delta d_A)(r_1-r_2+\Delta d_P)$ 和（16－3）式、（16－4）式和（16－5）式中的距离组成的 $\Delta(r_1-r)(r_2-r)(r_2-r_1)$ 相似。根据宇宙学定理，P、A、B 都是欧氏空间中的星系，因此以上两个三角形都是欧氏空间中的相似三角形，两个三角形的对应角相等。这说明，任意两个星系之间的距离对第三个星系所张的视角与时间无关。换言之，若以宇宙中任意一个天体为参照系，则在该天体上，将观察到星空（宇宙）中所有星系在天球上的视位置是固定的，即星系的天象是固定的。

这一结论为宇宙学原理提供了解释。在天球上同一天区中，我们虽然看到的是不同宇宙年龄天象的组合，但其天象与同一宇宙年龄的天象是相同的。这是在宇宙的角动量为零的前提下得到的。如果经过长期观察，观察期可能需要几千年以上，发现星系在天球位置上移动，有自行现象，即星空中星系的天象不是固定的，说明宇宙的角动量不为零，即星系存在围绕宇宙中心转动的运动。即使宇宙的角动量为零，“天象是固定的”结论也仅限于线度大于或等于星系的天体，在同一星系内这一结论显然不正确。因为在同一星系内的天体相对于星系中心都存在转动，它们相对于星系中心的角动量都不为零，这是已经为天文观测证实了的事实。

星系内的天象不是固定的，应该是怎样的呢？星系内的天象应该是循环的。理由是，同一星系内的所有天体都在以不同周期围绕星系中心转动。相对于同一星系内某些确定的天体而言，这些天体的旋转周期必然存在最小公倍数，因此在每一个最小公倍数周期内，这些天体的对应位置必然循环一次。

若干年前我国的《科学画报》上有一则报道，标题是“七千年前的天文学家”。里面讲某科学家在欧洲一处山洞中发现由七个点组成的石刻，很像北斗七星。科学家经过计算，认为该石刻就是大约七千年前地球上看见的北斗七星。很明显，在北斗七星围绕银河系中心旋转周期的最小公倍数周期内，北斗七星之间的相应位置将循环一次，即地球上看见的北斗七星的图像将重复再现一次。

根据星系内天体普遍存在围绕星系中心运动的现象分析，宇宙演化过程中应该存在围绕宇宙中心运动的角动量。其物理意义是，遥远的星系与我们之间存在和退行速度垂直的横向速度，或者说遥远的星系在天球背景上存在自行现象。反之，遥远的星系是否存在自行，也是检验宇宙演化过程中，是否存在围绕宇宙中心运动的角动量的唯一方法。只是，这个过程可能至少需要上千年。

第十七章　宇宙的宿命

本章我们将宇宙的演化进行到底，讨论宇宙演化的宿命。

第一节　宇宙中晚期的演化

第十五章介绍了宇宙早中期的演化，下面我们用经典的方法讨论宇宙中晚期的演化。根据宇宙学原理，宇宙是一个大尺度范围内物质分布均匀的球形。假设图 17－1 是宇宙在爆炸若干时间以后，宇宙最外层物质离开宇宙中心退行速度的示意图。m 是宇宙此时最外层某星系的质量，该星系此时到宇宙中心的距离为 R，R 是此时宇宙的最大半径。v 是此时该星系相对于宇宙中心 O 的退行速度。

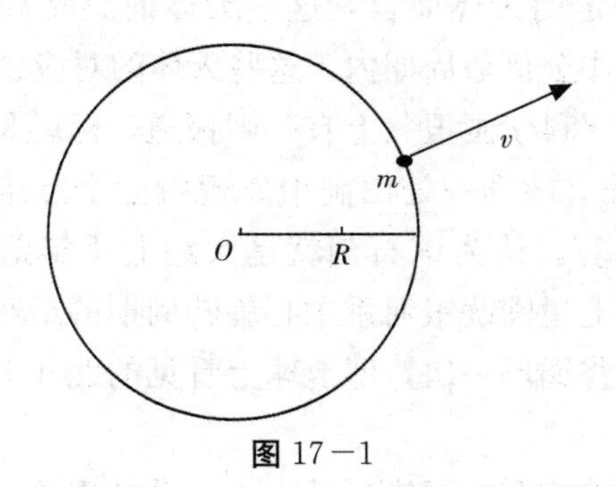

图 17－1

该星系这时的动能为$\frac{1}{2}mv^2$。假设该星系在距离宇宙中心无限远处的势能为 0，这时宇宙总质量 M 的引力对该星系的势能为 $-\frac{GMm}{R}$。假设该星系的总能量为 E，则以下方程成立，

$$E=\frac{1}{2}mv^2-\frac{GMm}{R} \quad (17-1)$$

当 $E=0$ 时，有$\frac{1}{2}mv^2=\frac{GmM}{R}$。即，

$$v=\sqrt{\frac{2GM}{R}} \quad (17-2)$$

v 称作“星系距离宇宙中心为 R 时的临界退行速度”。临界退行速度的意义是，如果星系的实际退行速度小于该速度，则宇宙会收缩；反之会不断澎胀。对于不同的 R，有不同的 v 与之对应。在（17－2）式中，假设下列几种情况。

（1）宇宙最外层星系中任意质量为 m 的物体受到的引力和太阳表面的引力相同即有：$\frac{GmM}{R^2}=\frac{GmM_0}{r^2}$。其中，宇宙的总质量 $M=1.43\times10^{53}$ kg，不含暗物质和暗能量，太阳质量 $M_0=1.98\times10^{30}$ kg，太阳半径 $r=6.95\times10^5$ km。假设这时最外层星系受到宇宙总物质的引力与爆炸高温产生的斥力平衡，根据前式有：$R=\sqrt{\frac{M}{M_0}r^2}=1.49\times10^{17}$（km）（约 1.5×10^4 光年，相当于银河系半径的 1/3）代入（17－2）式，$v=3.15\times10^{11}$（m/s），或，$v=1.0\times10^3c$
即当宇宙最外层的引力场强度不小于太阳表面的引力场强度时，只要最外层星系的临界退行速度小于 10^3 倍光速，该星系的退行速度最终都将消耗殆尽，而由膨胀变成收缩，变成转向宇宙中心的运动。

将宇宙表面在爆炸初期的引力与爆炸高温产生的斥力平衡时刻设置为太阳表面的情况，是因为太阳表面有代表性。它的表面温度达到 6 000 ℃，中心达到 2 亿 ℃，而引力与排斥力是平衡的，因为太阳的大小是稳定的。

（2）当 $R=1.0\times10^{10}$ 光年时（即宇宙半径与现在的宇宙半径相当），有 $v=7.15\times10^8$（m/s），或，$v=2.38c$。即只要现在宇宙最外层星系的退行速度小于 2.38 倍光速，该星系的退行速度最终都将消耗殆尽而由膨胀变成收缩，变成转向宇宙中心的运动。

一般而言，宇宙的最大半径（1）和（2）两种情况是等价的，都是根据相同公式、相同数据得到的，其中一种情况成立，另一种情况必然成立。

在图 17－1 中，如果不是处于宇宙最外层的星系，其相对于宇宙中心 O 点的退行速度显然都小于最外层星系的退行速度，并且该处引力势能的绝对值大

于宇宙最外层引力势能的绝对值。因此，只要宇宙最外层物质的总能量出现小于0的情况，则整个宇宙的总能量必然小于0。

以上分析说明宇宙膨胀终有穷期，最后的归宿就是在自身引力作用下耗尽所有爆炸时获得的动量，然后收缩，反演大爆炸时的情景，回复为大爆炸时的状态。

即使宇宙的总质量M再小三四个数量级，宇宙在大爆炸时获得的动能，仍然小于宇宙总质量产生的引力势能，最后仍然会收缩为大爆炸前的状态。在（1）、（2）两种情况中，其半径比为$\frac{10^{10}\times 9.46\times 10^{12}\text{km}}{1.49\times 10^{17}\text{km}}=5.04\times 10^{5}$，增长了50万倍。其临界退行速度比为：$\frac{3.15\times 10^{11}\text{m/s}}{7.15\times 10^{9}\text{m/s}}=4.4\times 10^{2}$，缩小了440倍，说明临界退行速度的变化小于宇宙半径的变化，并且两者的变化都是很大的。

这个结论很重要，它说明宇宙在爆炸初期外层的最大退行速度至少在100倍光速以上，深化了我们对哈勃公式$V=Hr$的理解。退行速度不但与距离有关，还与时间有关，随着时间的推移，星系的退行速度在宇宙总物质的引力作用下锐减。

上述结论是假设宇宙表面在爆炸初期，引力与爆炸高温产生的斥力平衡时和太阳表面相同的情况下得到的。如果将宇宙表面在爆炸初期，引力与爆炸高温产生的斥力平衡时设置为蓝色恒星表面的相同情况，蓝色恒星的半径比太阳大，得到的退行速度就会比上述结果小。这说明上述关于宇宙会从膨胀转变为收缩的结论是完全正确的。

（17－2）式的理论和实践意义在于，如果将不同的R代入（17－2）式，可以得到宇宙最外层在不同时期的退行速度。如果将目前观察到的，宇宙各个方向最外层星系的退行速度与相同距离的退行速度比较，可以得到比较准确的宇宙总质量M，也可以得到比较准确的宇宙最外层在不同时期的平均退行速度。如果将这一工作细化，逻辑上还可以得到星系退行速度和距离关系的宇宙演化的二级模型。

将这些不同时期的平均退行速度代入有关公式，还可以求出宇宙现在的年龄、半径和中心。

第二节　从哲学看宇宙的归宿

上一节从牛顿力学的角度推演了宇宙中晚期的演化模式。由于宇宙演化是涉及哲学的根本问题，而哲学是研究自然界和人类社会，即客观世界发展中一切普遍规律的科学，是自然科学和社会科学的概括和总结，我们应该并且必须从哲学的高度思考宇宙演化问题。又由于宇宙演化课题占有的资料非常少，我们更应该从把握客观世界普遍规律的角度、从逻辑的角度，即从哲学的角度思考宇宙的演化。按照哲学的观点，宇宙中任何客观存在于时间上都是有限的，都有发生、发展和结束的过程。即宇宙中任何客观存在的寿命都是有限的，包括物理学宇宙；只有哲学宇宙的存在是无限的，即哲学宇宙的时间和空间是无限的。原始火球爆炸之前，哲学宇宙同样存在。逻辑上讲，原始火球爆炸之前的哲学宇宙有两种存在形式。一是它以前在无限期长的时间一直处于原始火球状态；二是它从前一个物理学宇宙收缩而来。无论哪一种存在形式，它都属于哲学宇宙的范畴。物理学宇宙产生之前的哲学宇宙，哪一种形式的可能更大呢？逻辑上讲，当然是后者。即从前一个物理学宇宙收缩而来的形式更大。因为，如果是第一种形式，哲学宇宙在无限长的时间一直处于原始火球状态，一直是稳定的，然后在一百多亿年前爆炸。说明哲学宇宙的演化是一次性的，即不重复的。并且在爆炸后的这一段时间被我们地球人碰上了。哲学宇宙的这一存在形式不符合逻辑，不符合哲学观点。因为，既然哲学宇宙在无限长的时间内都是稳定的，逻辑上不可能在稳定无限长的时间后突然爆炸。哲学宇宙在无限长的时间内应该形成稳定的演化模式。或者说，在无限长的时间内形成了稳定的演化模式，是哲学宇宙的演化原则。

同样，在物理学宇宙结束后的哲学宇宙也有两种存在形式。一种形式是物理学宇宙在演化后期，由于宇宙物质在宇宙大爆炸时获得的动能小于宇宙自身的引力势能，所有宇宙物质的动能被消耗殆尽，最终收缩、回复为原来的原始火球状态。第二种形式是宇宙物质在宇宙大爆炸时获得的动能比较大，宇宙总物质的引力势能不能将这些动能消耗殆尽，物理学宇宙的所有星系最后必然解体，所有物质都灰飞烟灭，逃向四面八方更广阔的空间，无影无踪，成为一个混沌的哲学宇宙。

物理学宇宙结束后，哲学宇宙哪一种存在形式更大呢？当然是第一种。因为第二种形式，在逻辑上讲，哲学宇宙同样没有形成稳定的演化模式。如果宇宙在目前相对集中，相对成形的状态下都不能收缩为爆炸前的状态，等到宇宙解体，灰飞烟灭以后更没有可能收缩为爆炸前的状态，不可能形成稳定的演化模式，哲学宇宙在无限长的时间内应该形成稳定的演化模式。换言之，如果我们的宇宙确实是大爆炸产生的，宇宙后期的演化一定是结束膨胀，然后收缩，最后又回复为宇宙爆炸前的状态。然后经过一定时间的“发酵”，开始新一轮的爆炸和演化。如此周而复始，不断地轮回，即它的演化应该是脉动式的。我们现在的物理学宇宙，只是哲学宇宙在之前和之后的无限多轮脉动中的一轮脉动，一次轮回。哲学宇宙只有这样的演化模式才是稳定的，也才是自洽的。

前面是从时间上分析哲学宇宙的存在形式，也可以说是纵向分析哲学宇宙的存在形式。下面从空间方面，或者说横向分析哲学宇宙的存在形式。

在空间上，在距离我们的物理学宇宙非常遥远的四面八方，可能同时存在一个或若干个物理学宇宙，有的称作平行宇宙，只是我们无法发现。从偶然性讲这种可能是存在的；从必然性讲，这种可能不存在。如果存在，那么在哲学宇宙无限长的时间内，这些姊妹物理学宇宙完全应该由于万有引力而与我们的物理学宇宙结合在一起。不论它们的距离多么遥远，即使是亿亿光年，也可以认为是有限的距离，因为与它对应的哲学宇宙的时间是无限的。从哲学上讲，在我们的物理学宇宙之外不存在其他平行宇宙。

以上根据哲学的观点分析得出的宇宙演化结论非常重要，逻辑上比根据天文学分析得到的结论更为可靠。

本章第一节我们从牛顿力学方面得出结论，认为物理学宇宙最后归宿是再次收缩为宇宙爆炸前的状态。这一节又从哲学方面推理得出同样结论。我们的宇宙的演化应该是脉动的，目前的物理学宇宙仅仅是之前的哲学宇宙无限多轮脉动中的一轮，这是物理学宇宙演化的宿命。

强调一点，如果我们的物理学宇宙在收缩时，不能将宇宙大爆炸前的全部物质收回，即使是很小一点物质，哲学宇宙的演化也不是稳定的。例如，如果哲学宇宙不能将我们的这一轮物理学宇宙所发出的光子全部收回，即使只有一颗光子未收回，其演化同样不稳定。因为这将导致在以后的脉动中物理学宇宙的质量越来越少，逃逸的光子越来越多，最后形成所谓的“热寂”态的宇宙，最终导致中止演化。应该怎样看待这个问题呢？别忘了，在第十二章中已经论述了物理学宇宙最外面的引力场非常强大，是一个巨大的“黑洞”。其表面的引力场强度比黑洞视界处的强度大很多，光线的弯曲角度完全可以超过90°而被拉回引力场。另一方面，根据黎曼几何的性质，引力场空间不存在平行线，物理学宇宙发出的所有光子都将在不同方向的有限远处相交，或者说所有光线都将被物理学宇宙的引力场拉回来，从而收回爆炸时发出的全部物质，形成稳定的演化模式。

第三节　类星体是星系演化的早期阶段

类星体是宇宙中最神秘的天体之一，具有很大的红移，遥远的距离，很高的亮度和不大的半径（约几光天到几光周）。这是什么天体呢？我以为，类星体就是早期星系，是星系演化中的初期阶段，或者说类星体是雏形星系。类星体在时间段上都处于宇宙早期，即宇宙膨胀的早期，是星系发展的早期，其角直径不大。类星体内物质的平均密度都比较大。在宇宙早期宇宙整体的温度很高，类星体内部温度也比较高。与现在的星系相比，类星体内所有物质都参与了热核反应，不存在不参与热核反应的“闲者”。类星体内氢聚变成氦的热核反应，平均规模和强度比主序星都大、都强，因此有很高的温度和亮度。又由于是雏形星系，比较接近球形，还没有形成现在星系的扁平状，也是类星体有很高的温度和亮度的原因之一。由于处于宇宙演化早期，氦的丰度不大，因此在类星体的谱线中几乎看不到氦的谱线。对类星体几个特点解释。

1. 关于高红移

由于类星体出现在宇宙演化的早期，因此宇宙物质之间的退行速度都比较大。从本章第一节的分析看，在现在时期，宇宙的临界退行速度都可以达到几倍光速，更何况是宇宙早期？因此，类星体有高红移是必然的。顺便说明，根据第四章得出的红移公式 $Z=\frac{v}{c}$，红移就是退行速度相对于光速的倍数。如某类星体的红移 $Z=4$，就是该类星体相对于我们的退行速度 $v=4c$。

2. 关于多红移

类星体内物质以不同的半径、不同的线速度围绕中心旋转。在星系的早期，恒星尚未形成，但是星系内温度非常高，物质都呈气态，中心温度高于周围温度，存在中心发出的辐射被周围气体吸收的现象，因此我们接收到的谱线是吸收线。

以类星体 PHL 957 为例，其发射线红移为 2.69，即中心相对于我们的退行速度就是 $2.69c$；吸收线红移有五组：2.67、2.55、2.54、2.31、2.23，对应的退行速度分别为 $2.67c$、$2.55c$、$2.54c$、$2.31c$、$2.23c$。因此这五个旋转圈对应类星体中心的旋转速度分别为 0.02c、0.14c、0.15c、0.38c、0.46c。

3. 红移存在类似以 2 为中心的正态分布

在大于或小于 2 的两个方向，距离 2 越远，类星体越少。产生这一现象有两个原因。一个原因是红移为 2 说明在宇宙的某一时期类星体大量产生，这一时期与红移为 2 的类星体对应。第二个原因是类星体与我们的距离存在以红移 2 为中心的类似正态分布。下面用图 17－2 说明这两点。

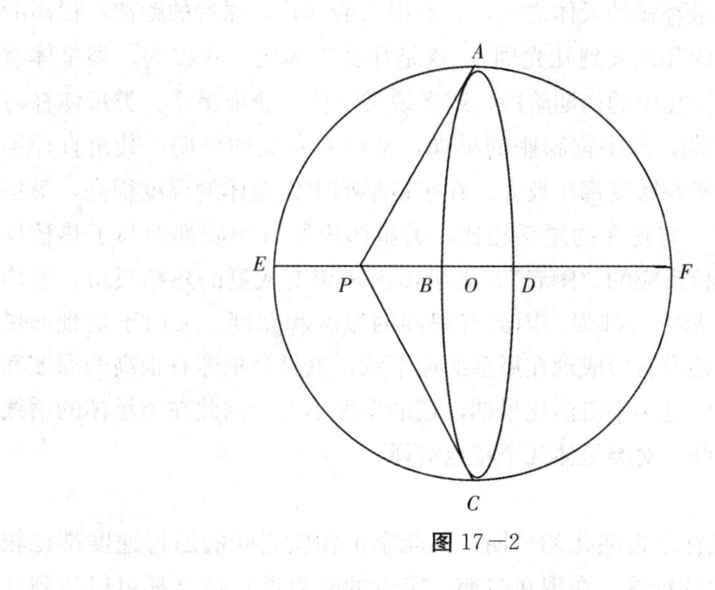

图 17－2

图 17－2 中，大圆 $AECF$ 是我们现在看到的宇宙最外层，即宇宙的表面。假设 O 是宇宙中心，P 是太阳也是地球的位置，EF 是通过太阳的一条宇宙的直径，$ABCD$ 是与 EF 垂直的宇宙大圆。由于该大圆与我们的距离都相同，因此其位置上的星系的宇宙年龄相同，并且与我们有相同的退行速度，即相同的红移。假设在该大圆上类星体的红移都为 2。在该大圆左边的整个宇宙半球面类星体的红移都小于 2，它们与太阳的距离都小于太阳到大圆 $ABCD$ 的距离；在该大圆右边的整个宇宙半球面类星体的红移都大于 2，它们与太阳的距离都大于太阳到大圆 $ABCD$ 的距离。因此，大圆 $ABCD$ 这一区域是类星体最密集的区域。在宇宙表面，越接近大圆 $ABCD$ 这一区域，则对应的宇宙时间与类星体大量出现的时期越接近，类星体数量较多。越靠近 E 或 F，对应的宇宙时间距离类星大量出现的时期越远，类星体数量越少。这样就解释了类星体的红移为什么是类似以 2 为中心的正态分布，为什么红移与 2 的差值越

大，其数量越少。

在上述模型成立的基础上，可以得到以下结论。一是红移大于2和小于2的类星体各占半个天球，并且红移最大与最小的类星体的方向相反；二是红移小于2的类星体与我们的距离，比红移大于2的类星体的距离近，其宇宙年龄相对大一些，数量相对少一些，因此类星体不是纯粹的正态分布。三是类星体红移越大，离开我们越远，宇宙年龄越小。绝对亮度、绝对星等越亮，视亮度越暗，视直径越小。反之，类星体红移越小，离开我们越近，其宇宙年龄越大。绝对亮度、绝对星等越暗，视亮度越亮，视直径越大。

4. 类星体上观察到超光速现象问题

物质速度可以超光速是本书的结论之一，类星体上就有超光速现象。有人用"超视"解释类星体上的超光速现象，我以为不成立。天文方面的任何超光速现象都是光信号超光速。比如剪刀的切点超光速，就是切点的光信号，即信号的切向运动超过光速。产生信号的物质虽然在非切向的速度小于c，但是在切向的相速度却大于c。

在天文观察中，超光速现象是光头头上的虱子——明摆着的。假设有一星系与我们的距离是120亿光年，说明在120亿年前该星系与我们的距离就是120亿光年。按照目前天文界普遍的观点，宇宙年龄不超过140亿年，那这120亿光年的距离是该星系在不到20亿年的时间运行的结果。无论用什么理由解释，如果不承认物质速度可以超光速，这个"坎"都是不能迈过去的。当然，有人认为这是"时空膨胀"造成的，而不是物质速度超光速造成的；但是，时空膨胀仅仅是相对论的一个观点，既没有理论演绎，也没有实践证明，因此我们不能将时空膨胀作为既成事实。

可以认为具有相同质量、相同半径的类星体绝对亮度是相同的。这提醒我们，可以根据类星体绝对亮度相同，视亮度不同，将其作为远距离测距的工具，比Ia型超新星的测距范围还要远。

第四节　宇宙演化面面观

下面讨论几个前面没有涉及的宇宙演化问题。

1. 有关物理量守恒问题

在宇宙演化中的任何时刻，宇宙的总能量、总动量、总角动量、总质量守恒。

宇宙在任何时候的总能量，都等于宇宙爆炸前的内能，或者等于大爆炸时获得的动能和所有爆炸物质携带的内能两部分之和。当宇宙所有物质离开宇宙中心的动能消耗殆尽时，即宇宙开始收缩、退行速度为零时，这些动能已经转化为相对于宇宙中心的引力势能，然后这些势能又逐渐转化为向中心靠近的动能。最后这些动能又全部转化为爆炸前的内能。另一部分能量，即物质在爆炸时携带的内能，在以后的宇宙演化中成为星系与恒星的内能，并且成为星系和恒星演化的主要动力。在星系和恒星的演化中，这些能量包括动能都是守恒的。当所有星系、恒星坍塌收缩为爆炸前的原始火球状态时，这些能量又成为火球的内能，与大爆炸前的火球的内能完全相等。如果将宇宙原始火球作为坐标系的原点，物理学宇宙的总动量在任何时候都为 0。在未爆炸时原子火球的动量为 0。在爆炸以后的任何时刻，在宇宙的任何一个方向的动量虽然不为零，但是由于宇宙是球形的，整个宇宙在任何时候的动量和就都为 0，或者说整个宇宙在任何时候的动量都守恒。

关于角动量问题，从星系之间和星系内部存在与连线方向垂直的相对运动的情况判断，宇宙应该存在围绕中心转动的角动量。并且总角动量是守恒的，即使宇宙收缩为火球，即使宇宙经过无限多次的爆炸和收缩的脉动，宇宙的总角动量同样守恒。如果宇宙存在相对于宇宙中心的角动量，可以推测，在宇宙演化的中后期，宇宙的形状不再是完全的球形，而是像星系一样趋于铁饼形。

总能量、总动量、总角动量守恒的前提条件是总质量守恒。

2. 关于宇宙的“热寂说”问题

热力学第二定律认为，在一个系统中的熵只能增加，不能减少。有人据此推论宇宙系统由于熵增加到了极致而达到“热寂”状态，即宇宙物质全部变成大小相同的微粒均匀地充满整个宇宙，整个宇宙的温度完全相同，宇宙不再有运动和演化，成为“热寂”状态。宇宙的热寂说是错误的。因为，热力学中系统的前提条件近似，热力学系统中的物质只存在排斥力，不存在吸引力，热力学的结论仅仅是近似的。只有在时间不长，或系统不大，即系统中的吸引力可以忽略的情况下才近似成立。例如，一杯悬浊液静置一定时间后就变得清澈了，说明熵减少了；甚至，一杯乳浊液，静置一定时间后，由于空气中细菌作用，熵也会减少；几十亿年来地球上的水一直在循环，其熵一直是稳定的；地球的大气层几十亿年来一直是稳定的，熵没有增加；天体物理学告诉我们，大质量天体到了一定时候会坍塌成为白矮星、中子星或黑洞，熵没有增加，反而减少了。因此宇宙演化不可能达到热寂状态。

3. 关于“平行宇宙”

有观点认为我们的物理学宇宙之外还存在另外的宇宙，称作“平行宇宙”。还有观点认为我们的物理学宇宙之外存在反物质宇宙，这些观点不成立。理由已在本章第二节说明。

4. 关于“类地球”

地球是人类赖以生存的宇宙小筑，如果宇宙中另外有行星存在类似地球人的高级生物，必须满足两个条件。

（1）环境与地球非常相似。这是产生“类地球人”的必要条件。根据网上介绍，目前在银河系已经观测到的可能有生命存在的行星有 1 200 多颗。其中有一颗与地球相距 1 400 光年，与地球的相似度为 98%。宇宙中至少有若干亿个星系，按此计算，宇宙中存在与地球相似的行星数量是一个天文数字。与地球的相似度仅为 98%的行星一般还不能产生类地球人。

（2）地质演化史与地球非常相似。这是产生类地球人的首要条件。只有地质演化史与地球非常相似，才有可能自然地产生大量有机物和生命，然后生命物种才能进化，才可能产生类地球人。另外，地质演化史中的灾变史，如果对地球上生命的产生和物种进化有较大的影响，也应该相似。

宇宙中满足以上两个条件的行星数量不多，如果产生类地球人的行星还有其他必要条件，其数量还会减少。产生“类地球人”是一个严肃的课题，不应该仅凭观测和猜测。相信以后会产生一门专门研究这一课题的学科。逻辑而言，宇宙中的地球人不是唯一的，只是数量非常有限。

5. 人类与其他类地球人的联系问题

（1）“类地球人”互相拜访不可能。即使在我们的宇宙中存在为数不多的能产生“类地球人”的行星，其距离地球也非常遥远，一般距离至少应该在 1 000 光年以上。在这样遥远的距离，要想互相拜访是不可能的。如果人类要去拜访类地行星的高级生物，必须超光速旅行。虽然超光速没有理论障碍，但是实际上不行。因为不能解决宇宙飞船与星际物质的碰撞问题。即使是一个原子以光速与飞船碰撞，都足以产生致命的 X 射线；如果 1 克物质以光速与飞船碰撞，其威力不低于原子弹。即使以光速的 20%飞行，与灰尘相撞也是灾难。甚至，即使飞船以低速在太空航行也是危险的，因为太空中有很多高能粒子，与飞船的相对速度完全可能达到光速甚至数倍光速。因此人类不能在宇宙中作远距离旅行。换言之，外星人来拜访地球的可能性太小。

（2）不可能用电磁波联系。因为这需要非常强大的发射功率，即使是定向发射用电磁波联系，也没有实际意义，联系一次一般需要几千年以上的时间。

（3）在之前或以后任何一次轮回的宇宙中，可能会产生几个存在类地球人的行星，但是任何两轮宇宙的地球人，没有任何信息可以相通。任何一轮宇宙在其演化结束时都会将所有类地球人的信息彻底消除。换言之，类地球人之间任何狭义的、广义的联系也是不可能的。

6. 关于人类与科学

（1）人类社会发展是与生产力发展相适应的。另一方面，在任何行星上的独立产生的人类其社会发展都是相同的，社会科学也是相同的。因此王氏相对性原理对社会科学同样成立。

（2）人类对宇宙规律的认识只能接近绝对真理，不能达到绝对真理。

（3）在伟大的宇宙面前，人类永远是渺小的。人类的力量永远不能控制、主宰宇宙。“人定胜天”是人类的梦呓。

（4）人类末日始终远早于宇宙末日。

（5）每一轮物理学宇宙都会在一定数量的行星上产生智能生命。每个行星上的智能生命的产生、发展、演化都与地球相同或相似。每一个行星智能生命都将自然科学和社会科学重新发现一遍，其内容、观点也与地球人类高度发展时完全相同。不同的仅是一些具体问题。例如地球、地质、地理、物理量的单位等不同，但是量纲相同。

（6）生命是物质存在的特殊形式，生命活动是物质运动的特殊形式。表面上，生命不满足牛顿运动定律，可以在没有受到外力的情况下自行改变自身运动。实际上，生命可以随时释放自身储藏的内能，因此不违反牛顿运动定律。

时空学概论说明，我们宇宙是真实的、客观的、可知的、脉动的、经典的、绝对的。

第五篇　附论

篇首语

“绝对的、真正的和数学的时间自身在流逝着，而且由于其本性而均匀地、与任何其他外界事物无关地流逝着”“绝对的空间，就其本性而言，是与外界任何事物无关而永远是相同的和不动的”。

——摘自牛顿《自然哲学的数学原理》

附论一　洛伦兹变换不成立

时人认为迈克耳孙－莫雷实验没有测量到地球相对于以太参照系的速度，在一定程度上否定了以太的存在。1904年，洛伦兹在保留以太的基础上提出了洛伦兹变换解释迈克耳孙－莫雷实验的结果。根据他的设想，观察者相对于以太以一定速度运动时，长度在运动方向上发生收缩，抵消了不同方向上由于光速造成的差异，这样就解释了迈克耳孙－莫雷实验的零结果。爱因斯坦认为洛伦兹变换长度在运动方向上发生收缩的结论与他的观点是一致的，将“光速不变”作为假设（公理），重新解释了洛伦兹变换，将洛伦兹变换作为狭义相对论的理论基础。但是，洛伦兹变换的推导是错误的，其结论也不正确，洛伦兹变换不成立。下面摘录一个版本的洛伦兹变换的推导，说明洛伦兹变换是怎样产生的。

某一惯性系 S 内观察一个事件，用事件的坐标 x、y、z、t 来表征该事件的时间和地点。在第二个惯性系 S' 内，同一事件用空间—时间坐标 x'、y'、z'、t' 来记录。我们现在要寻找函数关系式 $x'=x'$（x、y、z、t）、$y'=y'$（x、y、z、t）、$z'=z'$（x、y、z、t）、$t'=t'$（x、y、z、t）。

为了简化代数运算，我们选择 S 系和 S' 系的相对速度沿著公共的 $x-x'$ 轴，并使相应的坐标平面保持平行。我们再设当原点 O 和 O' 重合时，两只钟的读数分别为 $t=0$ 和 $t'=0$。假设均匀性要求变换式必须是线性的，即它们仅包含变量的一次幂，于是它们能采取的最一般的形式是

$$x'=a_{11}x+a_{12}y+a_{13}z+a_{14}t$$

$$y'=a_{21}x+a_{22}y+a_{23}z+a_{24}t$$

$$z'=a_{31}x+a_{32}y+a_{33}z+a_{34}t$$

$$t'=a_{41}x+a_{42}y+a_{43}z+a_{44}t \qquad f\ (1-1)$$

如果方程不是线性的，将和空间的均匀性矛盾。例如设 x' 与 x 的平方有关，即 $x'=a_{11}x^2$，这说明参照系 S 和 S' 必有一个不是均匀的，因此方程必须

是线性的。利用惯性系的对称性和两个惯性系的相对运动，狭义相对论得出了以下四个变换式

$$x=a_{11}\,(x'+vt')$$
$$y=y'$$
$$z=z'$$
$$t=a_{41}x'+a_{44}t' \qquad f\,(1-2)$$

为了求出 f（1－2）式中的 a_{11}、a_{41}、a_{44} 三个系数，狭义相对论根据“光速不变原理”，假设在 $t=t'=0$，两个坐标系 S 和 S' 的坐标原点重合时，从原点发出一个球面电磁波。这个电磁波在两个参照系中的所有方向都会以速度 c 传播。这个传播过程在两个坐标系中都可以用球面方程表示

$$x^2+y^2+z^2=c^2t^2 \qquad f\,(1-3)$$
$$x'^2+y'^2+z'^2=c^2t'^2 \qquad f\,(1-4)$$

然后，利用这两个方程求出 a_{11}、a_{41}、a_{44} 三个系数 $a_{11}=1/\sqrt{1-v^2/c^2}$、$a_{44}=1/\sqrt{1-v^2/c^2}$、$a_{41}=-\frac{v}{c^2}/\sqrt{1-v^2/c^2}$，从而求出洛仑兹变换。

$$x=\frac{x'-vt'}{\sqrt{1-v^2/c^2}}$$
$$y=y'$$
$$z=z'$$
$$t=\frac{t'-(v/c^2)\,x'}{\sqrt{1-v^2/c^2}} \qquad f\,(1-5)$$

公式 f（1－5）就是洛伦兹变换。根据洛伦兹变换，狭义相对论推导出两个惯性系的时间变换公式和长度变换公式分别为

$$t_2-t_1=\frac{t_2''-t_1'}{\sqrt{1-v^2/c^2}} \qquad f\,(1-6)$$

$$x_2-x_1=(x_2'-x_1')\sqrt{1-v^2/c^2} \qquad f\,(1-7)$$

（上述摘录较原文有删减，公式编号是作者加的。）

下面为了便于分析讨论，将前面推导洛仑兹变换的已知条件和假设部分称作“题设”，将中间过程称作“推导”，将公式 f（1－5）、f（1－6）、f（1－7）称作“结论”。

第一节　推导洛伦兹变换引入两个球面波方程是错误的

一、引入的两个球面波方程没有指明球面波光源的本征参照系

光源存在本征参照系。光源的本征参照系不同，在参照系中的表现也不相同。例如，在本征参照系中，光的频率和波长表现为本征频率和本征波长；在非本征参照系中其频率和波长为非本征频率和非本征波长。本征频率与非本征频率、本征波长与非本征波长之间的关系满足多普勒效应公式。两个球面波方程没有指明球面波光源的本征参照系，模糊了本征参照系和非本征参照系概念。

二、两个球面波方程与“题设”矛盾

首先，根据“题设”，x、y、z、t 和 x'、y'、z'、t' 表示的是“事件”的坐标，它在参照系中是一个点；而引入的两个球面波方程同样以未知量 x、y、z、t 和 x'、y'、z'、t' 表示，在参照系中是“球面波”。两者表示的是完全不同的两个概念。其次，根据“题设”，表示“事件”的坐标点只能静止于一个参照系，相对于另一个参照系以速度 v 运动；而两个球面波方程表示的球面波相对于两个参照系都是“以光速 c 运动”。因此球面波方程与事件表示的是完全不同的两个概念，因此球面波方程不能用事件的坐标表示。

三、推导洛伦兹变换与“光速不变”无关

首先，求解洛伦兹变换的已知条件已经足够。按照命题要求，洛伦兹变换与伽利略变换在本质上都是相同的：都是求解两个以相对速度 v 运动的惯性参照系之间的坐标关系。伽利略变换利用参照系空间的各向同性和坐标系的对称性，没有再利用其他条件就得到了结果。狭义相对论认为在低速情况下伽利略变换是正确的。这说明求解伽利略变换的已知条件已经足够了。其次，求解两个惯性系的坐标关系与“光速不变原理”没有逻辑关系。在推导中两个球面方程表示“光速不变”。“光速不变原理”和推导洛伦兹变换有何关系呢？推导洛伦兹变换为什么要利用或依据“光速不变原理”呢？洛伦兹变换与“光速不变原理”的因果关系或逻辑关系在哪里？狭义相对论没有说明，事实上任何人也

看不出两者有何联系。

四、两个球面波方程与“光速不变”矛盾

现在具体分析两个球面波方程的物理意义，以说明它与“光速不变”矛盾。

假设发出球面波的光源是静止于 S 参照系，具体分析该球面波在参照系 S 和 S' 中的传播。如图 $f1$。

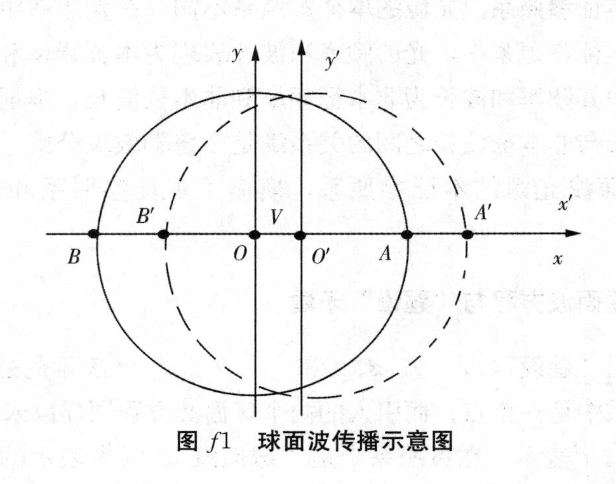

图 $f1$　球面波传播示意图

为了直观，假设图 $f1$ 是在时刻 $t=t'=1$ 时通过两个参照系原点的一个截面示意图。图中，发出球面波的光源静止于 S 参照系。根据推导洛伦兹变换的“题设”，该光源相对于参照系 S' 以速度 v 向 x' 轴的负方向运动。从图中可以看出，该球面波对应的实体是一个以光速扩散的球面（实线）。按照数理逻辑，其方程应为 $x^2+y^2+z^2=c^2$。而球面波的球心即光源事实上相对于参照系 S' 以速度 v 做惯性运动，并不静止于 O' 点。因此球面波的球心除了在时刻 $t=t'=0$ 时与 O' 点重合外，其他任何时候都不与 O' 点重合。具体到 $t=t'=1$ 时，所有位于 $x^2+y^2+z^2=c^2$ 位置上的观察者，无论这些观察者与光源相对速度如何，都将观察到该脉冲波。这当然也包括此刻位于 $x^2+y^2+z^2=c^2$ 位置上的 S' 中的观察者（这些位于 $x^2+y^2+z^2=c^2$ 位置上的观察者与参照系 S 存在相对速度 v）。另一方面，此刻位于参照系 $S'x'^2+y'^2+z'^2=c^2$ 位置上的观察者却不能观察到该脉冲波。因为，如果能够观察到，则说明这些观察者将观察到球面波是从现在的球心 O' 点发出的。说明天文观察中观察者观察到的星光都是光源从现在的实际位置，而不是从“视位置”发出的。这与“光速与光源的运动无关”相

悖，与人类实践相悖。这说明两个球面波方程表示的是两个不同球面波。

因此，两个球面波方程与“光速不变”矛盾。

第二节　洛伦兹变换的长度变换公式的推导是错误的

在洛伦兹变换公式 f（1－5）中，公式的第一个关于 x、x'的方程与第四个关于 t、t'的方程的形式和结构完全相同，因子 $\sqrt{1-v^2/c^2}$ 都在分母上。在逻辑上可以判断，即使洛伦兹变换是正确的，其时间变换公式和长度变换公式也应该有相同的形式。其实不然，两个变换公式中因子 $\sqrt{1-v^2/c^2}$ 的位置相反。时间变换公式中因子在分母上，长度变换公式中因子在分子上。在洛伦兹变换中 t 和 x 具有对称性。但是其时间和长度变换公式却不对称，这是违反对称性原理的。究其原因，是由于狭义相对论在推导时间变换公式时是以参照系 S'中的时空坐标为已知量、以参照系 S 中的时空坐标为函数推导的；而推导长度变换公式时是以参照系 S 中的时空坐标为已知量、以 S'中的时空坐标为函数推导的。即洛伦兹变换的时间和长度变换公式是分别以两个相对的参照系推导的，因此结构相反。

洛仑兹变换 f（1－5）式中，x'、y'、z'、t'是自变量，x、y、z、t 是函数。根据数学中自变量与函数的关系，自变量可以任意设置，函数不能任意设置，只能根据自变量的值与函数关系推定，因为各个函数值要受到函数关系及自变量定义域的制约。按照数学的这一原则：根据公式 f（1－5）中的第一式，有 $x_1=\dfrac{x_1'+vt_1'}{\sqrt{1-v^2/c^2}}$和 $x_2=\dfrac{x_2'+vt_2'}{\sqrt{1-v^2/c^2}}$，令 $t_1'=t_2'$，然后两式相减得

$$x_2-x_1=\frac{x_2'-x_1'}{\sqrt{1-v^2/c^2}} \qquad f（1-8）$$

同样，根据公式（1－5）中的第四式，有 $t_1=\dfrac{t_1'-（v/c^2）x_1'}{\sqrt{1-v^2/c^2}}$ 和 $t_2=\dfrac{t_2'-（v/c^2）x_2'}{\sqrt{1-v^2/c^2}}$。

令 $x_1'=x_2'$，然后两式相减

$$t_2-t_1=\frac{t_2'-t_1'}{\sqrt{1-v^2/c^2}} \qquad f（1-9）$$

公式 f（1−8）和 f（1−9）才是根据洛伦兹变换和数学的函数关系正确演绎的结果，并且符合对称性原理。洛伦兹变换的长度变换公式的推导是错误的。

第三节　洛伦兹变换的时间和长度变换公式不符合逻辑

逻辑而言，推导时间和长度变换公式应该既从参照系 S' 中考量 S 的时间、长度，又从在参照系 S 中考量 S' 的时间、长度，然后比较两种结果，得出结论。事实上，如果按照上述思路，既从参照系 S' 中考量 S 的时间、长度，又从在参照系 S 中考量 S' 的时间、长度，都会观察到对方存在“钟慢”“尺缩”现象。这说明两个参照系观察到对方的都不是本征值。相对论只做了一半工作，因此得到的结论是绝对的。另一方面，在推导洛伦兹变换的已知条件中，惯性系 S 和 S' 是任意设置的，两者完全可以互换。说明两者的地位是平等的。因此逻辑上得到的时间和长度变换公式应该是相同的。即任意两个相对运动的参照系，都会看到对方“钟慢”、“尺缩”。

第四节　洛伦兹变换与实践相悖、与哲学相违

由洛伦兹变换的第一式 $x=\dfrac{x'-vt'}{\sqrt{1-v^2/c^2}}$，令 $x'=0$，有 $x=\dfrac{-vt'}{\sqrt{1-v^2/c^2}}$，这就是匀速运动的两物体之间（$O'O$ 之间）的距离公式。该公式与牛顿运动学距离速度公式 $x=-vt$ 相悖，牛顿运动学公式与实践相符。

由洛伦兹变换的第四式 $t=\dfrac{t'-(v/c^2)x'}{\sqrt{1-v^2/c^2}}$ 可以知道，参照系 s' 中的时间与位置 x' 有关，是位置的函数。并且，同一参照系中不同位置的时间速率不同。这也与实践相悖。

根据洛伦兹变换，还可以得到最为错误的“时空是相对的”结论。这个结论直接违反了人类几千年“时空是绝对的”实践，违反了人类“时空是绝对的”哲学认知。

上述分析说明，洛伦兹变换无论从物理推导或数学演绎或结论观点都不成立，因此洛伦兹变换不成立。

附论二　《狭义相对论》不成立

《狭义相对论》的理论基础是“洛伦兹变换”。附论一已经论述了“洛伦兹变换”不成立。本文则是在假定“洛伦兹变换”是正确的前提下，从物理和逻辑角度分析《狭义相对论》不成立。

第一节　狭义相对论的两个假设不能作为“原理”提出

狭义相对论提出了两个基本假设：

第一个是在所有惯性系内，自由空间中光的速率具有相同的值 c——光速不变原理。

第二个是物理学定律在所有惯性系中是相同的，不存在一种特殊的惯性系——相对性原理。

一、两个假设成立的前提条件都是在惯性参照系中

狭义相对论全部内容都是讨论惯性参照系中的时空关系、时空性质的，但是狭义相对论的惯性参照系这个概念的内涵是什么，狭义相对论至今也未说清道明。笔者另文证明了惯性参照系是相对于绝对空间的绝对参照系，而宇宙中是不存在纯粹的惯性参照系的。

二、狭义相对论对“光速不变”的理解不正确

首先，狭义相对论的“光速不变原理”包含了两个命题：一是光源所在的本征参照系中光速不变；二是在光源的非本征惯性系中光速不变。第一部分，可以认为已在迈克耳孙-莫雷实验中得到证实，并且在以后的测量光速的实验中得到验正。问题在第二部分，即“在光源的非本征惯性系中光速不变”这个命题没有实验支持（狭义相对论本身就没有“本征参照系”与“非本征参照

系”的概念)。笔者在第二章、第四章中根据“光源所在的本征参照系中光速不变”证明了“在光源的非本征惯性系中光速不变”，并且是任意方向的光速都不变。这说明相对论的“光速不变原理”本身是两个命题，而第二个命题可以根据第一个命题证明。其次，狭义相对论对光速的理解是错误的。光速是光的波速，是光的波动性的表现，光速的内涵，不是光子在单位时间运动的距离。因此光速不是矢量，不满足矢量加法，而狭义相对论认为光速是矢量（并且因此否定了伽利略变换)。

三、“相对性假设”不能作为“相对性原理”提出

狭义相对性原理同样包含两个命题：一是“物理学定律在所有惯性系中是相同的”；二是“不存在一种特殊的惯性系”。下面分别论述。

“物理学定律在所有惯性系中是相同的”这一命题不能作为“原理”提出，并不是由于该命题不正确，而是狭义相对论提出该命题没有实践依据。

狭义相对性原理的第二个命题“不存在一种特殊的惯性系”与狭义相对论时空观矛盾。根据狭义相对论关于运动物体上的时间速率会变慢、运动方向的长度会变短的观点，可以认为所有运动物体都是特殊的参照系，并且存在最特殊的参照系——绝对静止的参照系——在该参照系上时间速率最快，各个方向的长度相同（最长)，并且物质质量最小。

狭义相对论的两条原理都违反了物理原理必须从实践中产生的原则。

第二节 《狭义相对论》时空观是错误的

《狭义相对论》时空观的基本观点主要有三点：“同时是相对的”；“运动物体在运动方向的长度会变短”（以下简称“尺缩”效应)；“运动的时钟的速率会变慢”（以下简称“钟慢”效应)。其中，观点二和观点三就是狭义相对论对长度变换公式和时间变换公式的物理表述。下面具体分析其错误。

一、“同时”是准确、绝对的概念

爱因斯坦根据闪电同时击中路基上 A、B 两点，在运动着的火车上的观察者会先后看见 A、B 两点遭雷击的实际，提出了“同时”是一个相对概念的观点。爱因斯坦对“同时”概念的理解是错误的，他关于闪电的例子在逻辑学上

属于诡辩，即偷换概念。

“同时”是一个约定俗成的概念，但它在理论和实践中没有歧义，是准确、绝对的概念。在理论上“同时”是指两事件（或以上）发生在同一参照系中的同一时刻。它含有三个要素：A. 指事件发生在同一参照系中。B. 指事件的发生时刻，并非观察者发现或看见事件的时刻，这是“同时”概念的核心要素。C. 事件的发生时刻是指参照系中的时间坐标即地理学中的区时概念。即在该区域内的时间与其位置和方向无关，也与事件的信号的传播时间、传播方向无关。因此，符合上述条件的“同时”概念是绝对的，不存在相对性。在“同时”概念中，不存在“观察者”。只要在某参照系中同时发生了两事件，无论有没有观察者看见，也无论观察者是否同时看见，该两事件都是“同时”发生的。如果按爱因斯坦的理解，即使是某一参照系内发生的某一事件，在此参照系内不同地点的观察者，看见它也不是“同时”的。“同时是相对的”也与洛伦兹变换矛盾。在洛伦兹变换的推导中，狭义相对论的长度变换公式就是在假设 $t_1{}'=t_2{}'$的前提下得到的。

二、狭义相对论时间和长度变换公式是错误的

相对论时间和长度变换公式在逻辑上与运动的相对性相悖。按照相对论时间和长度变换公式，两个相对运动的物体，一个的时间速率快、运动方向的长度长；另一个时间速率慢、运动方向的长度短。哪一个快、长，哪一个慢、短，相对论自身也说不清道不明。该结论在逻辑上与相对运动的性质相悖：根据相对论，两相对运动的物体，一个是绝对的快，因此其时间速率慢、运动方向的长度短；另一个绝对的慢，因此其时间速率快、运动方向的长度长。

第三节 狭义相对论运动学不成立

一、狭义相对论的速度加法公式是错误的

1. 相对论速度不是矢量

运动学中的速度，是质点在单位时间内相对于某一位置的位移变化率。它在物理学和数学中都是矢量。相对论中的速度概念，不是物理学和数学中的矢量概念，因为它不满足矢量加法。特别是当两个速度不同方向时。

2. 狭义相对论的速度加法公式与实践相悖

在参照系 S 中，设物体 A 以速度 v_1 从东往西运动，物体 B 以速度 v_2 从西往东运动，两者都在 t 时刻从参照系 S 的原点出发。在 S 看来，物体 AB 的相对速度为 $u=v_1+v_2$。这一结论也可以根据公式：速度=距离/时间精确得出。其中的距离和时间都是参照系 S 中的物理量。这个公式与 v_1 和 v_2 的值的大小无关，在理论上逻辑上是严格的，并且能够经受实践检验。

3. 狭义相对论的速度加法公式的推导错误

狭义相对论分别以地面、火车和火车上的旅客为参照系推导出了相对论速度加法公式。推导中旅客与火车两个参照系的坐标关系利用的是伽利略变换公式 $x'=vt'$（请参阅狭义相对论有关论述）。既然狭义相对论认为伽利略变换不正确，为什么要利用伽利略公式 $x'=vt'$ 作为推导的依据呢?

另外，根据相对论速度加法公式 $u+v=\dfrac{u+v}{1+vu/c^2}$，右边一定小于左边。因为右边的分母（$1+vu/c^2$）一定大于1 。逻辑上就是 $v+u>v+u$。该公式没有实践基础，完全是文字游戏。这就是相对论速度加法公式荒谬性的本质。

二、"同时的绝对性"是运动学的基础

在运动学中，"同时的绝对性"是运动学的基础。速度的计量、距离的计量以及时间等运动量的计量都必须以"同时的绝对性"作为计量的前提。甚至所有物理量计量如电流、电量、电压等，在测量时都必须以"同时的绝对性"作为计量的前提。如果物理量的测量否定了"同时的绝对性"这一基础，就失去了互相比较的前提，其结论就没有任何物理意义。

三、光速不是物质速度的上限

狭义相对论认为光速是物质速度的上限。其"依据"有三：一是"光速不变原理"；二是根据洛伦兹变换中的因子 $\sqrt{1-v^2/c^2}$；三是根据相对论速度加法公式，无论多大的速度相加，其结果都小于 c。

1. 光速是物质速度的上限无理论依据

"光速不变原理"并非"光速是物质速度的上限"的依据。对后两"依据"，前面已经分别指出其错误，从理论上排除了物质速度与光速没有任何关系。

2. "光速是物质速度的上限"没有物理依据

相对论"光速是物质速度的上限"的观点，即使第二、第三个原因成立，也仅仅是数学上的理由，没有从物理学方面说明为什么光速是物质速度的上限。例如，假设光速增加或降低十倍，则根据“光速是物质速度的上限”，物质速度的上限也应该增加或降低十倍。光速是怎样影响物质速度的上限增加或降低十倍的呢？逻辑而言，既然是物理学，寻找物理学的内在规律是必须的，而数学结果必须符合物理学实践。

3. “光速是物质速度的上限”，则光速不满足数学的四则运算

下面以“光速是物质速度的上限”为依据，推导出一个滑稽的结论，以博一笑。

命题：相对论长度变换公式和时间变换公式都与伽利略变换的结论相同。

证明：根据相对论速度加法公式有 $c-v=c\quad c+v=c$。因此，

$$\begin{aligned} x_2-x_1 &= (x_2'-x_1')\sqrt{1-v^2/c^2} \\ &= (x_2'-x_1')\sqrt{\frac{c^2-v^2}{c^2}} \\ &= (x_2'-x_1')\sqrt{\frac{(c+v)(c-v)}{c^2}} \\ &= (x_2'-x')\sqrt{\frac{c\times c}{c^2}} \\ &= (x_2'-x_1') \end{aligned}$$

同理，$t_2-t_1=\dfrac{t_2'-t_1'}{\sqrt{1-v^2/c^2}}=t_2'-t_1'$

证毕。

第四节　相对论力学不成立

一、相对论的牛顿第二定律表达式不成立

经典物理中，牛顿第二定律的表达式为 $f=\frac{\mathrm{d}}{\mathrm{d}t}(mv)$。由于其中 m 与参照系无关，因此牛顿第二定律一般表述为 $f=ma$。狭义相对论牛顿第二定律的表达式与经典力学相同，但是其中质量 $m=m_0/\sqrt{1-v^2/c^2}$ 是根据洛伦兹变换得到的，即 m 是一个与速度有关的变量。因此狭义相对论的牛顿第二定律不能表

示为 $f=ma$。于是，狭义相对论动力学的错误从此开始了。

1. 狭义相对论质量公式不成立

按照理解，m_0 是绝对静止的参照系中的值。按照相对论，不存在绝对静止参照系，m_0 的值应该怎样确定呢？即表达式 $\sqrt{1-v^2/c^2}$ 中的 v 应该怎样确定呢？另外，当加速运动的相对速度从 v_1 改变为 v_2 时，表达式因子 $\sqrt{1-v^2/c^2}$ 中的 v 应该怎样确定呢？以上说明 m_0 的概念无法明晰。而明晰 m_0 的概念说明一定存在绝对静止的参照系。相对论认为引力质量与惯性质量相等，但是却不能证明引力质量与速度有关，即不能证明引力质量同样具有 $m=m_0/\sqrt{1-v^2/c^2}$ 的形式，因此相对论质量公式不成立。

2. 相对论的牛顿第二定律表达式不成立

按照相对论质量公式，相对论的牛顿第二定律的微分表达式为 $f=\frac{\mathrm{d}}{\mathrm{d}t}(mv)=m\frac{\mathrm{d}}{\mathrm{d}t}v+v\frac{\mathrm{d}}{\mathrm{d}t}m$。其中 m 和 v 都是变量。上述第一项 $m\frac{\mathrm{d}}{\mathrm{d}t}v$ 就是经典力学中的牛顿第二定律公式，只是这里 m 是关于速度的变量。现在的问题是：m 是一个与参照系有关的量，相对于不同的惯性系 m 的值不同。这意味着受到同一力的作用，相对于不同的参照系，同一受力物体表现出来的惯性力也不同，即相对于不同的惯性系 f 的值也不同。我们应该采用哪一个结果呢？

关于第二项 $v\frac{\mathrm{d}}{\mathrm{d}t}m$，有以下问题。一是 v 的大小怎样确定？二是假设 v 与 f 的方向不同，说明第二项的惯性力（我们姑且认为 $v\frac{\mathrm{d}}{\mathrm{d}t}m$ 也是惯性力）及其方向都是无中生有的。应该怎样解释？三是，假设物体受力的方向与运动方向相反，物体的质量会因为速度减小而逐渐变小吗？在这种情况下物体的即时速度和即时质量应该怎样计算？因此，狭义相对论的牛顿第二定律表达式不成立。

二、相对论质能公式 $E=mc^2$ 不成立

1. 相对论质能公式在理论上不成立

相对论质能公式是根据洛伦兹变换和相对论动能公式 $K=m_0c^2\left(\frac{1}{\sqrt{1-v^2/c^2}}-1\right)$ 得到的。附论一已经证明了洛伦兹变换不成立，因此相对论质能公式在理论上不成立。

2. 相对论质能公式与实践不符

《时空学概论》第五章证明了光子是物质的运动形态，质量为 μ 的光子，具有动能 $E=\frac{1}{2}\mu \cdot c^2$。若质量为 m 的物质全部转化为光子，其动能为 $E=\frac{1}{2}mc^2$（在数值上与相对论质能公式相差一半）。在第十一章根据牛顿的引力定律和该公式计算了光线在引力场中的弯曲，得到了与相对论相同的结果，符合日全食时对掠过太阳表面的星光弯曲的实验结果。由于牛顿动能公式与实践相符，因此相对论质能公式 $E=mc^2$ 与实践不符。

3. 相对论“能量可以不以质量为载体、质量与能量可以互相转化”观点不成立

相对论能量观与人类实践相悖，违反了物理学和哲学。物理学认为物质是能量的载体。哲学原来有一元论（唯物论或唯心论）、二元论（唯物论和唯心论），现在狭义相对论创造了“唯物论”“唯心论”之外的第三种哲学——“唯能论”（暗能量说就是代表），或者创造了三元论哲学。

第五节　狭义相对论在认识论方面的错误根源

一、没有认识到“光速不变”的本质

“光速不变”揭示的是光的波动性而非粒子性，光速是光子的群速度而非单个光子的线速度，因此光速不是矢量。“光速不变”是绝对时空的表现形式。狭义相对论却将其理解为光速是粒子性的，是光子的速度，是矢量。是矢量而不满足矢量法则，因此认为时空是相对的。

狭义相对论是建立在光的波动理论（即光速不变原理）的基础上，没有考虑光的量子性。这样就造成了相对论对光的量子性的缺失，使狭义相对论与量子论不相容。量子性的缺失，说明狭义相对论对光的波动性、光速不变的认识、理解不到位（有不少学者准备或致力于将相对论与量子论结合为量子相对论，这无异于缘木求鱼）。

二、狭义相对论将错误的洛伦兹变换作为理论基础

这是狭义相对论不成立的重要理论原因。我们可以发现，狭义相对论的诸

多具体结论都源于洛伦兹变换。狭义相对论将洛伦兹变换看作“绝对真理”。任何理论、任何观点只要与洛伦兹变换的结论相左即被否定。例如牛顿运动定律，伽利略变换等。甚至，狭义相对论在推导出自己的速度加法公式之后，连一个“莫须有”的罪名也不给就将矢量速度的加法公式否定了，虽然矢量速度加法公式有理论基础、有实践支持。

三、狭义相对论没有认识到惯性运动的本质

狭义相对论仅讨论了一种运动——惯性运动，而什么是惯性运动，什么是惯性参照系，狭义相对论完全没有明白它的本质是什么。惯性运动是牛顿第一定律提出的概念，它本质上是相对于绝对空间的绝对运动，是绝对时空的概念。狭义相对论认为时空是相对的。相对时空体系要定义绝对时空中的概念在逻辑上是不可能的。因此什么是惯性参照系？狭义相对论已经问世一个世纪了，至今也没有一个令业界都信服的定义。狭义相对论还将惯性系所在的空间称作“惯性空间”，这也是认识上和理论上的错误。“惯性空间”在理论上、实际上是不存在的空间，因为“惯性空间”与欧氏空间不对应：“惯性空间”中没有变速运动，没有曲线；“惯性空间”也没有物理空间与之对应。因此狭义相对论是纸上谈兵，是空中楼阁。

四、狭义相对论与广义相对论不相容

一是两者的公理体系不同，甚至公理体系也不相容。二是狭义相对论讨论的“惯性空间”和广义相对论讨论的引力场空间两者在其内涵上没有任何关系：当引力场空间中的引力可以忽略时，可以认为是欧氏空间；但是，欧氏空间不是狭义相对论讨论的“惯性空间”。欧氏空间存在变速运动（甚至可以存在引力），“惯性空间”不存在变速运动。换言之，“惯性空间”不是引力场空间的特例。

五、没有认识到“相对运动”的本质

爱因斯坦认为相对论的关键是“相对”，但是什么是相对运动，为什么运动是相对的、时空是相对的？相对论根本没有讨论、解决这个哲学的基本问题。事实上相对论也无法讨论、解决这个问题。

六、狭义相对论的所有结论都没有实践支持

爱因斯坦对物理有着极强的洞察力，这是爱因斯坦的优势，但是爱因斯坦

过于相信自己的主观认识，没有认识到物理学乃至所有自然科学包括数学都是关于实践的科学，都必须从实践中产生，并接受实践的检验。狭义相对论所有的结论都源于爱因斯坦的主观认识。例如狭义相对性原理、广义相对性原理、相对论时空观、质能公式、质量公式、引力质量和惯性质量相等、光速是物质速度的上限、运动是相对的、时空是相对的，等等。因此在相对论建立之初，据说全世界只有六个半人懂相对论。

以上是狭义相对论在认识论上的错误原因。这导致了在问世一个多世纪以来狭义相对论的所有结论没有一个被实践证明是正确的。一些被认为是正确的结论，如光速是物质速度的极限、引力质量与惯性质量相等、质能公式等，事实上都没有经受实践检验。狭义相对论问世百余年来反对之声不绝，这在物理学中是绝无仅有的，业界对此不能不深思。打破狭义相对论桎梏，必将焕发物理学的勃勃生机；驱散狭义相对论的阴霾，必将迎来物理学的朗朗晴空。

后 记

2007年春节与挚友夜郎更夫恳谈。他说，许多人在退休后新发展一种爱好同样能够做到老有所为或小有成就。人生苦短，望君能经营好退休后的人生第二春，以不负君的聪明才智。余甚然：人生几何，勤学当歌。余认为相对论晦涩难懂。决定退休后做点相对论的推广、普及工作。

余曾经是爱因斯坦的粉丝。对爱因斯坦和相对论，余是“高山仰止，景行行止。虽不能至，然心向往之”。

不料在半年后，余发现“等效原理”不成立；进而，又发现了“光的传播三定理”。这说明时空是绝对的，进而发现了“时空学”。

余一介“过期”的大学生，要独立、系统、正确地完成时空学的创作，没有现成资料、没有可借鉴的书籍、没有实验手段，可咨询者寡，难度可想而知。然而，当你来到一片人类未曾涉足、风光旖丽的处女地，难道能够拒绝驻足欣赏一下吗？特别是，当你得到一些非常新奇、有诱惑力的结论，能够罢手吗？经过十年的折腾，虽然力不从心，总算勉为其难地完成了《时空学概论》。

本以为完成《时空学概论》稿件，可以松一口气了，结果发现完全错了：出版的难度并不亚于写作。余联系了多家出版社，均以书中新观点太多，没有专家认可，没有审查能力为由拒绝出版。又找了两位中科院系统的专家审查，数月后也消息全无。

余深谙本书的出版难点在于对新观点、新理论的认可。《时空学概论》中的新观点，至少可以单独组成19篇论文，审查需时较长；基本观点与相对论相悖，人们接受难度大。我以为，我国的科技发展，尤其是理论发展已经进入百家争鸣时代，允许新的科学理论，新的科学观点出现，那笔者愿成为首个吃螃蟹的人，为我国科技发展作贡献。

感谢四川科学技术出版社让我得偿所愿。假以时日，相信《时空学概论》多数观点一定可以得到业内承认。只是希望，被认可之日，不是后辈家祭之时。

对本书观点有不同意见，请投本人邮箱 m13540095070@163.com 以便商榷讨论。

2018年元月于成都